le dessin technique de la tuyauterie industrielle

Chez le même éditeur

Les éléments de construction des ouvrages chaudronnés
  E. BAHR

Technologie et calcul des semelles de fondation
pour les constructions pétrolières
  M. CHEYSSON

Installation des pompes centrifuges utilisées dans l'industrie du pétrole.
Tuyauterie d'aspiration et de refoulement
  M. CHEYSSON

Eléments de métrologie générale et de métrologie légale
  A. DEFIX

Le manuel du système international d'unités.
Pratiques et contraintes
  M. DUBESSET

Technologie et documents à l'usage des dessinateurs de bureaux d'études
"pétrole & pétroléochimie"
  CH. ANTONELLI, F. RANCHOUX

Collection   Le raffinage du pétrole

1. Pétrole brut. Produits pétroliers. Schémas de fabrication
  J.-P. WAUQUIER, ED.

2. Procédés de séparation   J.-P. WAUQUIER, ED.

3. Procédés de transformation   P. LEPRINCE, ED.

4. Matériels et équipements   P. TRAMBOUZE, ED.

5. Exploitation et gestion de la raffinerie   J.-P. FAVENNEC, ED.

Édouard BAHR
Professeur d'Enseignement Technique
Théorique de Dessin Industriel
au Lycée Professionnel de Lens

le dessin technique de la tuyauterie industrielle

TROISIÈME ÉDITION
ENTIÈREMENT
RENOUVELÉE

1991

Editions TECHNIP   5 av. de la République, 75011 PARIS, FRANCE

Les illustrations des appareils de cet ouvrage ont été tirées :

– de l'ouvrage « Technologie et documents à l'usage des dessinateurs de bureaux d'études. Pétrole et pétroléochimie » par C. Antonelli et F. Ranchoux, publié aux *Editions Technip* ;

– du catalogue « Conduite rationnelle des fluides » de la *Société Segault*, 43, avenue Aristide Briand, 94114 Arcueil ;

– du catalogue « Robinetterie industrielle générale » de la *Société Miroux*, 59680 Ferrière-la-Grande ;

– du catalogue-formulaire *Malbranque-Serseg*, rue du Calvaire, 59480 Illies ;

– du catalogue « Moteur hydraulique Staffa » de la *Société Dard S.A.*, 36, rue Pérignon, 75015 Paris ;

– « La lubrification des compresseurs et pompes à vide », édité par la *British Petroleum*, 10, quai Paul Doumer, 92401 Courbevoie.

ISBN 978-2-7108-0603-5
www.editionstechnip.com

TABLE DES MATIÈRES

Annexe
ÉLÉMENTS DE CONSTRUCTION POUR LA TUYAUTERIE

CHAPITRE 1

AVANT-PROPOS

Le développement de l'outil informatique, tant pour le dessin que pour la conception assistée par ordinateur, a donné une nouvelle impulsion à la réalisation des plans.

Néanmoins, les professionnels tuyauteurs doivent dominer non seulement la lecture mais également le décodage des symboles des différents appareils utilisés, soit sur les plans d'ensemble d'installations industrielles, soit sur les plans de détail de fabrication des lignes de tuyauterie et des constructions chaudronnées.

Alors que les besoins d'apprentissage des connaissances techniques n'ont jamais été aussi importants, on peut regretter que l'enseignement du dessin industriel, appelé aujourd'hui « dessin de construction ou génie de construction, etc. », n'occupe qu'une place infime dans la formation professionnelle.

Edouard Bahr
(mars 2007)

CHAPITRE 2

SYSTÈMES DE REPRÉSENTATION EMPLOYÉS EN TUYAUTERIE

2.1. PROJECTIONS GÉOMÉTRALES

On projette orthogonalement l'ensemble des pièces sur plusieurs plans de référence.

La disposition des vues est effectuée suivant la méthode E (Européenne ; symbole dans le cartouche ⊐⊏ ⊕).

Cette représentation nécessite l'exécution de plusieurs vues :

- vue de face ou élévation ;
- vue de dessus ou vue en plan ;
- vue de gauche ou de droite appelée également vue de profil ;

où sont projetés sur des plans de référence les détails nécessaires à la compréhension de l'ensemble à réaliser.

Exemple (fig. 2.1.) :

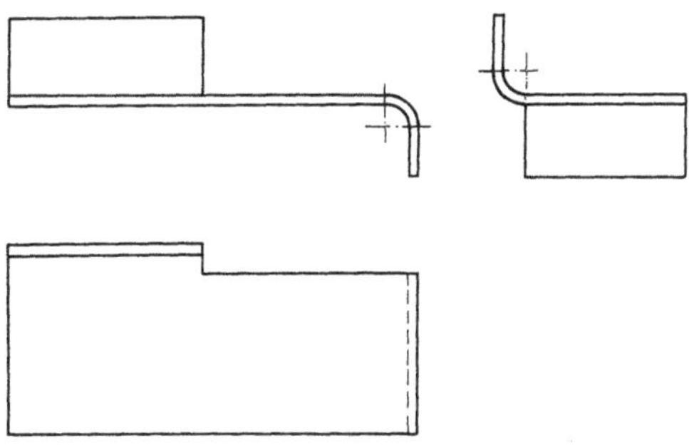

Fig. 2.1.

2.2. PERSPECTIVES CONVENTIONNELLES

2.2.1. But

Les perspectives permettent de comprendre plus vite l'aspect général et les formes d'une ou d'un ensemble de pièces.

2.2.2. Types de perspective

On distingue plusieurs types de perspective. Deux seulement sont utilisés dans la tuyauterie industrielle :

— perpective cavalière ;

— perpectives axonométriques :

  — l'une d'entre-elles par sa particularité est courant employée : perspective isométrique.

Ces deux perspectives seront dites «usuelles».

2.3. PERSPECTIVES USUELLES

2.3.1. Principe de construction

L'ensemble est placé dans l'espace suivant des directions données par trois axes : OX, OY et OZ.

2.3.2. Perspective cavalière (fig. 2.2.)

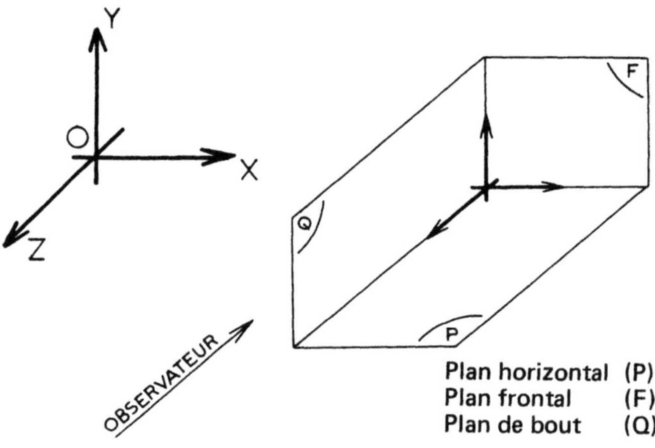

Fig. 2.2.

Exemple (fig. 2.3.) :

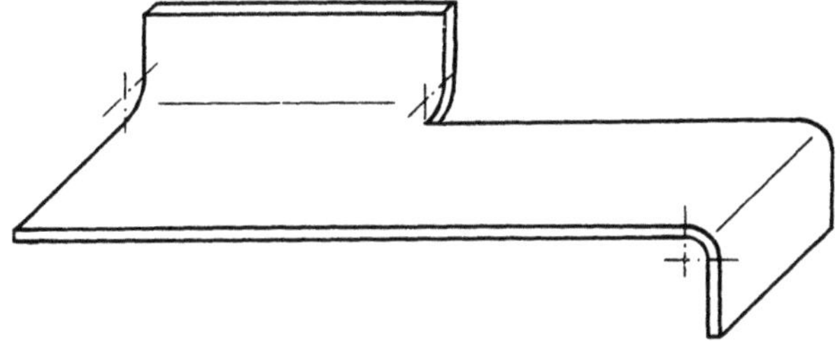

Fig. 2.3.

Les verticales restent verticales (OY).

Les horizontales situées sur des plans frontaux (face à l'observateur) sont représentées perpendiculaires aux verticales (OX).

Les horizontales situées sur des plans de bout, appelées fuyantes, sont obliques suivant des angles choisis : $\alpha = 30, 45$ ou 60° (OZ).

2.3.3. Perspective isométrique (fig. 2.4.)

Les angles formés par les trois axes sont égaux : 120°.

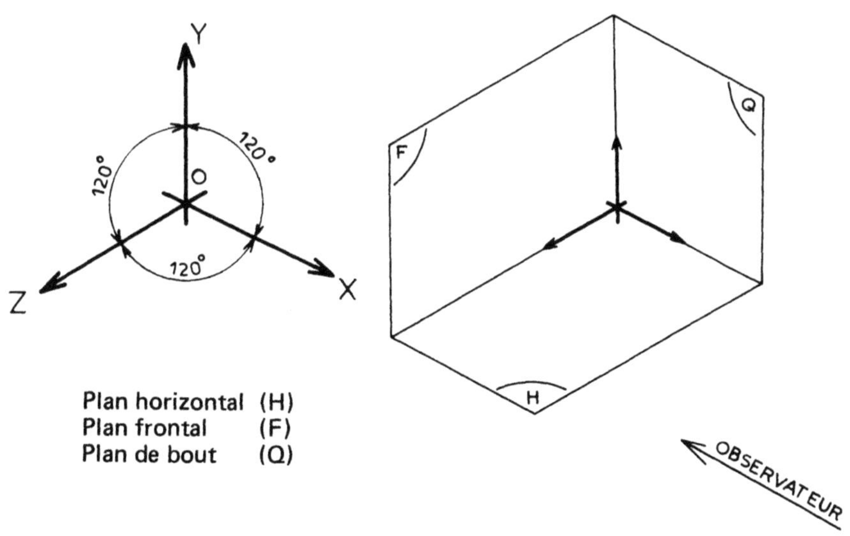

Fig. 2.4.

Exemple (fig. 2.5.) :

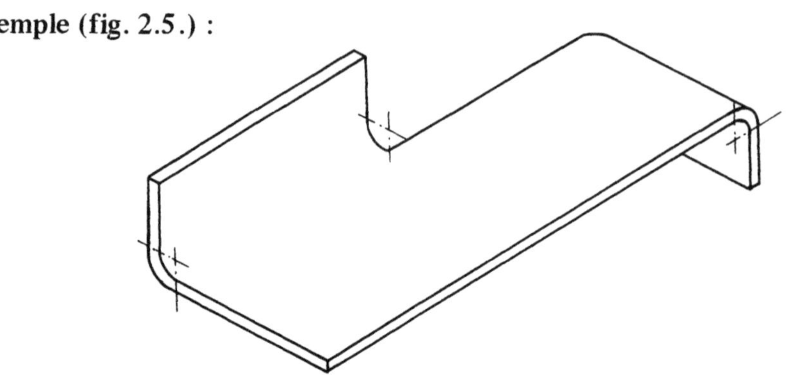

Fig. 2.5.

Les verticales restent verticales (OY).

Les horizontales (OZ) du plan F et (OX) du plan Q sont obliques suivant un angle de 120° entre-elles.

Nota :

Avec la direction des trois axes OX, OY et OZ on a construit un réseau de lignes facilitant la représentation des lignes de tuyauterie (fig. 2.6.)

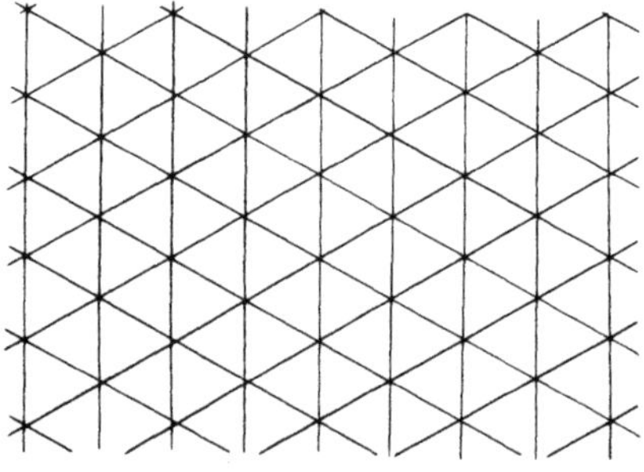

Fig. 2.6.

CHAPITRE 3

REPRÉSENTATIONS SIMPLIFIÉES CONVENTIONNELLES DES TUBES ET ACCESSOIRES

Pour tous les éléments constituant des lignes de tuyauterie (tubes, raccorderie, robinetterie, instruments de régulation et de contrôle, supportage, etc.) les dessinateurs font appel à diverses conventions de représentation.

3.1. TUBES

3.1.1. Représentation unifilaire (fig. 3.1.)

Le tube est matérialisé par un trait continu fort passant par son axe.

Fig. 3.1.

3.1.2. Représentation bifilaire (fig. 3.2.)

Le tube est matérialisé par son axe en trait mixte fin, et par deux traits continus fins représentant son diamètre extérieur.

Fig. 3.2.

3.2. ÉLÉMENTS DE RACCORDERIE

Comme pour les tubes, les types de représentation conventionnelle simplifiée : unfilaire et bifilaire, des éléments de raccorderie sont employés dans l'industrie (voir chap. 8).

3.3. SYMBOLISATION DES APPAREILS ET ACCESSOIRES DE TUYAUTERIE

Les symboles du chapitre 9 respectent les indications et recommandations des Normes françaises n° NF E 04.051 – T 81.001, et E 04.202.

Nota :

La représentation formelle en tracé bifilaire d'un accessoire de tuyauterie s'avère parfois difficile. Dans ce cas il y a lieu de se limiter à l'indication de l'encombrement entre les éléments de liaison (brides, soudure par aboutage, etc.) par un rectangle en trait fin portant un repère (fig. 3.3.) renvoyant la désignation de l'accessoire dans la nomenclature.

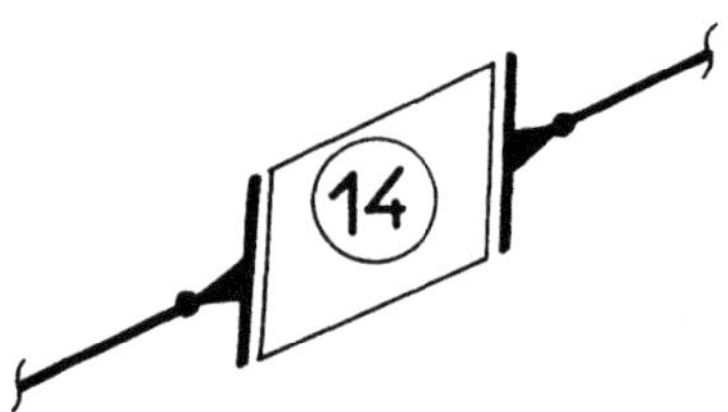

Fig. 3.3.

CHAPITRE 4

DESSINS TECHNIQUES
DE LA TUYAUTERIE

4.1. MODES DE REPRÉSENTATION DE LA TUYAUTERIE

Pour définir les installations et lignes de tuyauterie, plusieurs modes de représentation sont employés :

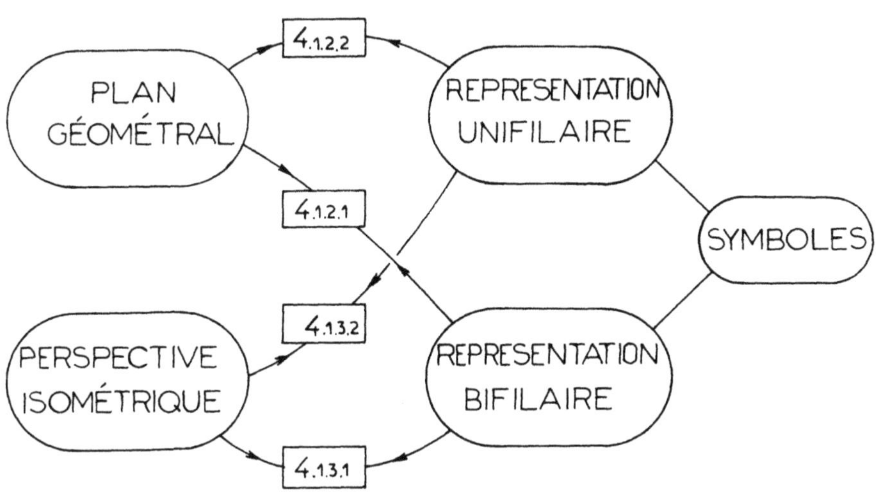

4.1.1. Plan géométal

4.1.1.1. Représentation bifilaire (fig. 4.1.)

Réservée aux cas de lecture difficile, surtout lorsqu'il s'agit de représenter à l'échelle un ensemble de tuyauterie et d'accessoires où interviennent l'encombrement et la concentration d'organes.

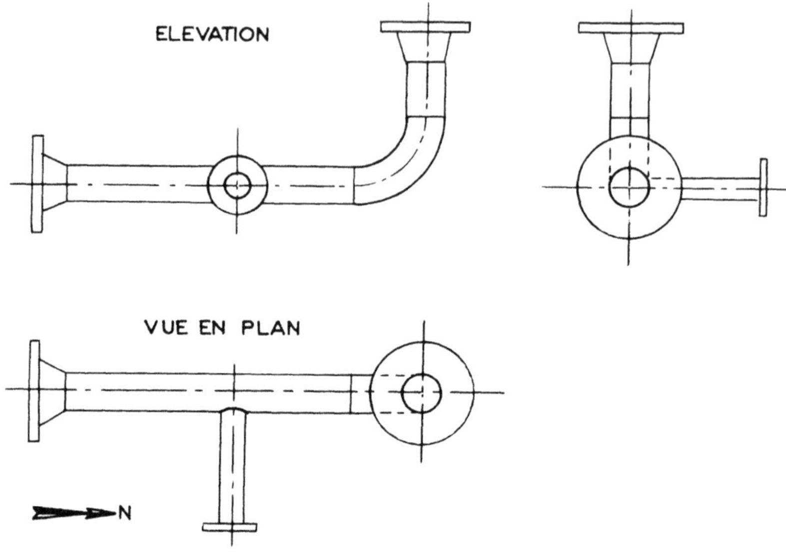

Fig. 4.1.

4.1.1.2. Représentation unifilaire (fig. 4.2.)

Utilisée pour l'ensemble des installations d'une unité (plan de montage).

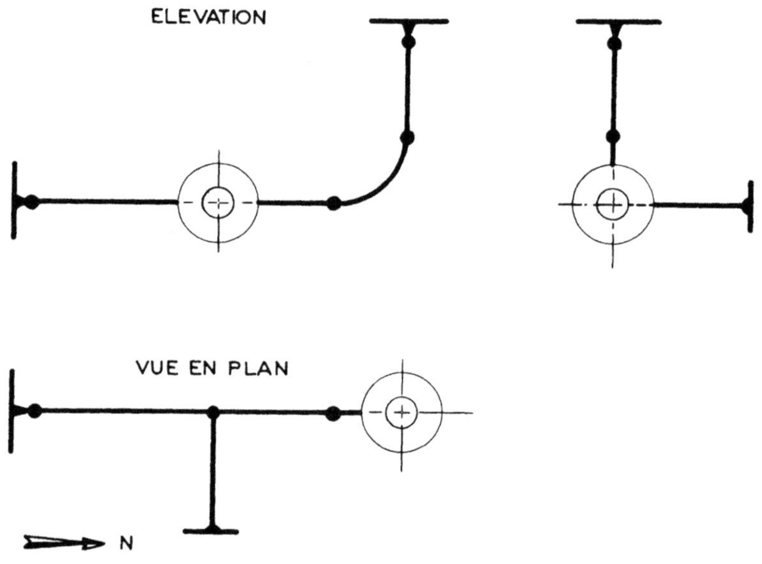

Fig. 4.2.

4.1.2. Perspective isométrique

4.1.2.1. Représentation bifilaire (fig. 4.3.)

Utilisée dans la définition d'un ensemble comportant plusieurs lignes de tuyauterie transportant des fluides ou gaz différents (utilisation de la couleur pour repérer les circuits).

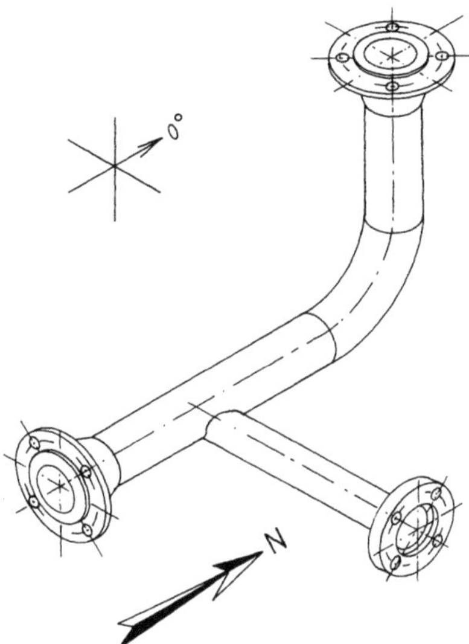

Fig. 4.3 a.

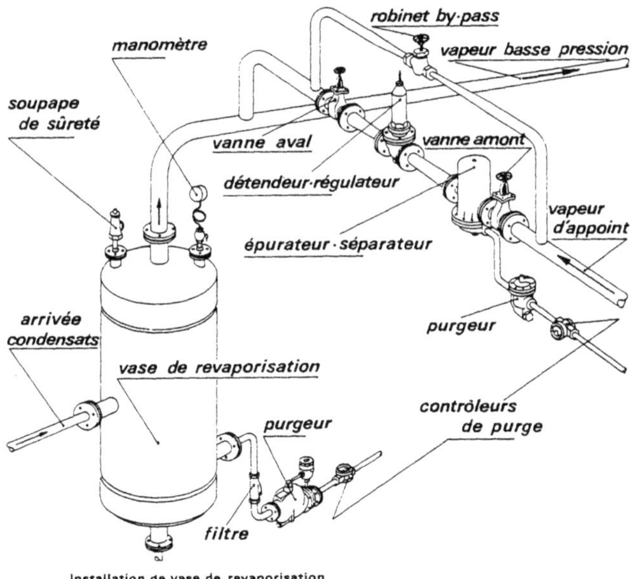

Fig. 4.3 b.

4.1.2.2. Représentation unifilaire (fig. 4.4.)

Utilisée pour définir les lignes ou tronçons de tuyauterie à la fabrication.

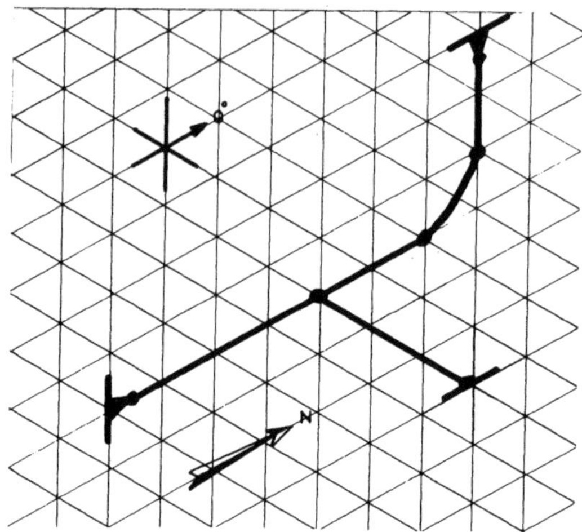

Fig. 4.4.

4.2. PLANS UTILISÉS EN TUYAUTERIE

Pour l'étude et la réalisation d'unités de production comportant un ensemble d'éléments plusieurs plans sont nécessaires :

— plan d'ensemble des installations (voir chap. 5) ;

— plan de définition :

    — des appareils (voir chap. 6) ;
    — des lignes de tuyauterie (voir chap. 7) ;

CHAPITRE 5

PLAN D'ENSEMBLE DES INSTALLATIONS

Sur les plans d'ensemble des installations, on considère en général la tuyauterie réduite à son axe, c'est-à-dire en représentation unifilaire.

Le plan doit comporter toutes les données nécessaires à la mise en place des appareils (situation des lieux, définition des niveaux, etc.) ainsi que tous les renseignements indispensables au montage et au tracé des lignes de tuyauterie.

5.1. COTATION

5.1.1. Généralités

Le trait de cote est en trait fin continu, avec une flèche à chaque extrémité qui détermine la longueur du tronçon considéré.

Les cotes sont généralement exprimées en millimètres.

5.1.2. Cotes d'un plan d'ensemble

La cotation doit être précise, complète mais sans cotes superflues. Elle doit indiquer :

— la position des appareils par rapport à la charpente du bâtiment, dans le site, etc. ;

— la définition des niveaux :
  — de référence par rapport au terrain ;
  — de l'appareil ;
  — des orifices utilisés sur les appareils ;

- toutes les cotes relatives à :
  - deux changements de direction ou de plan de référence ;
  - la position de la robinetterie et des accessoires occupant une situation imposée par le site.;
  - les écartements des lignes de tuyauterie parallèles en nappes ;
  - la position des éléments de supportage.

SYMBOLES DES COTES DE NIVEAU ET DE POSITION

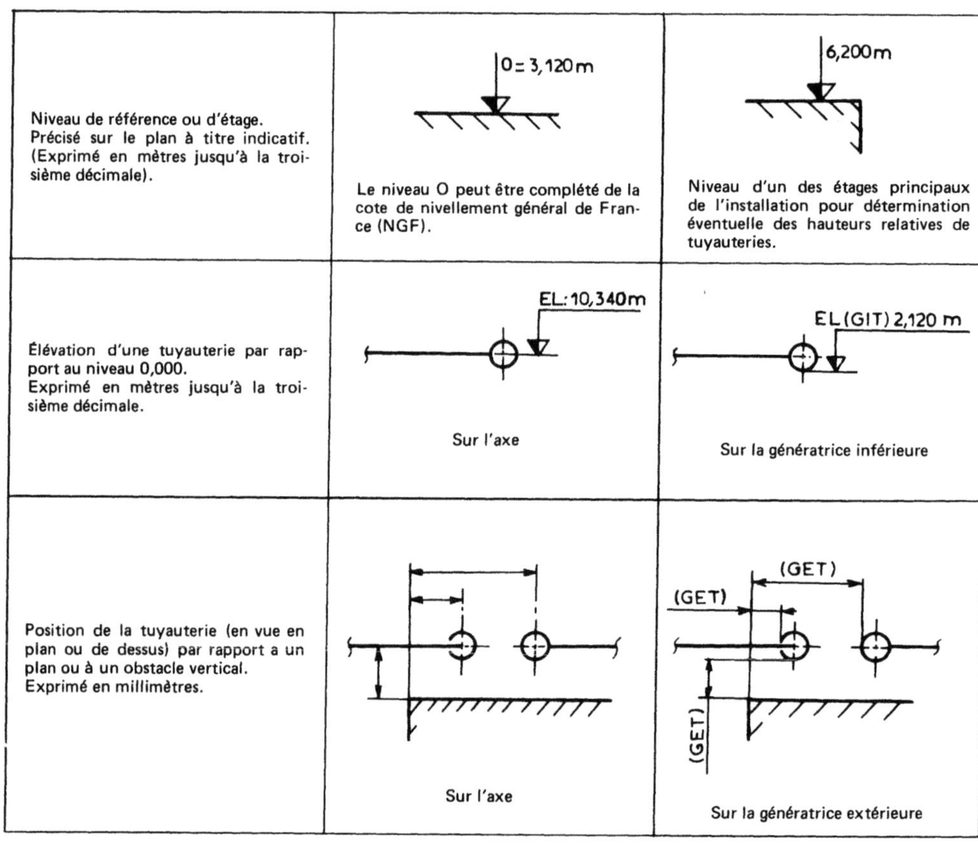

5.2. NOMENCLATURE

L'installation définie par le plan doit faire l'objet d'une énumération des éléments constitutifs par groupe :

- les appareils ;
- la robinetterie et accessoires ;
- les lignes de tuyauterie.

Pour chaque élément la nomenclature précisera :

— le repère : utilisation de lettres ou de chiffres entourés d'un cercle en trait fin rattaché à l'élément désigné par un trait fin (fig. 5.1.) ;

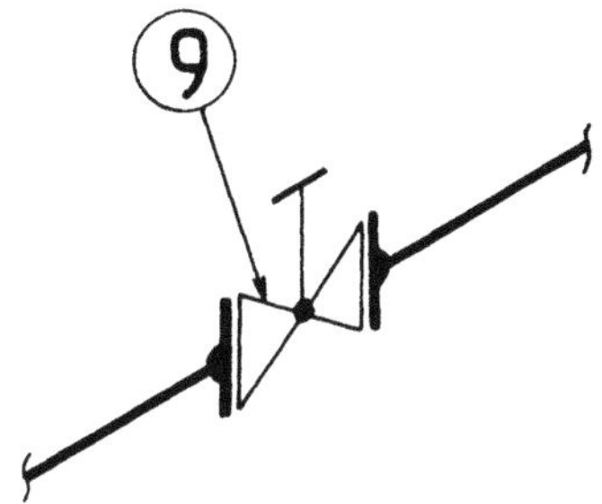

Fig. 5.1.

— la quantité ;

— la désignation normalisée de préférence ;

— le matériau ;

— une rubrique «observations» permet de signaler des indications supplémentaires : mode d'exécution, réalisation chantier, etc.

Voir exemple de plan d'ensemble et nomenclature pages 16 et 17.

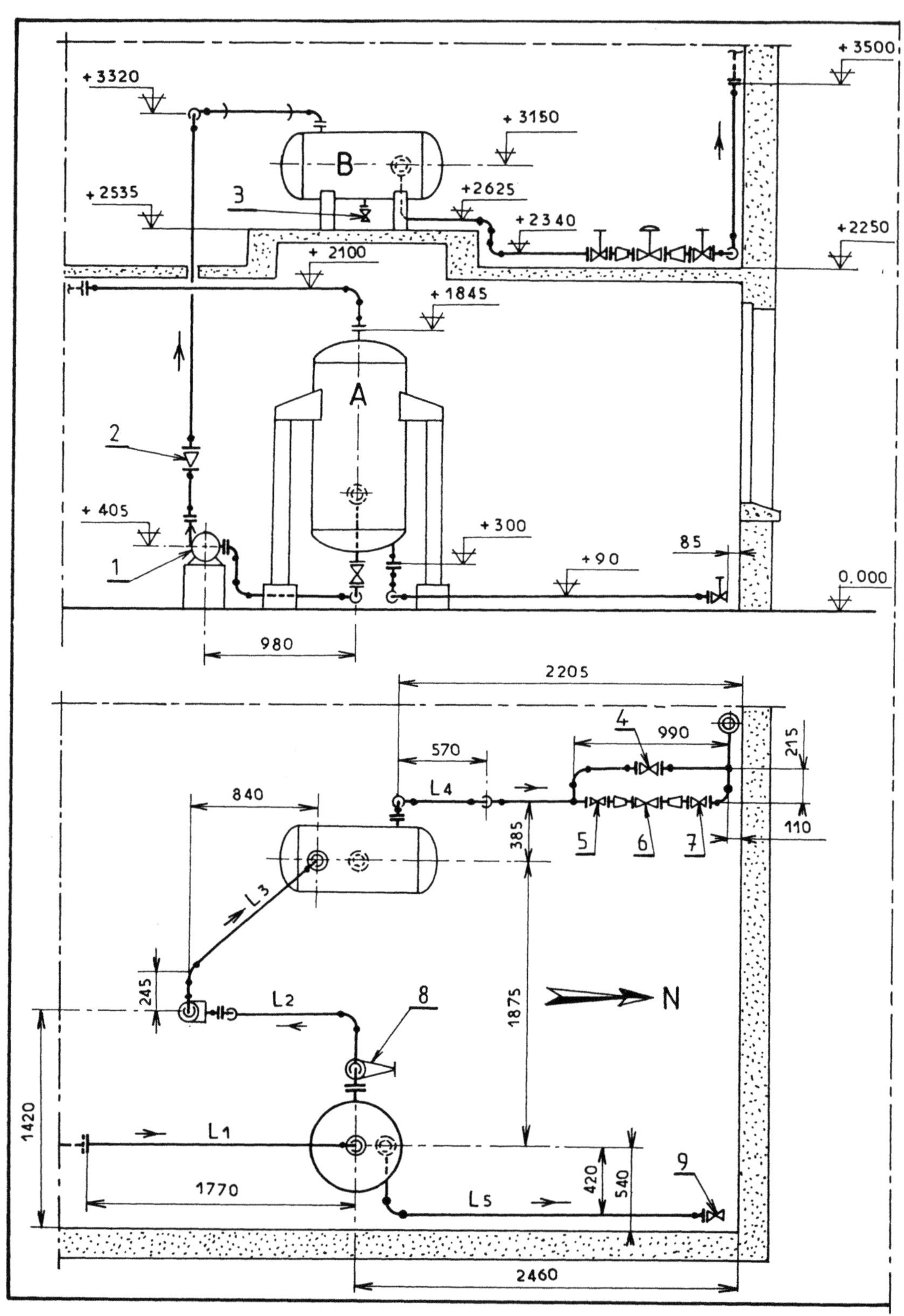
+3320
+3500
+3150
B
+2535
3
+2625
+2340
+2250
+2100
+1845
A
2
+405
1
+300
85
+90
0.000
980
2205
570
990
4
215
840
L4
110
385
5
6
7
L3
245
8
1875
N
L2
1420
L1
1770
420
540
9
L5
2460

Rep	Nbre	Désignation	Matière	Observ.
L5	2	Bride plate à souder FS - PN 16 - n° 25 pour tube de 33,7 (NF E 29- 283)	A 37	
	2	Courbe à souder 3d - 90° - 33,7 . 2,3 (NF A 49- 182)	TU 37 b	
		Tube sans soudure 33,7 . 2,3 (NF A 49- 112)	TU 37 b	
L4	2	Bride à collerette à souder en bout FS - PN 16 n° 40 pour tube 48,3 . 2,6 (NF E 29- 223)	A 37	
	8	Bride à collerette à souder en bout FS - PN 16 n° 80 pour tube 88,9 . 3,2 (NF E 29- 223)	A 37	
	6	Courbe à souder 3d - 90° - 88,9 . 3,2 (NF A 49 - 182)	TU 37 b	
	2	Réduction concentrique à souder 88,9 . 48,3 (NF A 49 - 184)	TU 37 b	
		Tube sans soudure 88,9 . 3,2 (NF A 49- 112)	TU 37 b	
L3	2	Bride à collerette à souder en bout FS - PN 16 n° 40 pour tube 48,3. 2,6 (NF E 29- 223)	A 37	
	1	Courbe à souder 3d - 45°- 48,3 .2,6-(NF A 49-182)	TU 37 b	
	1	Courbe à souder 3d- 90°-48,3. 2,6 (NF A 49-182)	TU 37 b	
		Tube sans soudure 48,3 . 2,6 (NF A 49- 112)	TU 37 b	
L2	4	Bride à collerette à souder en bout FS- PN 16 n° 40 pour tube 48,3 .2,6 (NF E 29- 223)	A 37	
	5	Courbe à souder 3d- 90°- 48,3. 2,6 (NF A 49-182)	TU 37 b	
		Tube sans soudure 48,3 . 2,6 (NF A 49- 112)	TU 37 b	
L1	2	Bride à collerette à Souder en bout FS - PN 16 n° 50 pour tube 60,3 . 2,9 (NF E 29- 223)	A 37	
	1	Courbe à souder 3d- 90°- 60,3. 2,9 (NF A 49-182)	TU 37 b	
		Tube sans soudure 60,3 - 2,9 (NF A 49- 112)	TU 37 b	
9	1	Robinet à soupape FS - PN 16- DN 25		
8	1	Vanne à opercule FS - PN 16 - DN 40		
7	1	Vanne à opercule FS - PN 16 - DN 80		
6	1	Robinet à soupape - Commande pneumatique à membrane - FS - PN 16 - DN 40		
5	1	Vanne à opercule- FS- PN 16 - DN 80		
4	1	Vanne à opercule - FS - PN 16- DN 80		
3	1	Vanne à opercule - FS- PN 16- DN 50		
2	1	Clapet anti-retour à soupape FS- PN 16- DN 40		
1	1	Pompe centrifuge		
B	1	Echangeur		
A	1	Condenseur		

INSTALLATION D'ÉCHANGE

Echelle : 1:40
Le 15 - 02 - 1990
CRP
N° 26-345 e

5.3. PLAN DE CIRCULATION

Le plan de circulation (1) est une représentation schématique de l'ensemble d'une installation «mise à plat».

Il a pour but de montrer les liaisons entre les différents appareils et représente les tuyauteries développées comme un circuit électrique.

Les tuyauteries peuvent être repérées et coloriées suivant la nature du fluide véhiculé (voir chapitre 5.4.).

Le sens de circulation des produits est indiqué par des flèches.

Exemple : Installation de distillation planche n° 9, page 197.

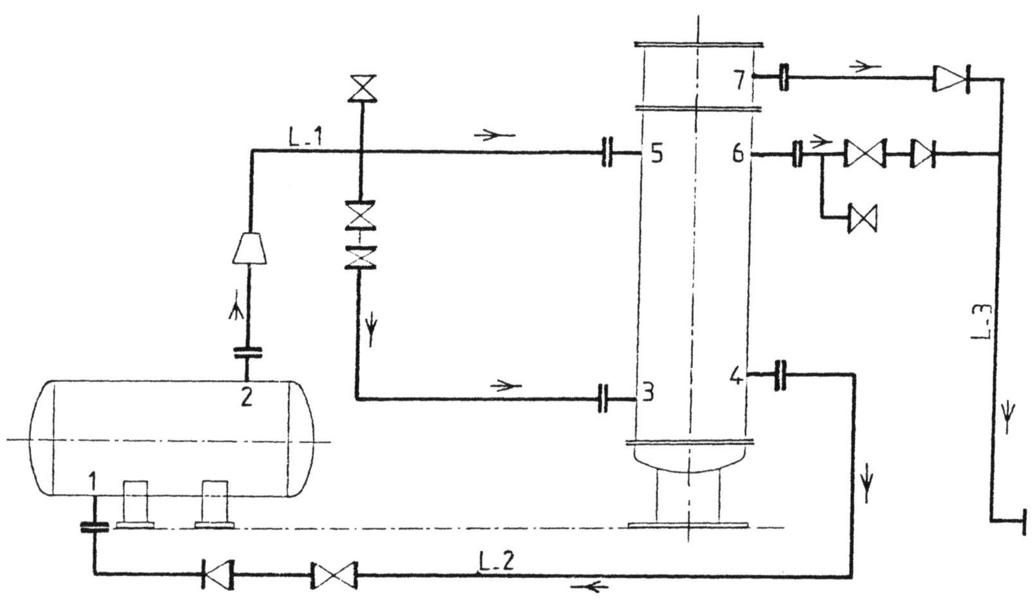

5.4. COULEURS CONVENTIONNELLES
DES TUYAUTERIES RIGIDES (NF X 08-100)

Les lignes de tuyauterie des plans d'ensemble ou de circulation peuvent être coloriées pour permettre l'identification des fluides liquides ou gazeux circulant dans une installation.

---

(1) Appelé également schéma du procédé.

5.4.1. Principe de repérage sur les tuyauteries

Le repérage des fluides circulant dans les tuyauteries est effectué au moyen de trois systèmes de couleurs :

— couleurs de fond permettant de caractériser chaque famille de fluides,
— couleurs d'identification, permettant d'identifier certains fluides particuliers,
— couleurs d'état, indiquant l'état dans lequel se trouve le fluide.

Les couleurs peuvent être apposées :

— soit sur toute la circonférence de la tuyauterie (anneaux),
— soit seulement sur une partie de la circonférence (bandes).

5.4.2. Couleurs de fond

Les fluides sont répartis par familles, chacune des familles étant caractérisée par une couleur de fond spécifiée dans le tableau page 20.

La couleur de fond peut être apposée :

1er Cas :   sur toute la longueur de la tuyauterie.

2ème Cas :   sur une partie seulement de la longueur de la tuyauterie, égale au moins à 6 fois son diamètre.

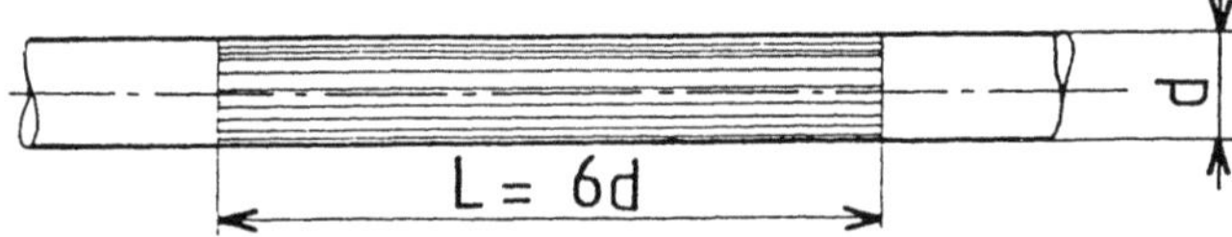

5.4.3. Couleurs d'identification

Dans chacune des familles repérées par une couleur de fond certains fluides sont définis par une **couleur d'identification** selon les indications du tableau page 20 :

1er Cas : Couleur de fond sur toute la longueur

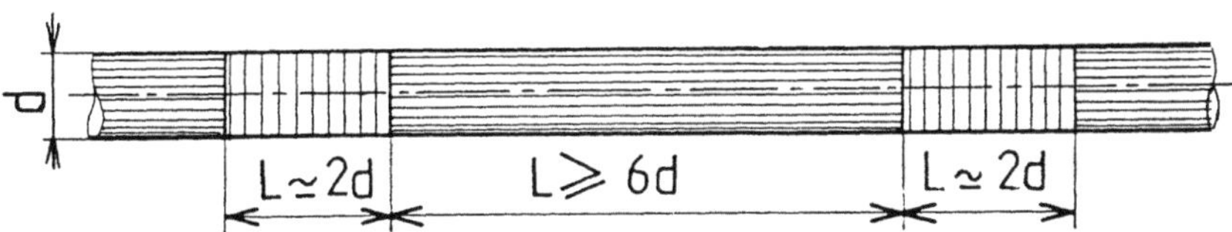

2ème Cas : Couleur de fond sur une partie de la longueur.

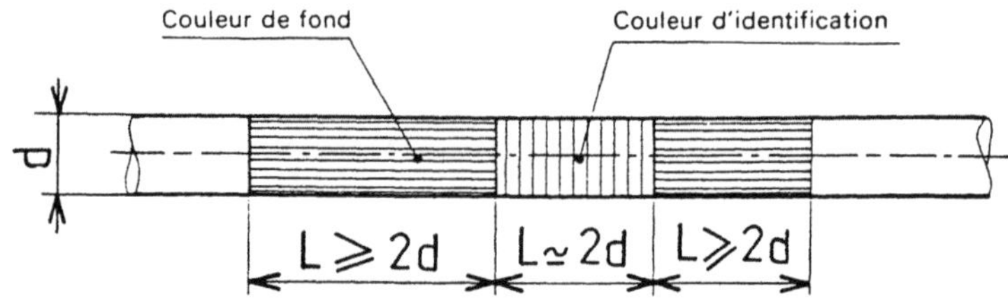

TABLEAU DES COULEURS DE FOND ET D'IDENTIFICATION

FAMILLES	COULEURS DE FOND	NATURE DU FLUIDE	COULEURS D'IDENTIFICATION
EAU	VERT JAUNE	Eau distillée épurée ou déminéralisée Eau potable Eau non potable Eau de mer Eau d'extinction d'incendie	ROSE MOYEN GRIS CLAIR NOIR NOIR ROUGE ORANGÉ VIF
HUILES MINÉRALES, VÉGÉTALES, ET ANIMALES, LIQUIDES COMBUSTIBLES	MARRON CLAIR	Liquides particulièrement inflammables de point d'éclair < 0 °C	BLANC
		Liquides inflammables de : − point d'éclair < 55 °C − de point d'éclair ≥ 55 °C et dont la température est égale ou supérieure à leur point d'éclair	VERT JAUNE CLAIR
		Liquides inflammables de point d'éclair ≥ 55 °C et dont la température est inférieure à leur point d'éclair	BLEU-VIOLET VIF
		Lubrifiants Huiles pour transmission hydraulique	JAUNE MOYEN ORANGÉ VIF
GAZ	JAUNE-ORANGÉ MOYEN	Gaz combustibles industriels ou domestiques	ROSE MOYEN
		Autres gaz : Acétylène Ammoniac Anhydride carbonique Argon Azote Chlore Cyclopropane Ethylène Hydrocarbures chlorofluorés Helium Hydrogène Oxygène Protoxyde d'azote Mélange respirable Oxygène-Azote	 MARRON CLAIR VERT JAUNE CLAIR GRIS FONCÉ JAUNE MOYEN NOIR GRIS/BLEU ORANGÉ GRIS VIOLET MOYEN VERT JAUNE MARRON MOYEN ROUGE ORANGÉ VIF BLANC BLEU-VIOLET VIF BLANC ET NOIR
ACIDES ET BASES	VIOLET PÂLE	Acides Bases	BLANC NOIR
AIR	BLEU CLAIR	Air respirable à usage médical Air pour aspiration médicale	BLANC ET NOIR VERT JAUNE

5.4.4. Couleurs d'état des fluides

Si nécessaire des indications complémentaires concernant l'état des fluides définis par la couleur de fond et éventuellement par les couleurs d'identification peuvent être données par l'adjonction des **couleurs d'état**.

ÉTAT DU FLUIDE	COULEURS D'ÉTAT (anneau ou bande)
CHAUD ou SURCHAUFFÉ	ORANGÉ GRIS
FROID ou REFROIDI	VIOLET MOYEN
GAZ LIQUÉFIÉ	ROSE MOYEN
GAZ RARÉFIÉ	BLEU CLAIR
POLLUÉ ou VICIÉ	MARRON MOYEN
SOUS PRESSION	ROUGE ORANGÉ VIF

1er Cas :

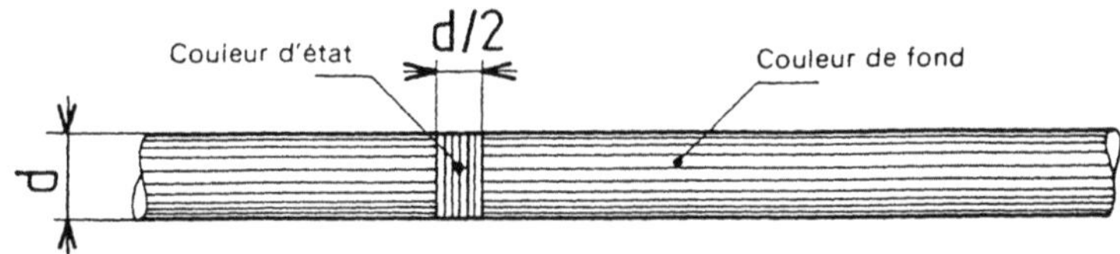

Les couleurs d'état sont apposées sur toute la largeur de la couleur de fond et se présentent sous forme de rectangles dont la **longueur apparente** est perpendiculaire à la direction de la tuyauterie et dont la largeur est au plus égale à la moitié de la longueur apparente.

2ème Cas :

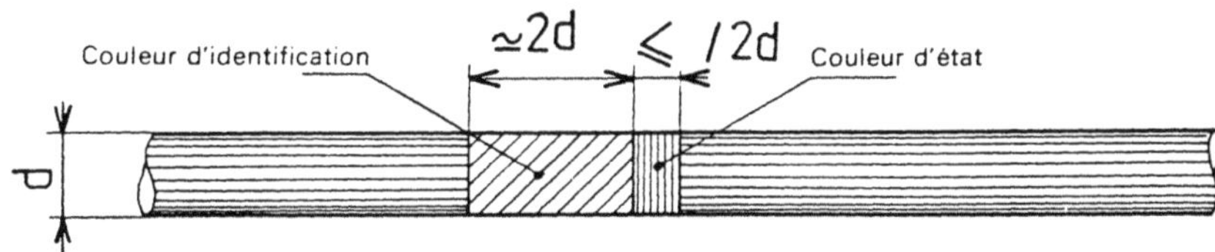

S'il doit y avoir à la fois une identification et une indication d'état, les rectangles correspondants doivent être accolés, la largeur du rectangle d'identification étant égale à la longueur du rectangle d'état.

3ème Cas :

Dans les rares cas où les deux rectangles sont de même couleur, on doit les séparer soit par un léger intervalle souligné au besoin par un filet blanc ou noir selon la couleur pour obtenir un meilleur contraste.

4ème Cas :

On doit procéder de la même façon lorsque la couleur de fond est identique à la couleur d'état ou lorsqu'il y a un manque de contraste entre les deux couleurs.

5ème Cas :

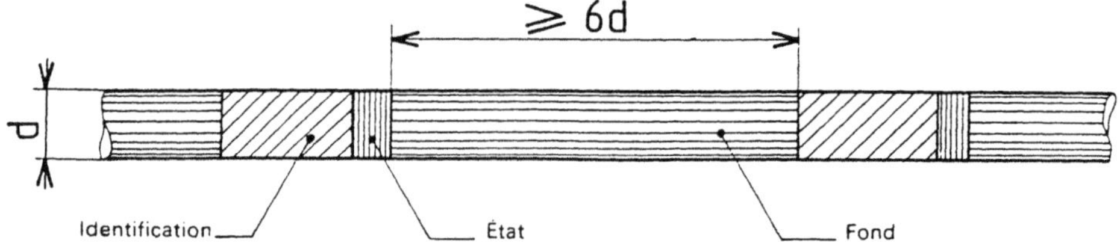

Si la couleur de fond est apposée de façon continue, on doit laisser entre les **rectangles d'état** ou les **groupes de rectangles d'identification et d'état**, une plage de couleur de fond de longueur au moins égale à 6 fois sa largeur.

CHAPITRE 6

PLAN D'APPAREIL

Les plans d'appareil sont destinés :

1) A la fabrication du matériel. Les plans doivent préciser tous les détails nécessaires à la confection :

— constitution ;

— caractéristiques dimensionnelles ;

— tolérances de fabrication ;

— détails des piquages et position ;

— détails de soudure.

2) Au montage par le tuyauteur qui doit trouver :

— les origines et aboutissements des lignes de tuyauterie ;

— le repérage, le niveau, les caractéristiques et orientation des tubulures de raccordement.

6.1. EXEMPLE : COLONNE DE DISTILLATION

Le plan de cette colonne comprend :

1) Une vue en élévation de l'appareil sur laquelle sont portés :

— la représentation simplifiée de chaque tubulure sur les deux génératrices extérieures de l'appareil ;

— les repères des tubulures ;

— les niveaux ;

— la position du plan de joint de la bride par rapport à l'axe de la colonne.

2) Une vue en plan, appelée également rosace, qui indique l'orientation des tubulures par rapport aux axes horizontaux de l'appareil.

3) Le détail des soudures, orientation, ainsi que des caractéristiques dimensionnelles de fabrication.

4) Des détails particuliers de fabrication : piquages, prise de température, trou d'homme, support calorifuge.

5) Les caractéristiques techniques de l'appareil et tolérances de fabrication.

6) La nomenclature du plan précise pour chaque tubulure :
— tube :
  — son diamètre nominal ;
  — son épaisseur (schedule pour spécification américaine) ;
— bride :
  — type ;
  — série (PN) ;
  — face (plate, surélevée, simple emboîtement) ;
— affectation ;
— observations de conception (renfort, collet, etc.).

Note sur nomenclature page 25 :

Les éléments sont désignés suivant les spécifications américaines.

Tubes : Diamètres nominaux exprimés en pouces ($\emptyset$ N 2" correspondrait au DN 50 de la norme française) ; épaisseurs données par un nombre appelé schédule (Sch) qui varie de 10 à 160.

Exemple des épaisseurs pour tube $\emptyset$ N 20" :

Diamètre extérieur : 508 ;

Schédules	Épaisseurs	Schédules	Épaisseurs
10	6,35	80	29,19
20	9,52	100	32,54
30	12,70	120	38,10
40	15,09	140	44,45
60	20,62	160	50,01

Brides :

Désignations simplifiées :

WN	Welding Neck	Bride à collerette à souder en bout
SO	Slip-On	Bride plate à souder
LJ	Lap Joint	Bride tournante
SW	Socket Welding	Bride à encastrement
	Threaded	Bride filetée
	Blind	Bride pleine

Séries :

Normes ASA : 150, 300, 400, 600, 900, 1 500, 3 000, etc. qui correspondent à la série Pé des normes françaises.

NOMENCLATURE

Détail sorties

Rep	DN"	Sch	type	série	face	Affectation	Observations
19	2	160	WN	300	RF	Niveau	
18	8	40				Sortie de tubulure	L=112 S=50
17	8	40				Sortie de tubulure	L=112 S=50
16	2	160	WN	300	RF	Alarme niveau bas	
15	3	40				Event	L=112 S=50
14	559-12					Sortie de tubulure	L=150 S=50
13	224-12					Trou de poing	L=112 S=50
12	524-12					Trou d'accés dans jupe	L=150 S=50
11	20	20	SO	150	RF	Sortie de gaz	
10	8	40	SO	150	RF	Vers rebouilleur	
9	8	40	SO	150	RF	Vers rebouilleur	
8	16	30	SO	150	RF	Venant du rebouilleur	
7	16	30	SO	150	RF	Venant du rebouilleur	
6	2	160	WN	300	RF	D.P.R	
5	1 1/2	160	WN	300	RF	Prise de température	1/2 manchon 3000 Lbs
4	20	20	SO	150	FF	Trou d'homme	
3	2	160	WN	300	RF	Niveau	
2	2	160	WN	300	RF	Niveau	
1	3	160	WN	150	RF	Soutirage fond	
Rep	DN"	Sch	type	série	face	Affectation	Observations
	TUBE		BRIDE				

COLONNE DE DISTILLATION

Ech: 1/50

Dessiné par:

Le

S.I.M.A

N° 2526

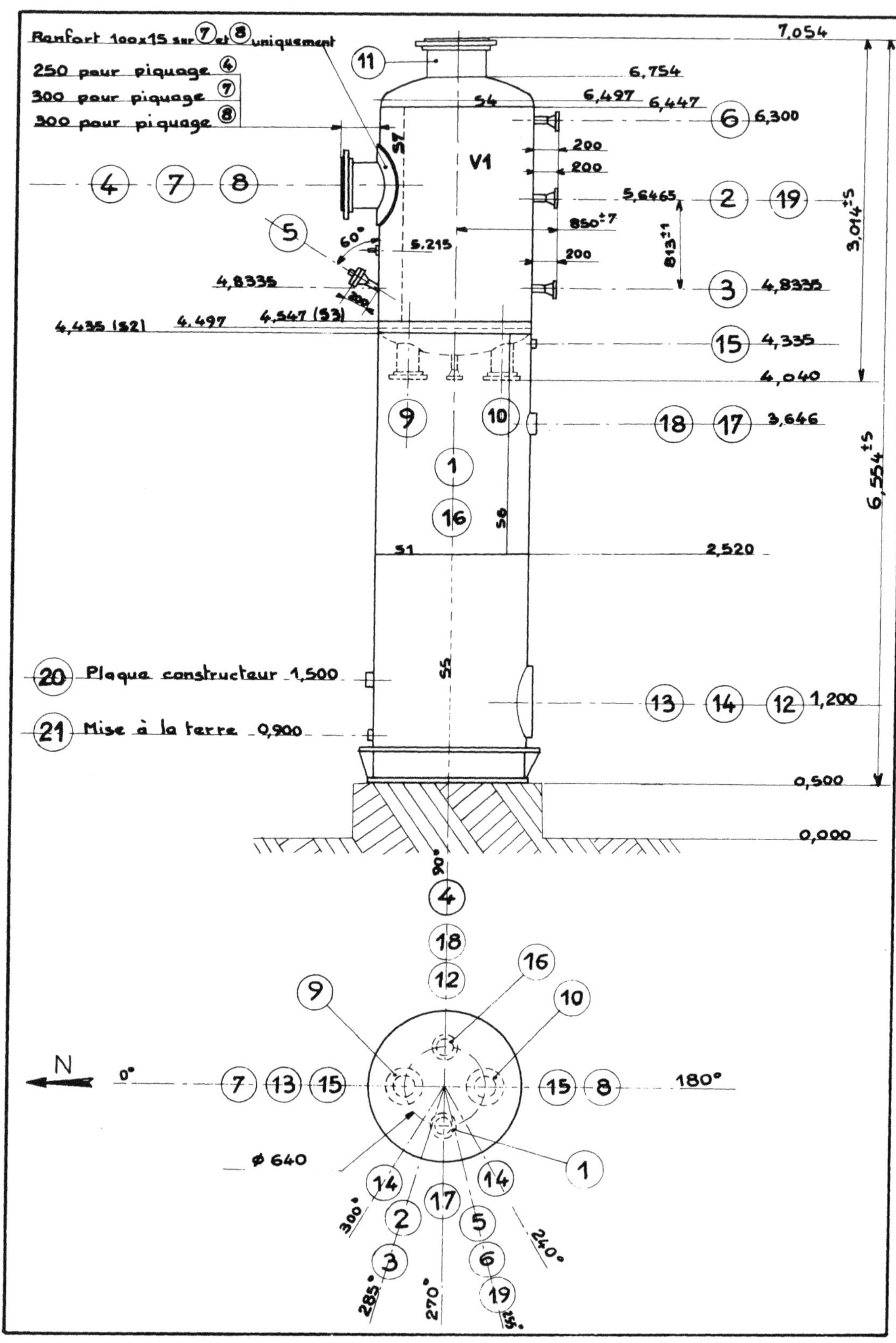
Renfort 100x15 sur 7 et 8 uniquement
250 pour piquage 4
300 pour piquage 7
300 pour piquage 8
7,054
11
6,754
54
6,497   6,447
6 6,300
57
200
200
V1
4   7   8
5,6465   2   19
5
60°
850±7
200
5,215
813±1
3,014±5
5
4,8335
200
3   4,8335
4,435 (S2)   4,497   4,547 (S3)
15   4,335
4,040
9   10
18   17   3,646
1
16
56
6,554±5
51
2,520
55
20 Plaque constructeur 1,500
13   14   12 1,200
21 Mise à la terre 0,900
0,500
0,000
90°
4
18
12
9   16
10
N   0°
7 13 15   15 8   180°
1
Ø 640
14   14
14
300°   2   17   5
3   285°   270°   6
240°
19
255°

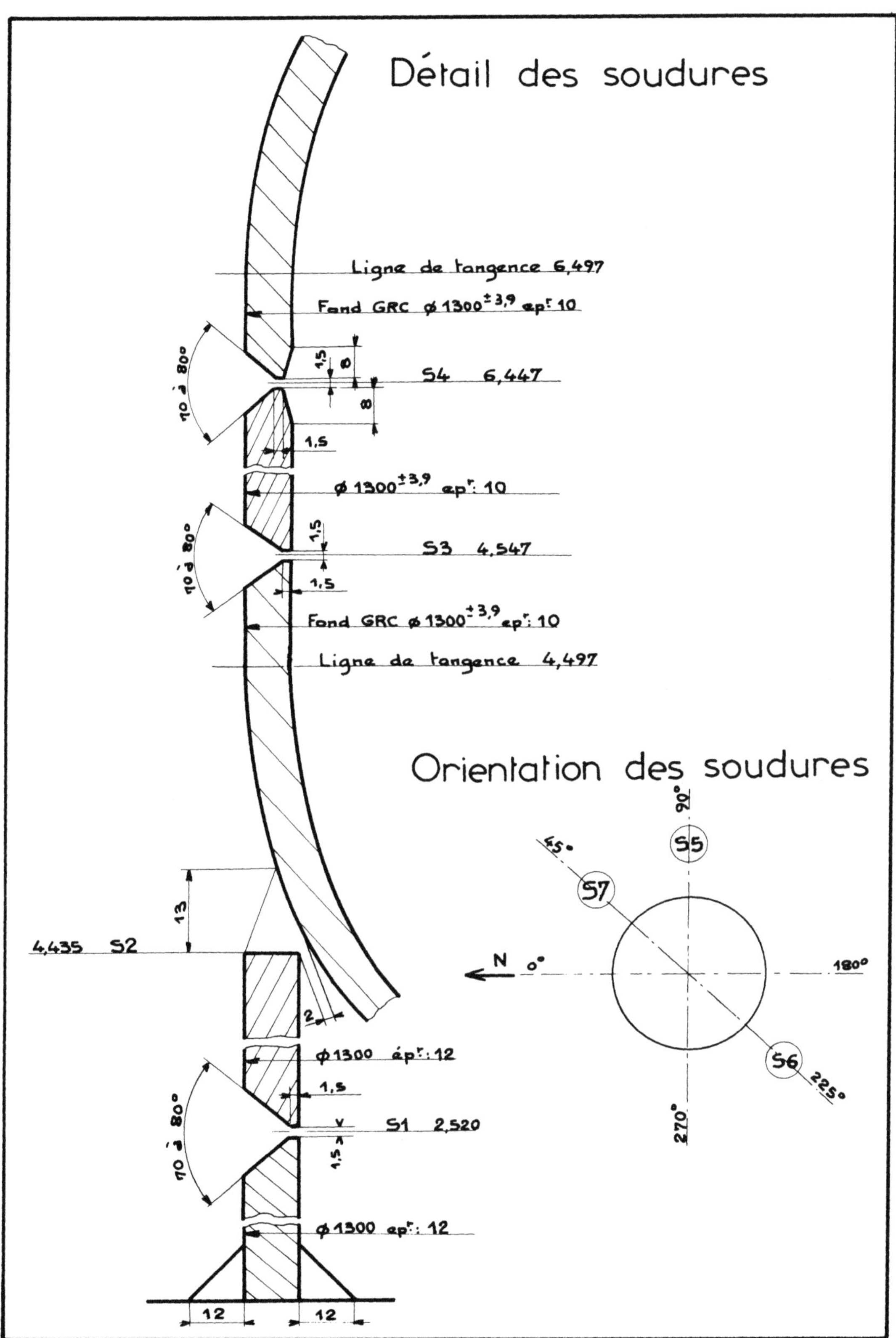

Détail des soudures
Ligne de tangence 6,497
Fond GRC ø 1300 ±3,9 ep.: 10
70 à 80°
1,5
10
S4   6,447
8
1,5
ø 1300 ±3,9 ep.: 10
70 à 80°
1,5
S3   4,547
1,5
Fond GRC ø 1300 ±3,9 ep.: 10
Ligne de tangence 4,497
Orientation des soudures
13
4,435   S2
2
ø 1300 ép.: 12
1,5
70 à 80°
S1   2,520
1,5
ø 1300 ep.: 12
12
12
90°
45°
S5
S7
N 0°
180°
S6
225°
270°

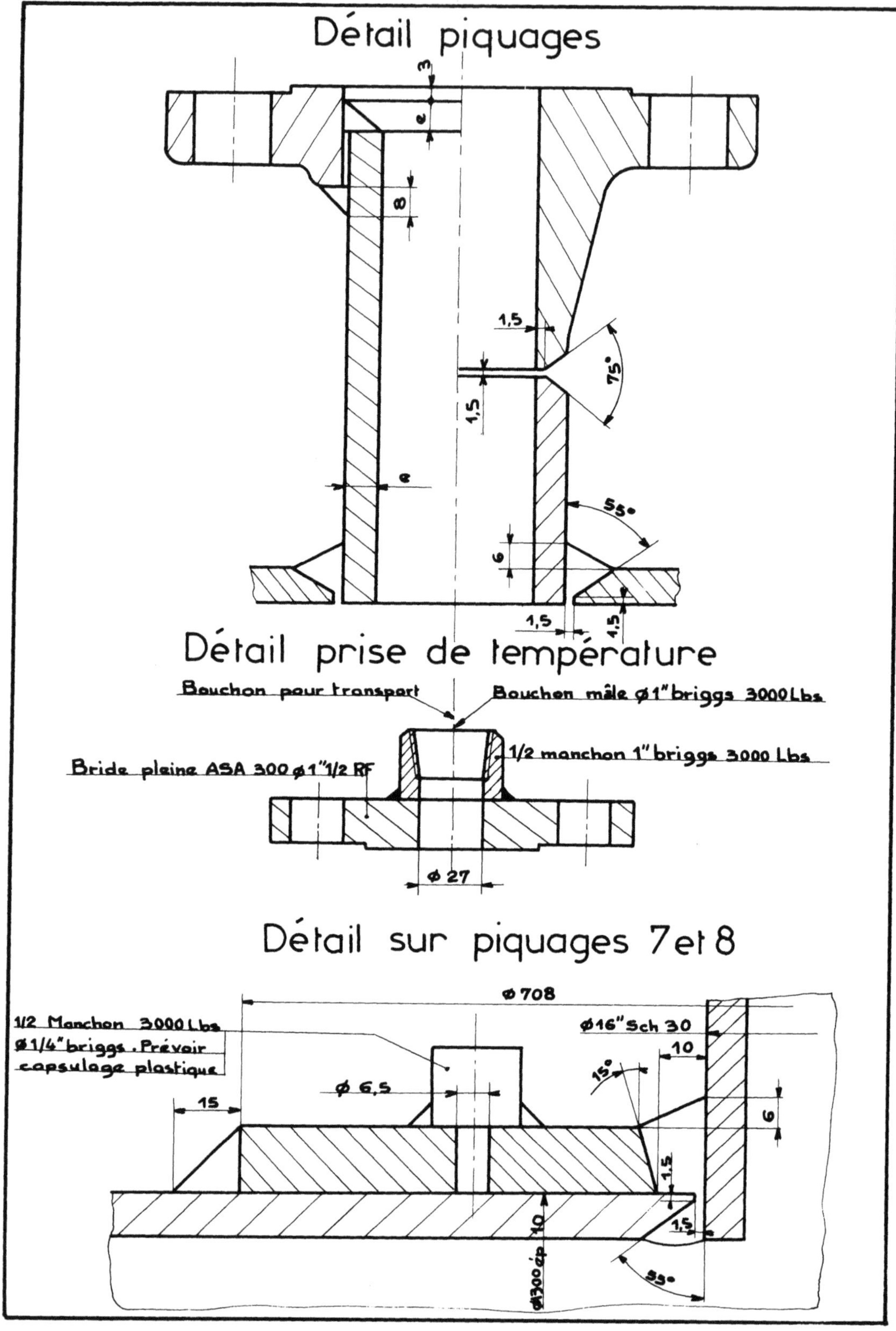
Détail piquages
3
8
1,5
75°
1,5
8
55°
6
1,5
4,5
Détail prise de température
Bouchon pour transport
Bouchon mâle ø1" briggs 3000 Lbs
Bride pleine ASA 300 ø1"1/2 RF
1/2 manchon 1" briggs 3000 Lbs
ø 27
Détail sur piquages 7 et 8
ø 708
1/2 Manchon 3000 Lbs
ø1/4" briggs . Prévoir
capsulage plastique
ø16" Sch 30
10
15°
ø 6,5
6
1,5
15
1,5
1,5
55°

Détail trou d'homme rep 4

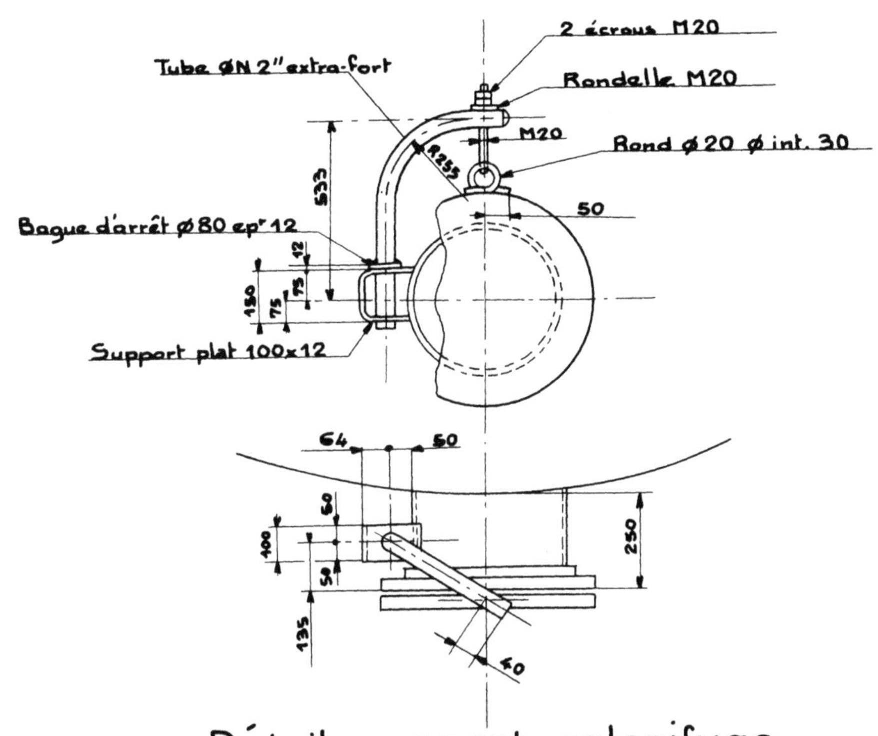

Détail support calorifuge

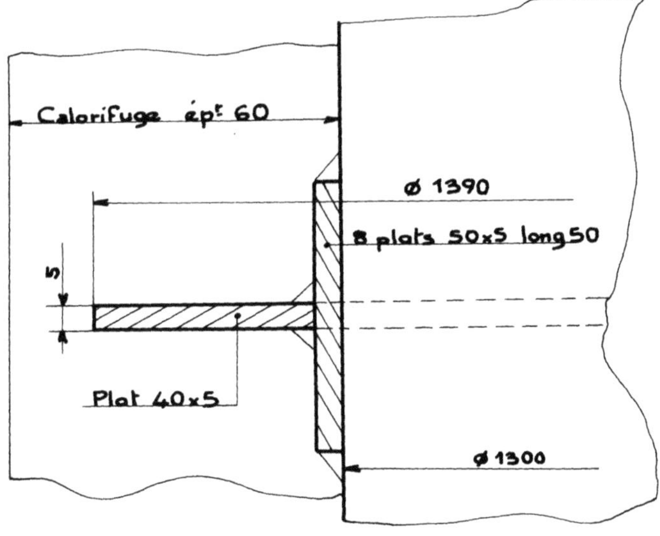

CARACTÉRISTIQUES TECHNIQUES

MATÉRIAUX suivant AFNOR, GAPAVE et ASTM	CONDITIONS DE CALCUL
Virole . . . . A 42 C1	Code . . . . SNCTTI
Fonds . . . . A 42 C1	Pression service . . . . 0,7 bars off.
Manchettes de tubulures . . . A 106 Gr. B	Pression calcul . . . . . .1 bar et vide absolu
Bride de tubulures . . . . . . A 181 Gr. 1	Température service . . . . 125 ºC
Renforts de tubulures . . . . A 42 C1	Température calcul . . . . 125 ºC
Manchons . . . . A 105 Gr. 2	Surep. corrosion virole 3
Jupe, goussets, supports extérieurs	Surep. corrosion fonds 3
Pièces et accessoires intérieurs . . . E 24-1	Traitement thermique . . . . non
	Radiographie . . . . nœuds + 10 %
	Coefficient joint . . . . O.B.
Boulonnerie extérieure . . . A 42 E 26-3	Épreuve hydraulique . . . oui + vide absolu
Boulonnerie intérieure	Pression épreuves mines
	Épreuve . . . . .1,5 bars + vide absolu
Joints . . . . Supranil-oil	Fluide . . . . Lourds + T112 +D1
	Capacité . . . . 17 600 litres
Poids. . . . . 6 270 kg	
Peinture	Conditions climatiques . . . . . Neige - Vent
	Autres sollicitations
	Organisme de contrôle . . . . CEP
Soudage - Procédé	
- Préparation	
- Exécution	

Perçage des brides hors axe sauf spécifications contraires notées à la définition de la bride.

TOLÉRANCES DE FABRICATION

A	Le diamètre intérieur déduit de la mesure de développement intérieur de la virole V 1 devra être égal à 1280 ± 2.
B	L'ovalisation hors-piquage, mesurée à l'aide d'une pige rigide à l'intérieur du tronçon de virole sera inférieure ou égale à 4 mm.
C	Défaut d'alignement des viroles en dehors des soudures circulaires et des piquages, mesure différentielle par rapport à un fil tendu en 90º le long de la colonne posée sur vireur : ≤ 5 mm. Il y a lieu de retrancher de la valeur ainsi mesurée l'ovalisation enregistrée en B.
D	Longueur hors-tout ± 5.
E	Élévation des tubulures ± 5. Orientation des tubulures ± 1/2º. Trous d'homme et trous de poing ± 1º. Déviation horizontale ou verticale de la face de joint ± 1/2º.

CHAPITRE 7

TRACÉ DES LIGNES DE TUYAUTERIE EN PERSPECTIVE ISOMÉTRIQUE REPRÉSENTATION UNIFILAIRE

7.1. EXÉCUTION DU TRACÉ ISOMÉTRIQUE

La position de la tuyauterie sur le tracé isométrique devra correspondre à sa position réelle de montage.

7.1.1. Plans de référence (fig. 7.1.)

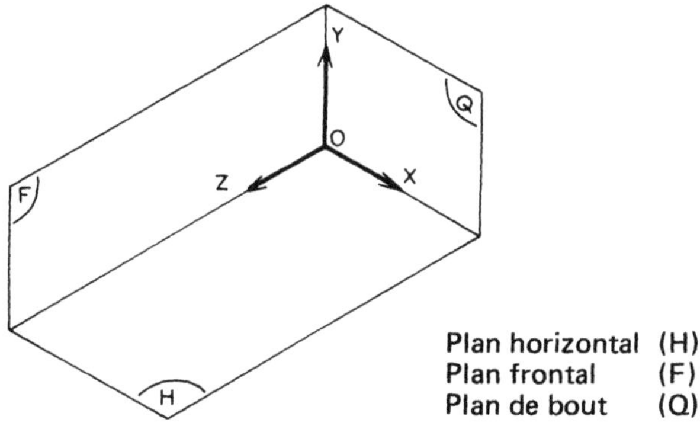

Fig. 7.1.

7.1.2. Orientation

Pour un groupe de tracés en perspective isométrique concernant une même ligne de tuyauterie, il est nécessaire de respecter une orientation de base qui facilitera :

— le repérage des plans de chaque tronçon ;

— la situation sur le plan d'ensemble des installations.

Cette orientation est généralement géographique et la direction OZ se rapporte à l'orientation Sud − Nord.

Nota :

L'Ouest est symbolisé par W (West) pour ne pas être confondu avec l'origine O (fig. 7.2.).

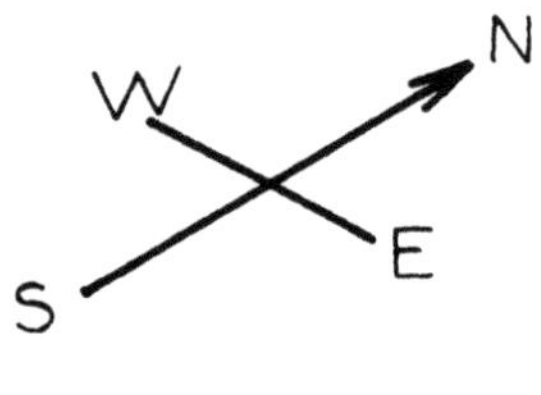

Fig. 7.2.

Exemple (fig. 7.3.) :

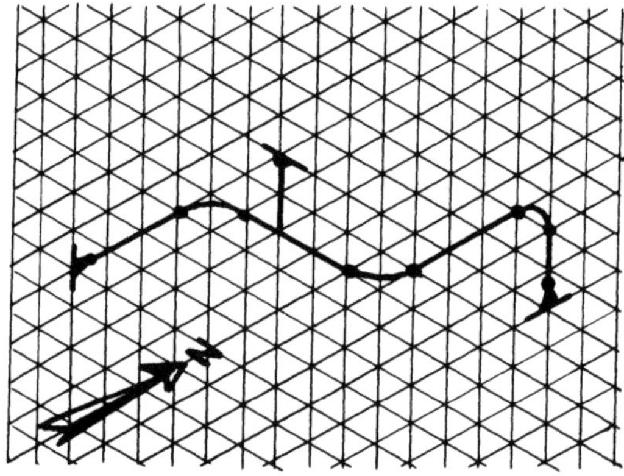

Fig. 7.3.

7.1.3. Échelle

Il n'est pas nécessaire de respecter une échelle de proportion pour le tracé d'une ligne de tuyauterie en perspective isométrique.

Pour faciliter la compréhension de la ligne de tuyauterie on peut augmenter ou diminuer les proportions de certains tronçons (fig. 7.4.) :

— réduire les longueurs droites dont l'indication des proportions est sans influence ;

— déplacer les orignines d'un élément pour éviter le croisement ou la superposition de tubes ;

— augmenter des tronçons lorsqu'interviennent de nombreux accessoires de raccorderie ou de robinetterie.

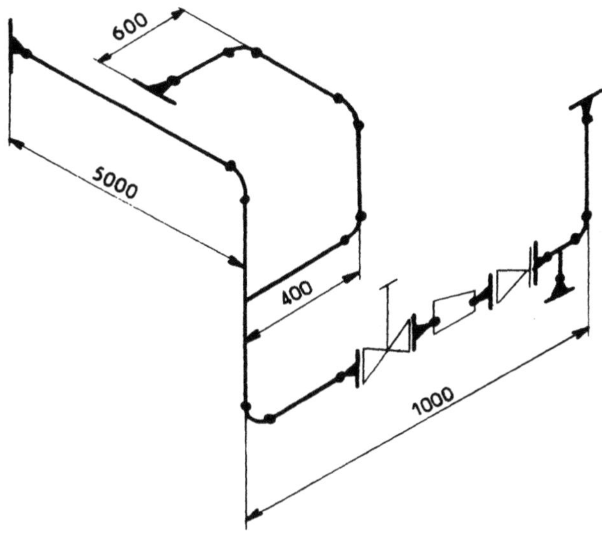

Fig. 7.4.

7.1.4. Positions des tubes

7.1.4.1. Positions remarquables

Lorsque les tuyauteries suivent les lignes de référence du canevas pré-imprimé, elles peuvent occuper des positions :

— parallèles ;

— perpendiculaires (changement de direction à 90°) ;

— orthogonales (tubes perpendiculaires dans l'espace).

7.1.4.2. Positions quelconques

Lorsque les tuyauteries coupent les lignes de référence du canevas, elles effectuent un changement de direction quelconque.

7.1.5. Changement de direction à 90° (fig. 7.5.)

Les éléments ①, ②, ③, ④ sont des changements de direction à 90° dans le plan horizontal (H).

Les éléments ⑤ et ⑥ sont des changements de direction à 90° dans le plan frontal (F).

Les éléments ⑦ et ⑧ sont des changements de direction à 90° dans le plan vertical de bout (Q).

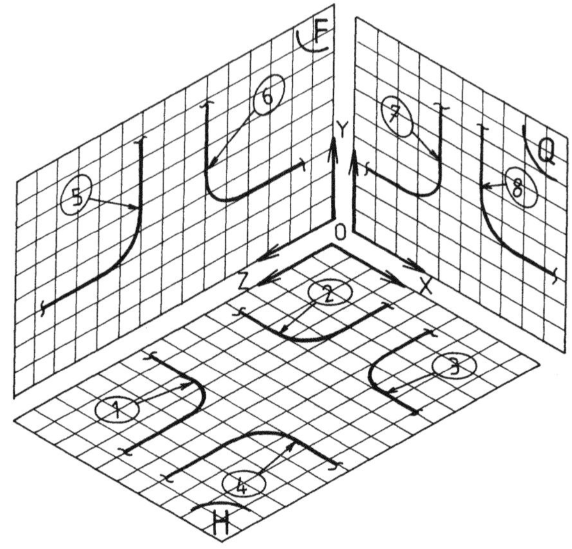

Fig. 7.5.

Exemples :

Tous les éléments de la ligne de tuyauterie définie ci-dessous (fig. 7.6.) occupent des positions remarquables dans des plans horizontaux, frontaux et de bout. Les éléments forment entre eux des changements de direction à 90°.

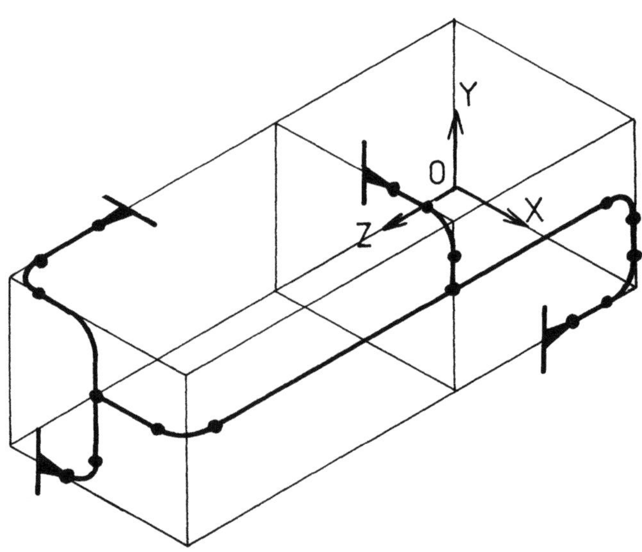

Fig. 7.6.

7.1.6. Changement de direction quelconque

7.1.6.1. Identification

La ligne de tuyauterie effectuant un changement de direction quelconque coupera les lignes du canevas correspondant aux trois axes normaux de projection de la perspective isométrique.

On identifiera le tracé d'une tuyauterie oblique à la diagonale d'un triangle rectangle pour le changement de direction dans un plan et à la plus grande diagonale d'un parallélépipède pour le changement de direction quelconque dans deux plans.

7.1.6.2. Classification

Plusieurs types de changement de direction quelconque sont rencontrés dans les lignes de tuyauterie :

1) Changement de direction quelconque dans un plan :

— horizontal ;

— frontal ;

— de bout (ou de profil).

2) Changement de direction quelconque dans deux plans.

7.1.6.3. Changement de direction dans un plan

Marquer l'angle droit qui définit la position du triangle (fig. 7.7.).

Les hachures permettent d'indiquer très rapidement au lecteur du plan, la position du changement de direction.

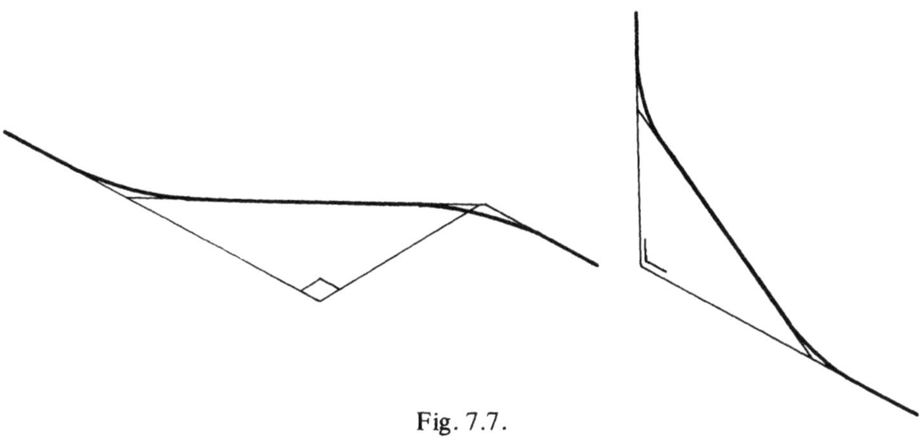

Fig. 7.7.

Les côtés de l'angle droit des triangles rectangles indiquant les changements de direction sur le plan horizontal seront toujours tracés sur les lignes du canevas suivant les axes OX et OZ (fig. 7.8.).

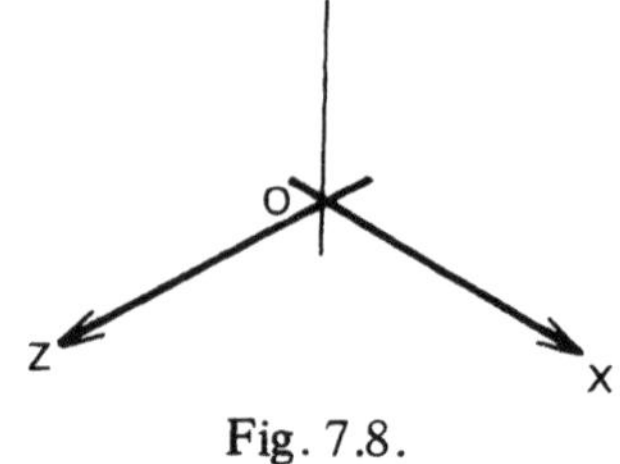

Fig. 7.8.

Les hachures peuvent suivre l'une ou l'autre des deux droites qui définissent le plan horizontal.

Exemples :

Les hachures suivent la direction OX (fig. 7.9.).

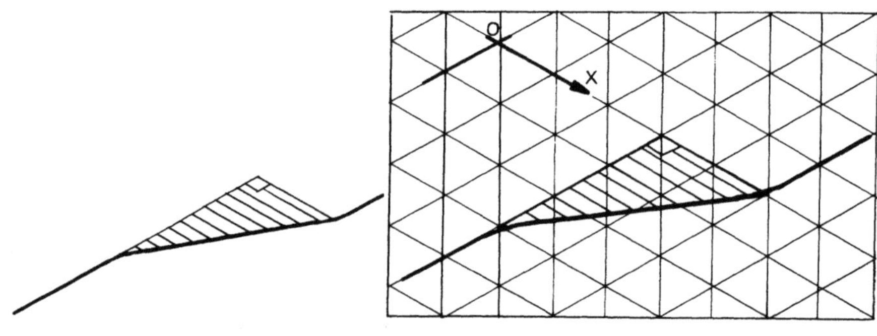

Fig. 7.9.

Les hachures suivent la direction OZ (fig. 7.10.).

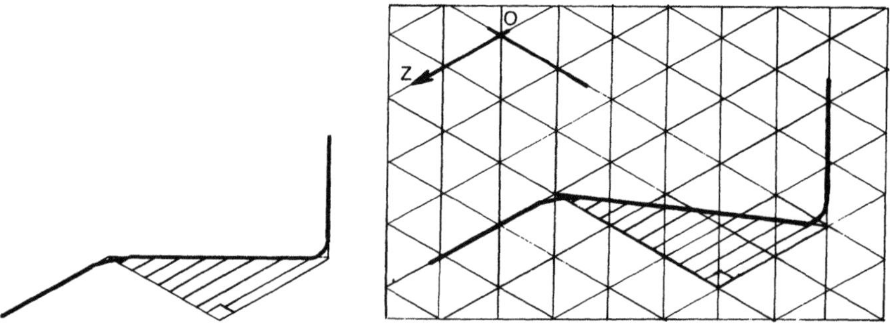

Fig. 7.10.

b) Changement de direction dans le plan frontal.

Les côtés de l'angle droit des triangles rectangles indiquant les changements de direction dans le plan frontal seront toujours tracés sur les lignes du canevas suivant les axes OY et OZ (fig. 7.11.).

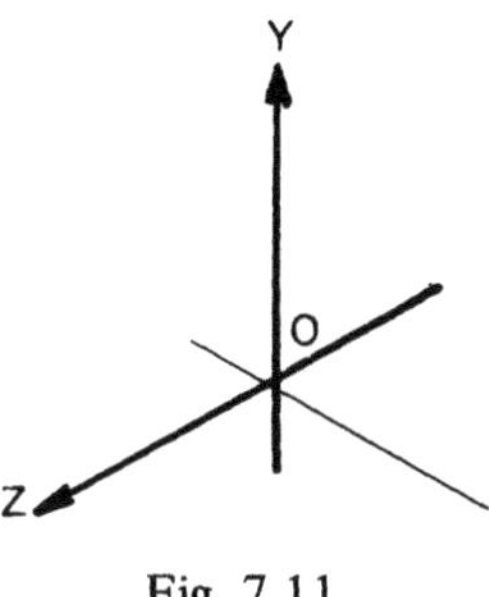

Fig. 7.11.

Les hachures seront toujours verticales.

Exemples : (fig. 7.12, 7.13).

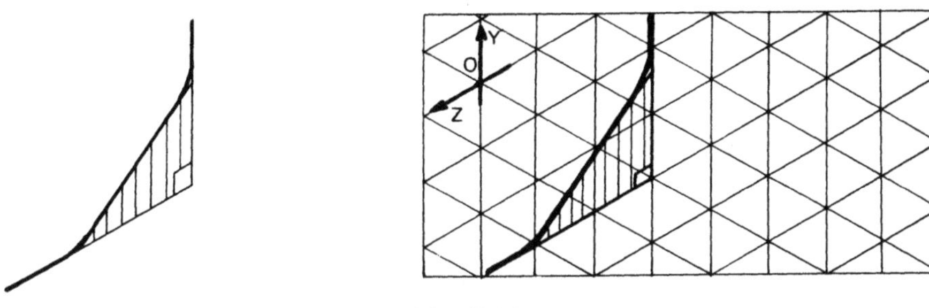

Fig. 7.12.

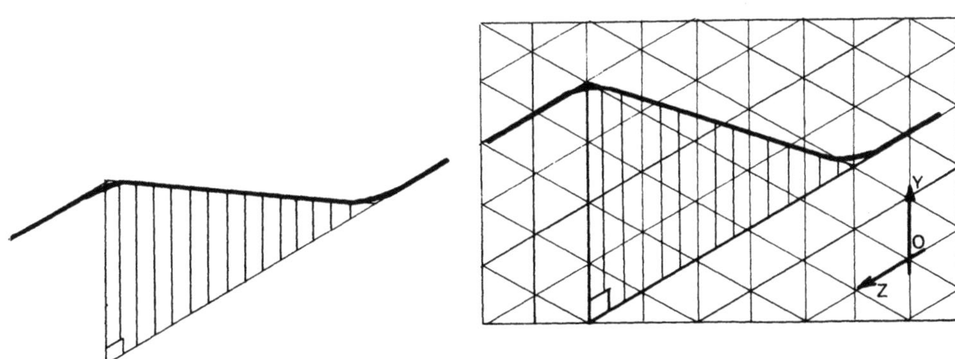

Fig. 7.13.

c) Changement de direction dans le plan de bout.

Les côtés de l'angle droit des triangles rectangles indiquant les changements de direction dans le plan de bout seront toujours tracés sur les lignes du canevas suivant les axes OY et OX (fig. 7.14).

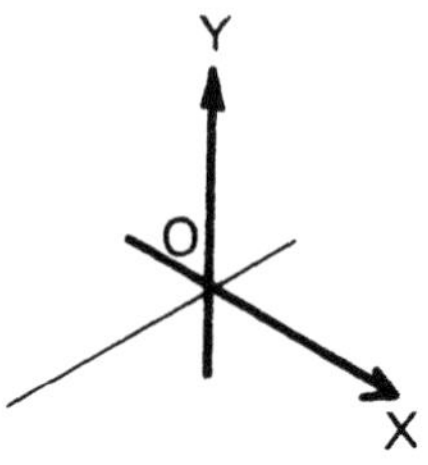

Fig. 7.14.

Les hachures seront toujours verticales.

Exemples (fig. 7.15, 7.16) :

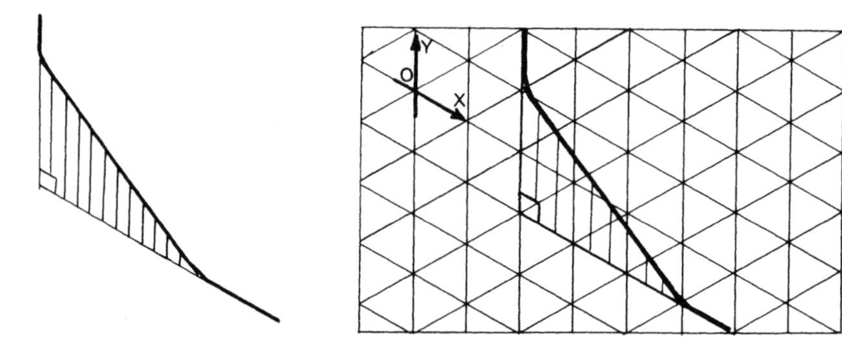

Fig. 7.15.

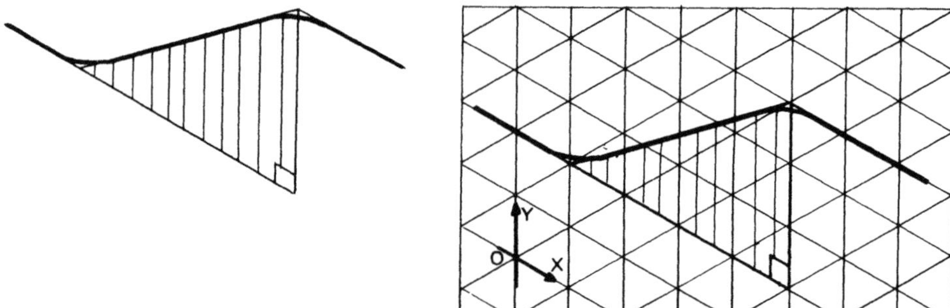

Fig. 7.16.

Exemple général :

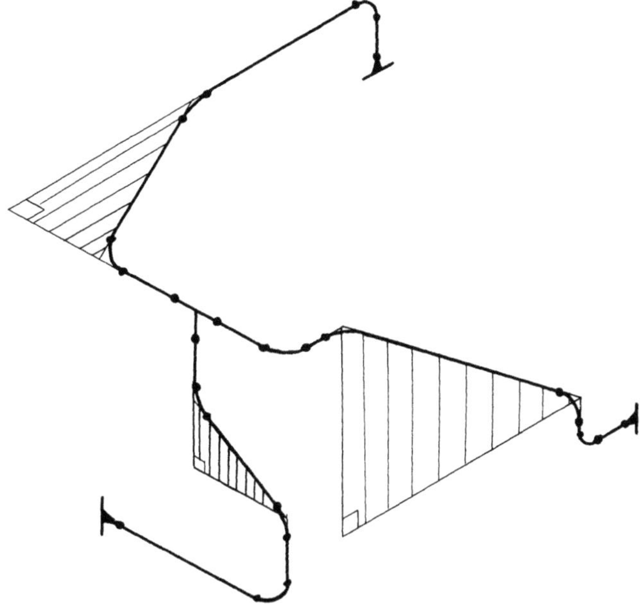

Fig. 7.17.

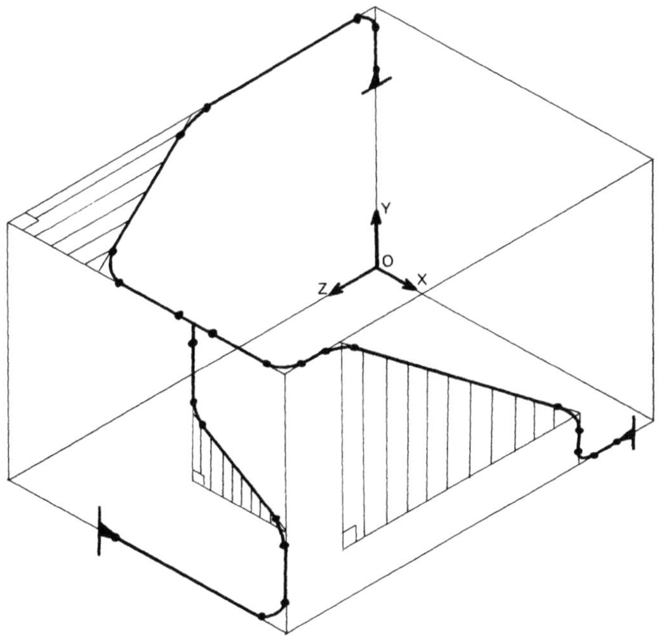

Fig. 7.18.

Remarque :

Orientation dans un plan d'une commande de vanne ou de robinet.

La représentation de l'orientation est soumise aux mêmes règles que les changements de direction d'un tube dans un plan.

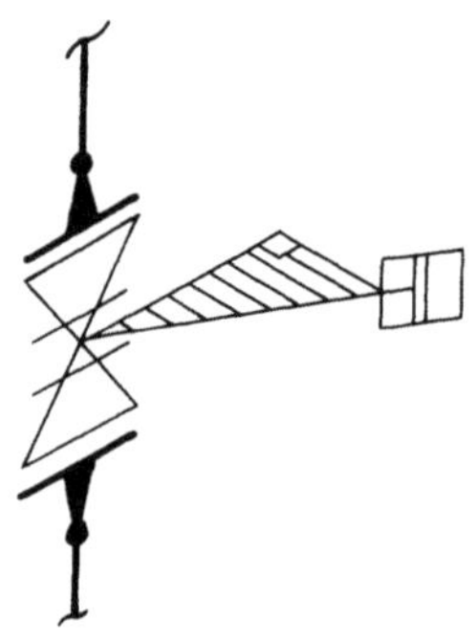
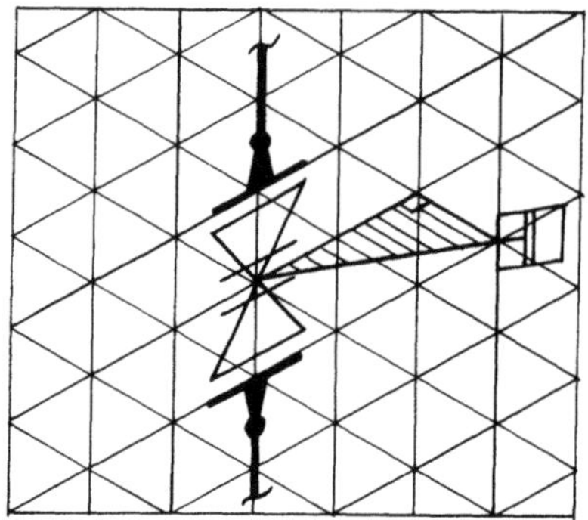

Fig. 7.19.

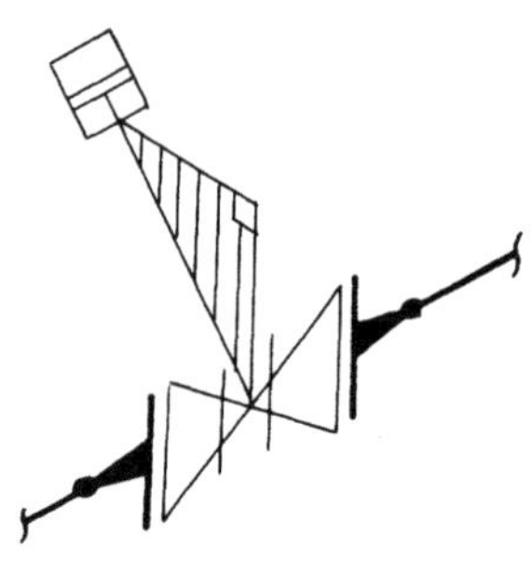
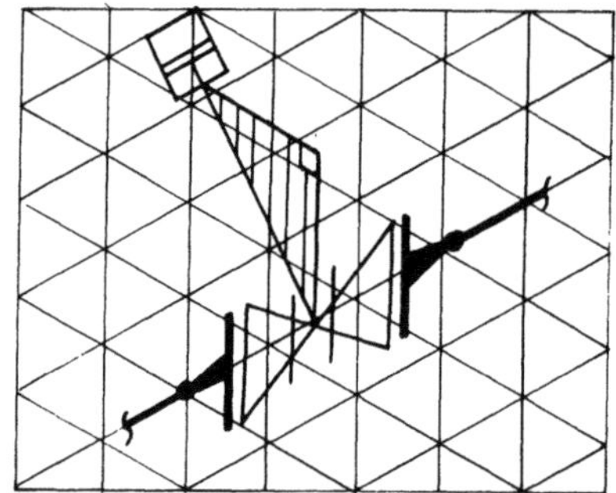

Fig. 7.20.

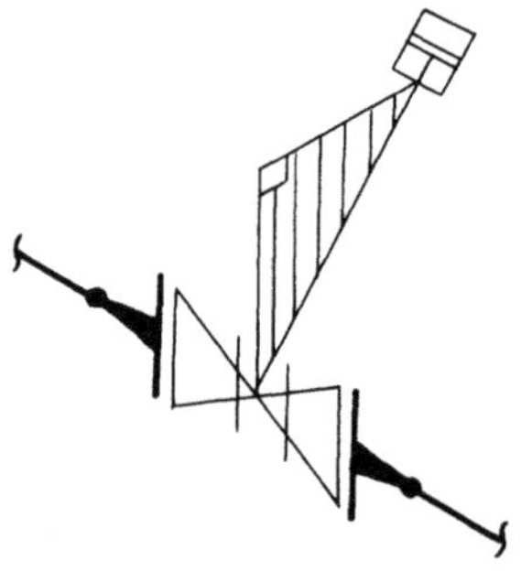
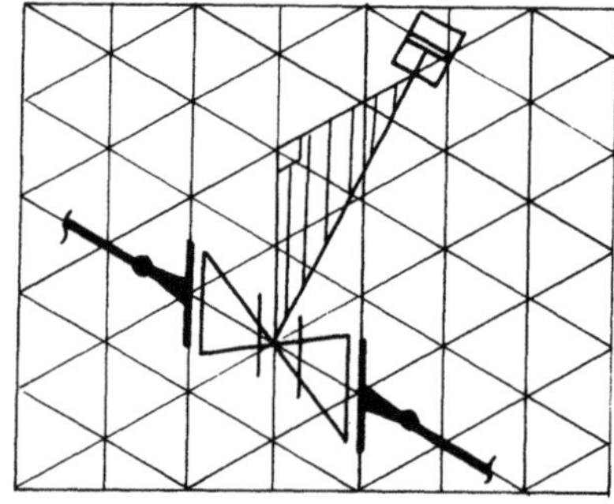

Fig. 7.21.

7.1.6.4. Changement de direction quelconque dans deux plans

Le côté commun du triangle indiquant le déport horizontal et du triangle indiquant le déport vertical sera la projection de la ligne de tuyauterie sur le plan horizontal (fig. 7.22, 7.23).

Exemple :

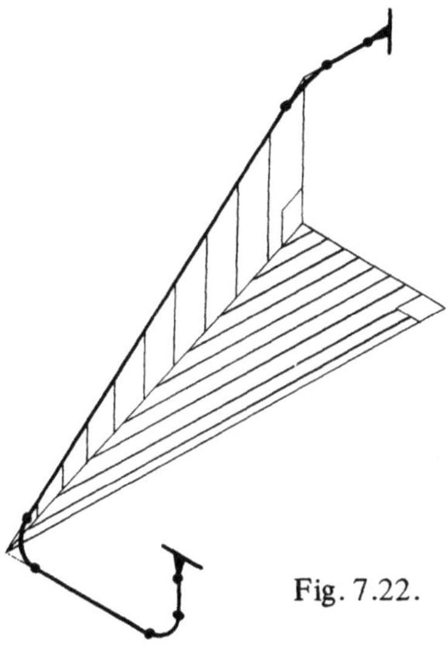

Fig. 7.22.

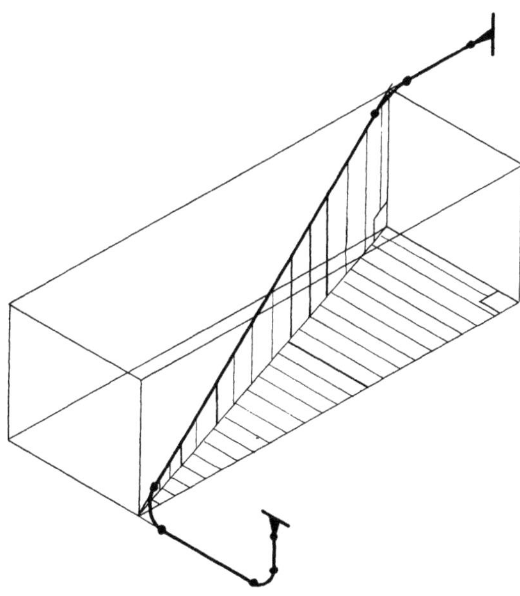

Fig. 7.23.

7.1.7. Position des brides

7.1.7.1. Brides sur tubes en position remarquable

Principe : Afin d'éviter toute erreur de lecture et pour faciliter la cotation, la face de joint du symbole des brides sera représentée dans le même plan que celui qui contient l'ensemble des éléments placé immédiatement près de ces brides (fig. 7.24).

Exemples :

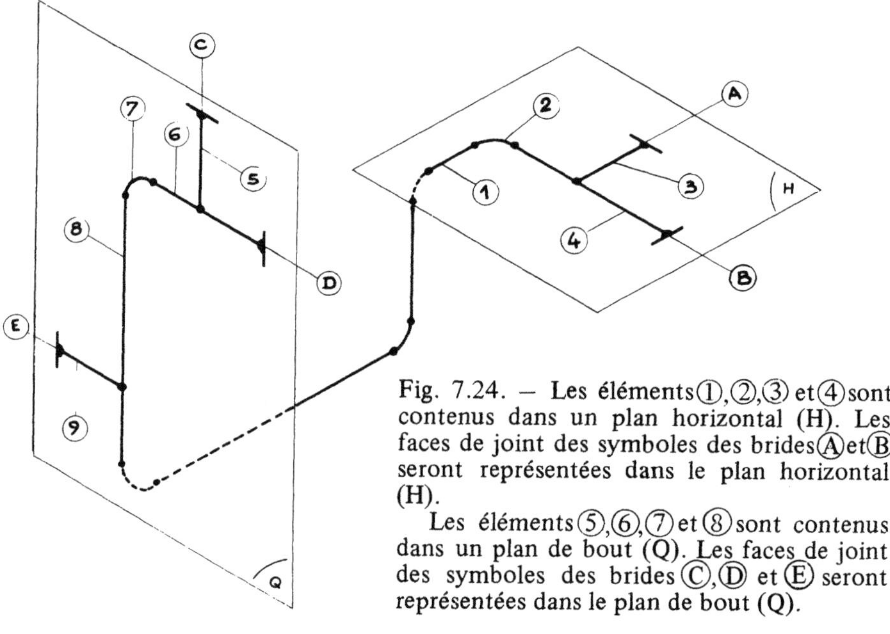

Fig. 7.24. — Les éléments ①,②,③ et ④ sont contenus dans un plan horizontal (H). Les faces de joint des symboles des brides Ⓐ et Ⓑ seront représentées dans le plan horizontal (H).

Les éléments ⑤,⑥,⑦ et ⑧ sont contenus dans un plan de bout (Q). Les faces de joint des symboles des brides Ⓒ,Ⓓ et Ⓔ seront représentées dans le plan de bout (Q).

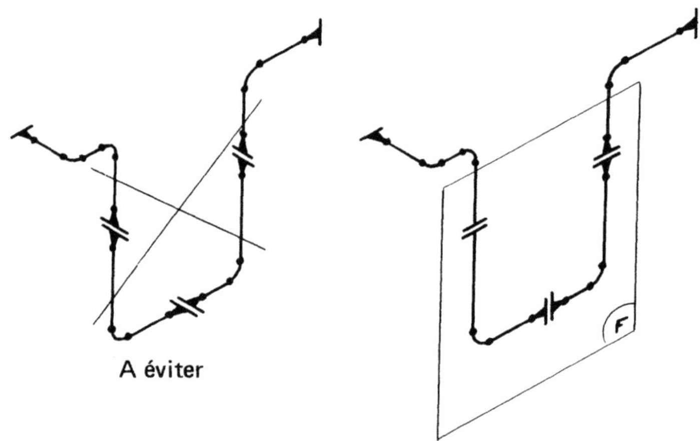

A éviter

Fig. 7.25.   Fig. 7.26.

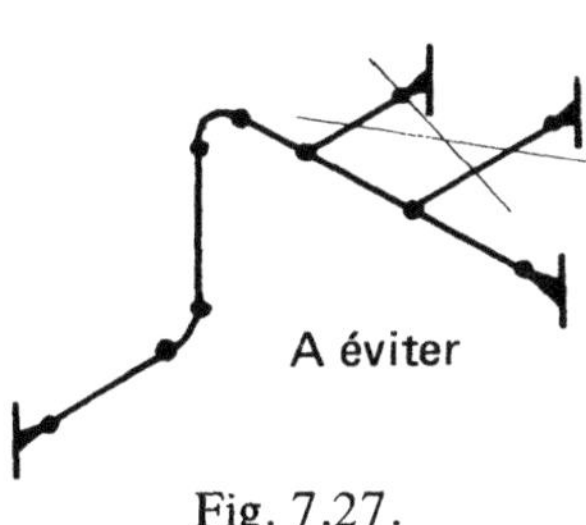

Fig. 7.27.

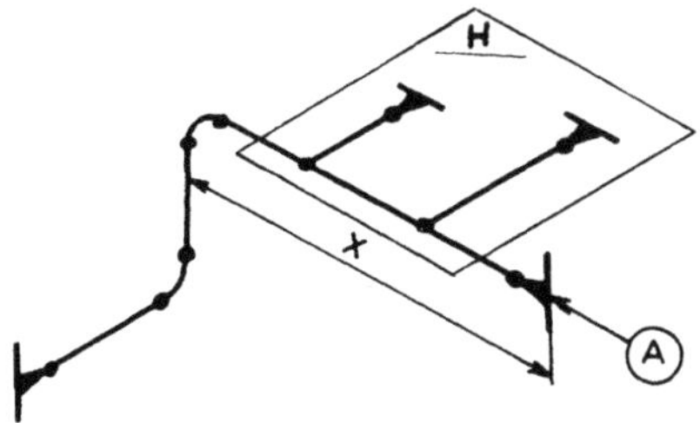

Fig. 7.28. — La face de joint du symbole de la bride A peut rester verticale pour indiquer la cote x.

7.1.7.2. Brides terminant un élément oblique

Lorsqu'une bride termine un élément de tuyauterie oblique, la face du joint du symbole de la bride sera représentée perpendiculairement à l'élément oblique (fig. 7.29, 7.30, 7.31).

Exemples :

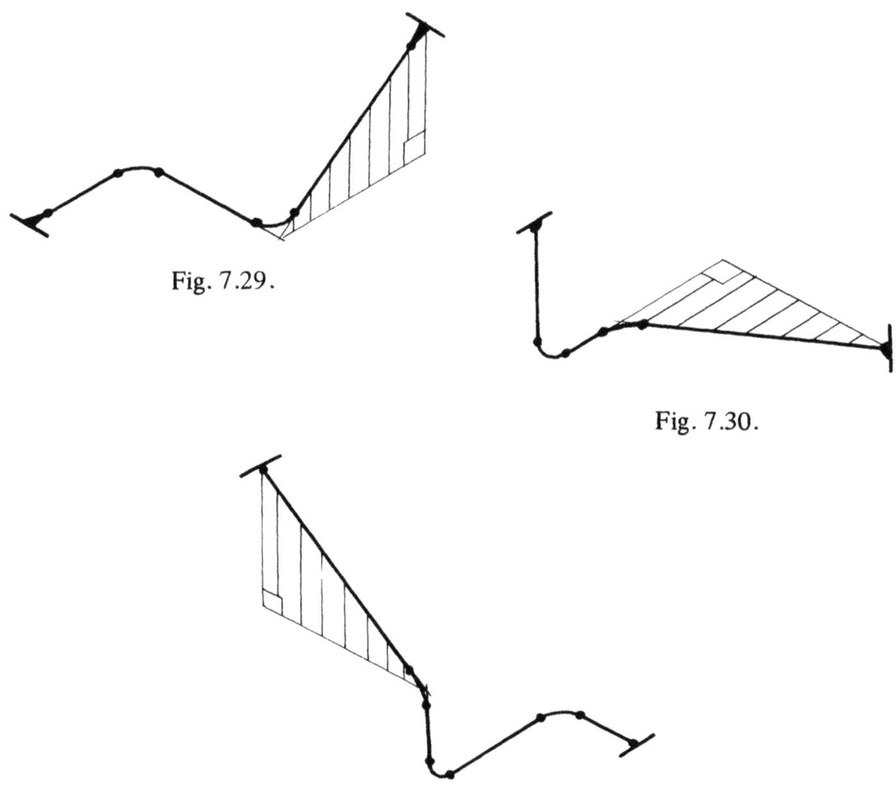

Fig. 7.29.

Fig. 7.30.

Fig. 7.31.

7.1.8. Position des symboles de la robinetterie et accessoires (fig. 7.33, 7.34, 7.35, 7.36, 7.37, 7.38).

Les symboles de la robinetterie, des accessoires de tuyauterie, d'instruments de mesure et de contrôle seront représentés dans leur position réelle de montage et de fonctionnement.

Le symbole des moyens de raccordement sera représenté dans le même plan que celui qui contient le symbole de l'élément de robinetterie ou d'accessoire.

Exemples :

1) Vanne à opercule :

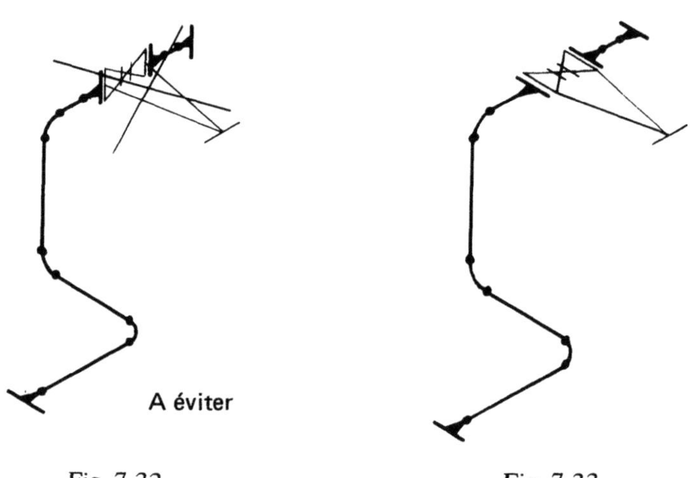

Fig. 7.32.   Fig. 7.33.

2) Robinet à tournant droit :

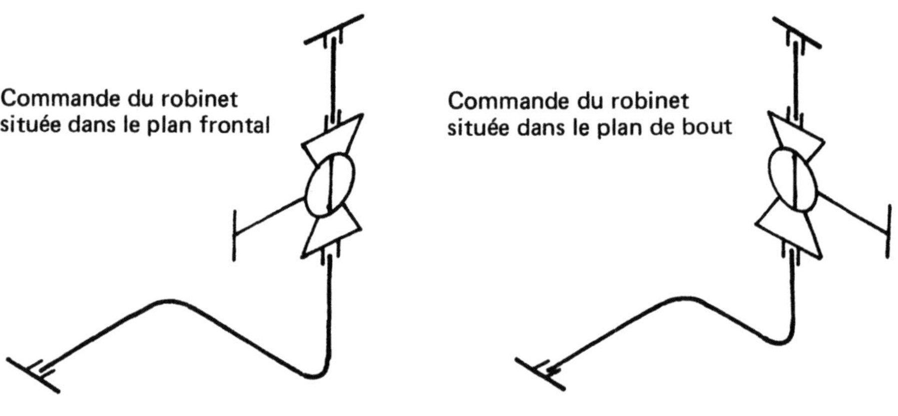

Fig. 7.34.   Fig. 7.35.

3) Réduction excentrique soudée.

En unifilaire, il n'est pas nécessaire de faire figurer l'écart de niveau des tuyauteries, apparent en bifilaire.

— Pour fluide qui condense ou décante :

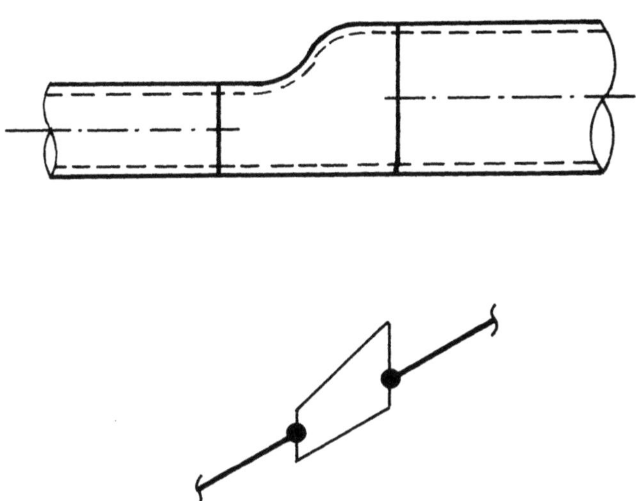

— Pour fluide gazeux ou liquide qui dégaze :

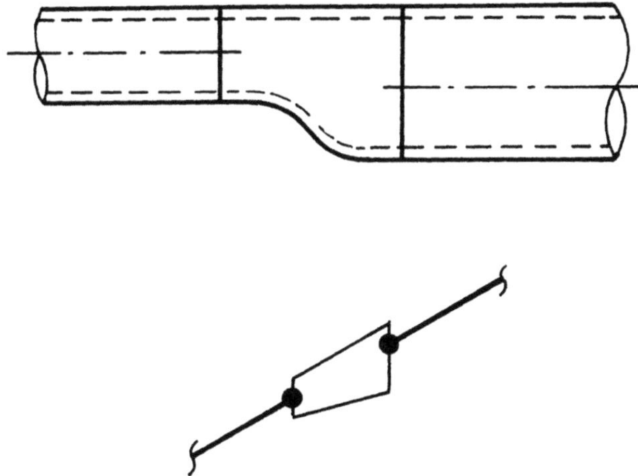

4) Regard d'écoulement de fluide :

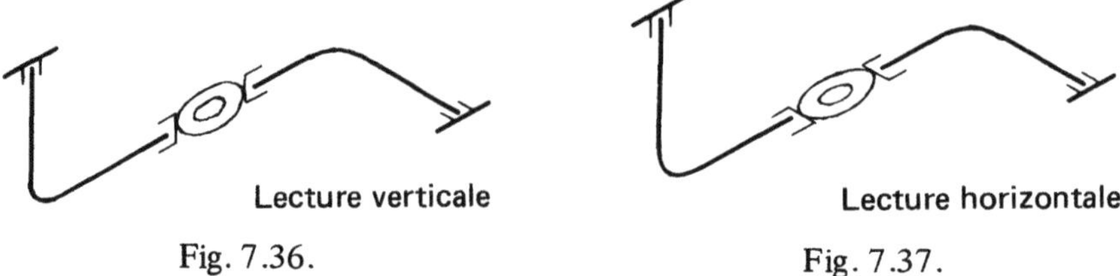

Fig. 7.36.   Fig. 7.37.

5) Représentation correcte des symboles :

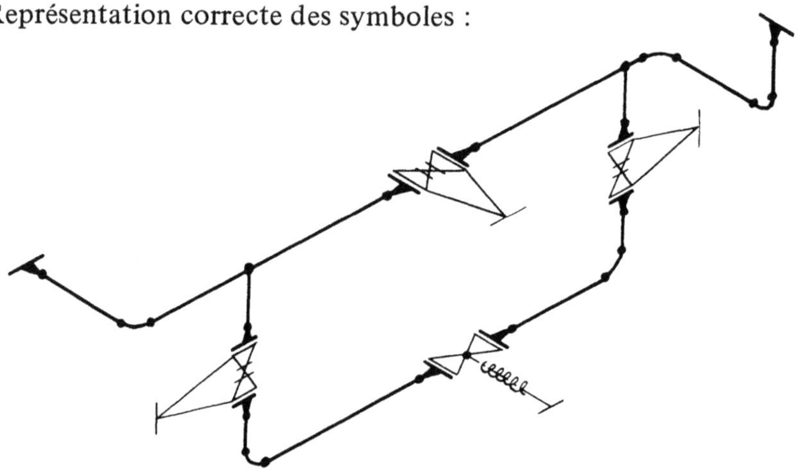

Fig. 7.38.

Remarque :

Certains éléments de raccorderie et de robinetterie n'occupent pas de position particulière de montage. Dans ce cas les symboles seront représentés dans le même plan que celui qui contient un ensemble d'éléments de tuyauterie placé immédiatement près de ces appareils (fig. 7.39, 7.40, 7.41, 7.42).

Exemples :

1) Réduction concentrique :

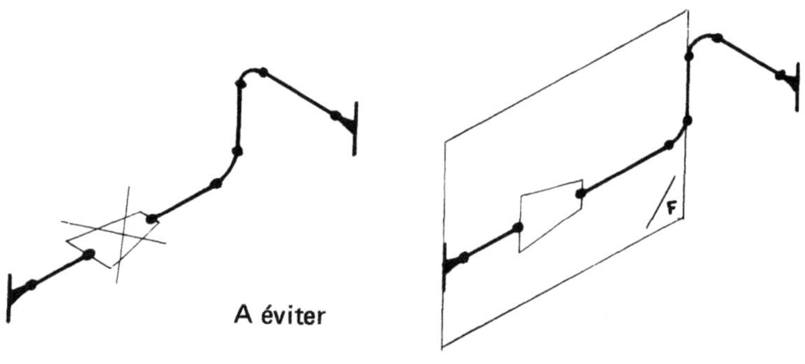

Fig. 7.39.   Fig. 7.40.

2) Clapet anti-retour :

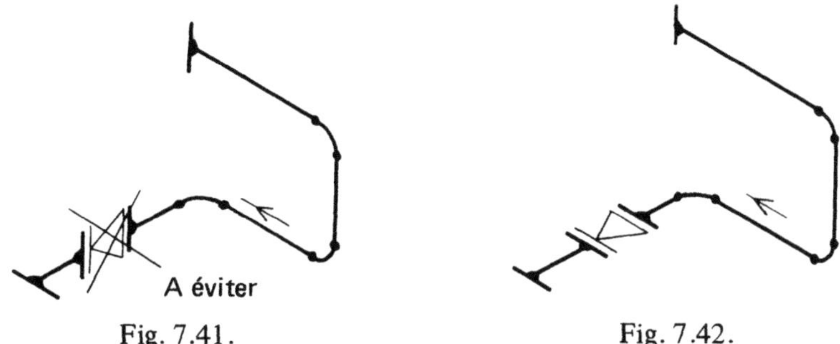

Fig. 7.41.   Fig. 7.42.

7.2. COTATION

7.2.1. Choix des cotes

La définition des orignes et la répartition des cotes seront déterminées suivant les différentes fonctions à assurer et les indications du plan d'ensemble.

Le cumul des cotes doit être fait en tenant compte du déroulement de chaque phase de fabrication ou de montage.

7.2.2. Méthode d'exécution

Écarter la cotation du tracé de la tuyauterie qui sera ainsi plus apparent pour la lecture du schéma (fig. 7.43, 7.44).

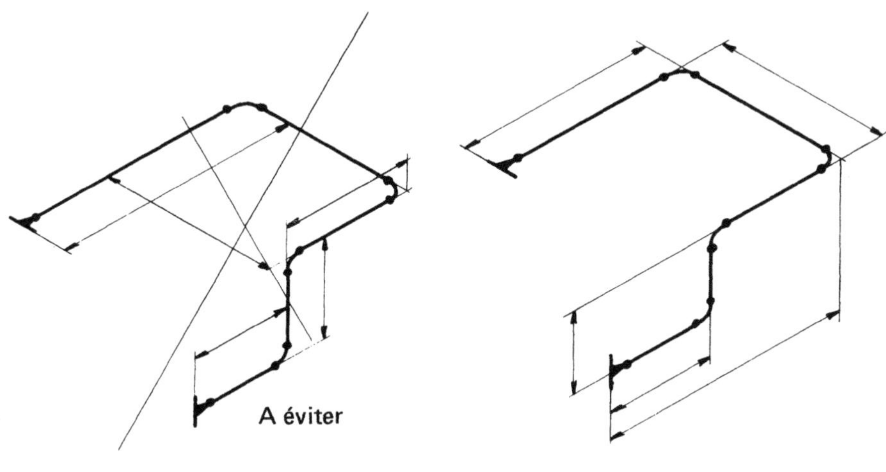

Fig. 7.43.   Fig. 7.44.

Les cotes intéressant un tronçon contenu dans un plan de référence (horizontal, frontal ou de bout) seront groupées et tracées suivant les directions de ce plan (fig. 7.45, 7.46).

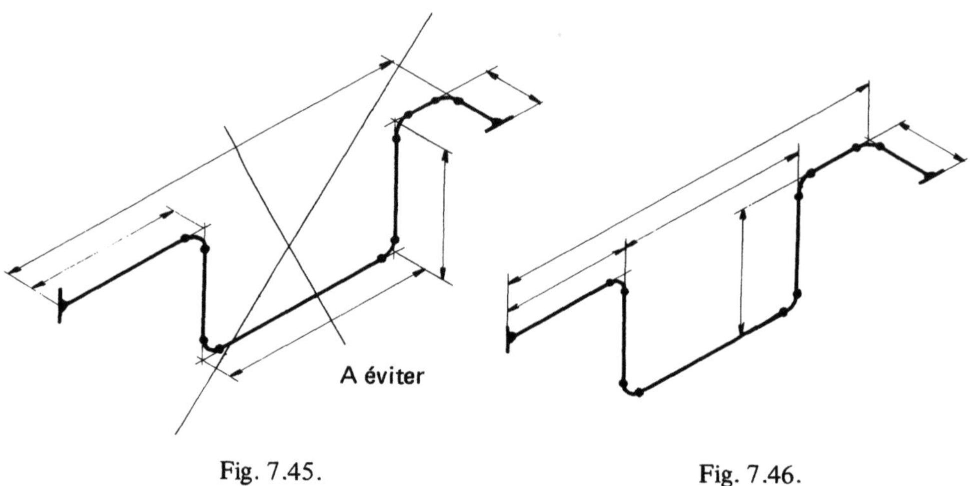

Fig. 7.45.   Fig. 7.46.

Éviter de croiser les cotes contenues dans deux plans différents (fig. 7.47, 7.48).

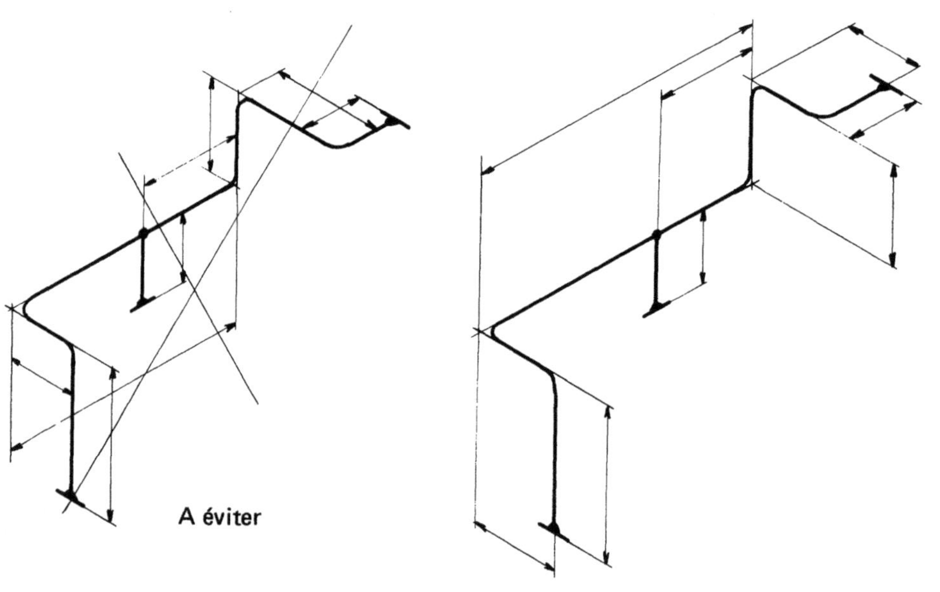

Fig. 7.47.   Fig. 7.48.

Cotations d'éléments obliques :

1) Dans un plan.

Indiquer les cotes du déport sur un triangle projeté dans un plan parallèle à celui contenant l'élément oblique (fig. 7.49, 7.50).

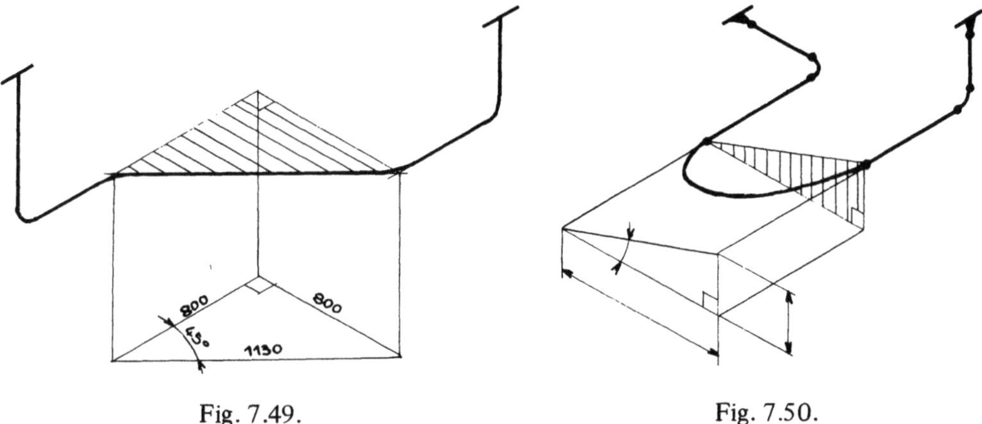

Fig. 7.49.   Fig. 7.50.

2) Dans deux plans.

Indiquer toutes les cotes nécessaires à la détermination des éléments droits de tubes ainsi que les angles de cintrage ou de courbes à souder (fig. 7.51, 7.52).

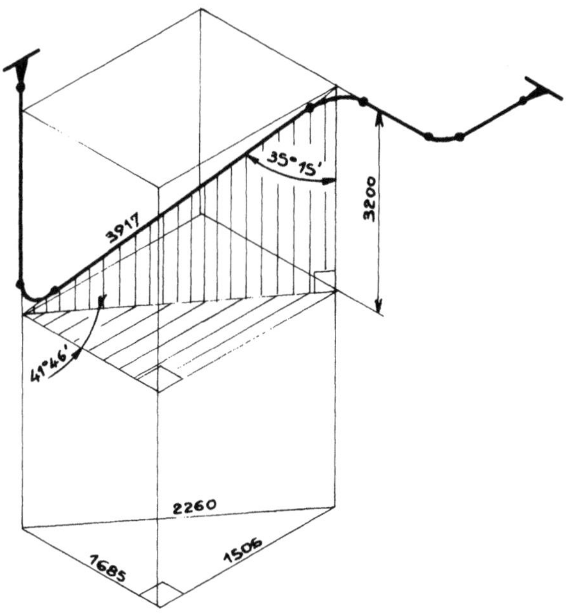

Fig. 7.51.

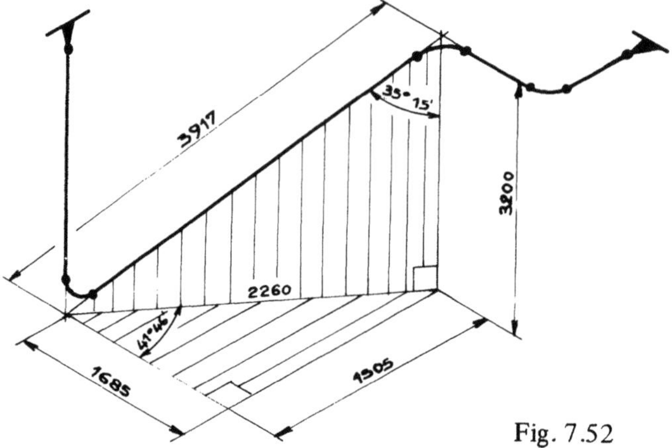

Fig. 7.52

Cotation des épaisseurs de joints :
Épaisseur des joints de 3 contenue dans la cote 420 (fig. 7.53, 7.54).

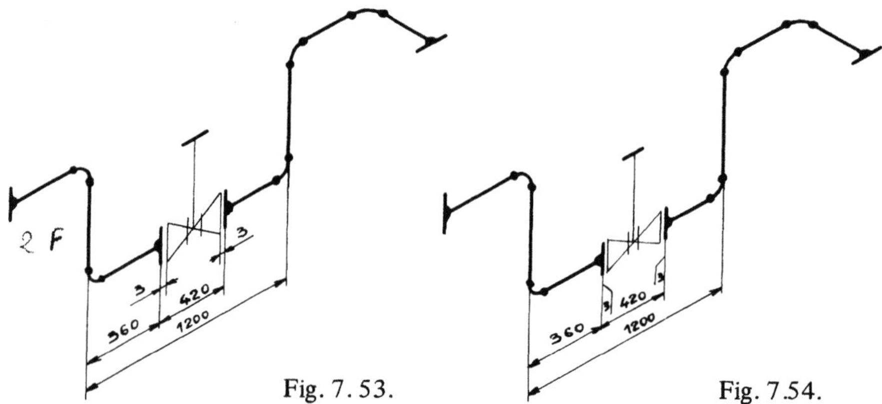

Fig. 7. 53.   Fig. 7.54.

L'épaisseur des joints est exclue de la cote 414 (fig. 7.55).

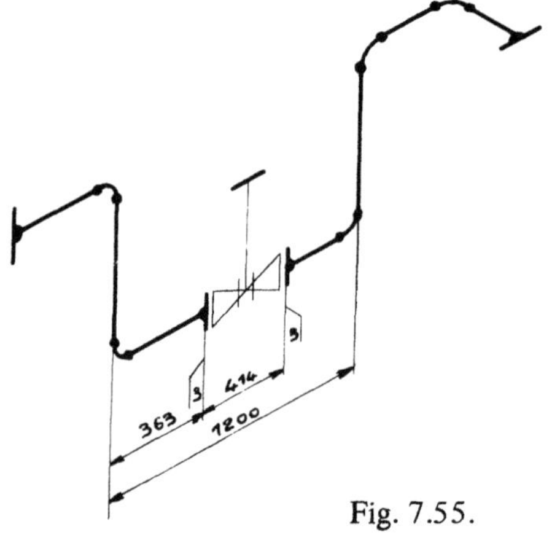

Fig. 7.55.

7.3. NOMENCLATURE

La ligne de tuyauterie représentée en perspective isométrique doit, comme le plan d'ensemble, être définie plus précisément en énumérant les éléments dans une nomenclature. Cette nomenclature peut être attenante au dessin ou jointe en liasse séparée.

Elle est établie sous forme d'un tableau suivant deux possibilités de classement :

7.3.1. Énumération des éléments constitutifs

Suivant une progression en partant par exemple du sens de circulation du fluide, précisant pour chaque élément :

— le repère ;

— la quantité ;

— la désignation normalisée ;

— le matériau ;

— et des observations de montage, d'exécution, etc.

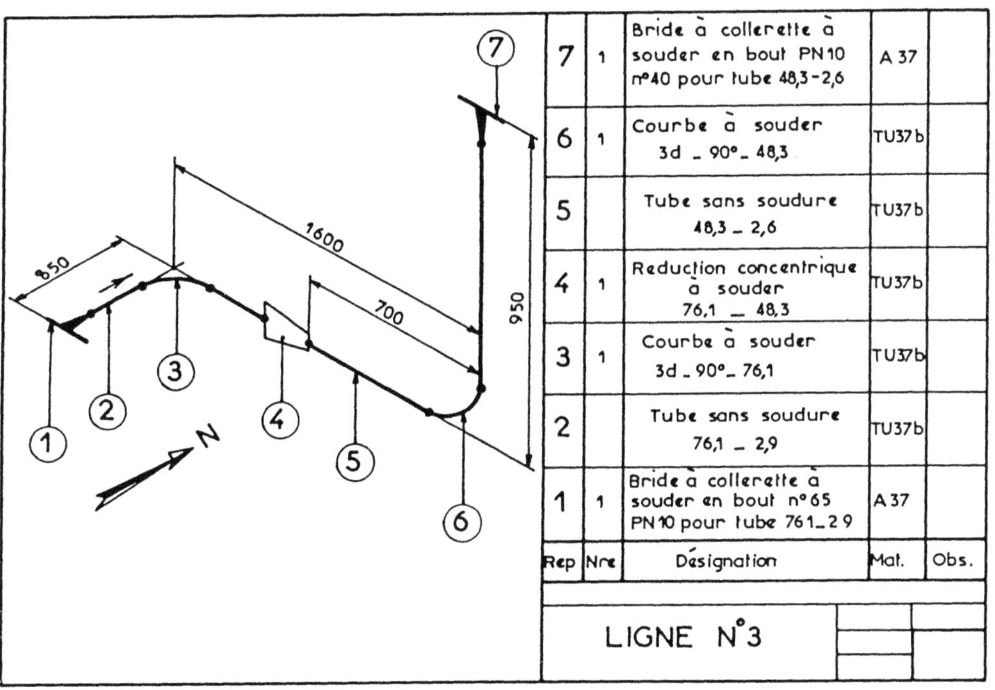

Rep	Nre	Désignation	Mat.	Obs.
7	1	Bride à collerette à souder en bout PN 10 n°40 pour tube 48,3 - 2,6	A 37	
6	1	Courbe à souder 3d _ 90° _ 48,3	TU 37 b	
5		Tube sans soudure 48,3 _ 2,6	TU 37 b	
4	1	Reduction concentrique à souder 76,1 _ 48,3	TU 37 b	
3	1	Courbe à souder 3d _ 90° _ 76,1	TU 37 b	
2		Tube sans soudure 76,1 _ 2,9	TU 37 b	
1	1	Bride à collerette à souder en bout n°65 PN 10 pour tube 76 1 _ 2 9	A 37	

7.3.2. Par famille d'éléments constitutifs

Tubes, coudes, tés, vannes, etc. en spécifiant, toutes les caractéristiques énoncées au 7.3.1.

Partie gauche

ø nom	code	désignation	Ep.	quantité 0	1	2	poids Kg
TUBES (mètres)							
100	PT 02	ø ext : 114,3	5,95	9,0			
25	PT 02	ø ext : 33,5	4,55	0,3			
COUDES (nombre)							
100	BC 03	à 90°. 3d . ø ext :114,3					
REDUCTIONS (nombre)							
TÉS							
BRIDES							
100	FB 01	A collerette PN 16 - RF	1				
25	FB 01	A collerette PN 16 - RF	2				

Partie droite

ø nom	code	désignation	quantité 0	1	2	poids Kg
TIGES FILETÉES AVEC 2 ECROUS						
	DT 01	M16 × 100	8			
	DT 01	M14 × 70	8			
ROBINETTERIE						
JOINTS						
100	PJ 03	Kl. Oilit 2mm	1			
25	PJ 03	kl Oilit 2mm	2			
SUPPORTS PS						
		liste n° 202 913				
100	4074		2			
100	4036		1			
ARTICLES SPÉCIAUX						
25		TI 1409	1			
25		TI 1001- 48	1			

CHAPITRE 8

REPRÉSENTATION CONVENTIONNELLE DES TUBES ET ÉLÉMENTS DE RACCORDERIE

Remarque importante :

Les nombreux domaines d'installation de tuyauteries : industrie chimique, industrie pétrolière, industrie des centrales électriques et nucléaires, industrie alimentaire, etc. et la diversité des matériels utilisés, m'ont conduit à choisir les symboles les plus représentatifs et les plus utilisés des normes françaises suivantes :

— NF E 04-051 : symboles graphiques de la robinetterie;

— NF E 04-202 : symboles graphiques du génie chimique;

— NF J 40-002 : représentation conventionnelle des appareils et de la robinetterie dans les schémas de tuyautage en construction navale;

— NF E 04-201 : symboles graphiques à utiliser en technique du vide.

D'autre part, certains symboles ont été retenus par le fait d'une utilisation courante en tuyauterie industrielle et d'autres ont été établis par extension de symboles dans un matériel donné.

8.1. RACCORDEMENTS

Désignation		Représentation	
		Proportionnelle	Unifilaire
Soudage	Bout à bout		Ø du point = 3 fois l'épaisseur du trait, soit 2 à 3 mm.
	Avec emboîtement		
Filetage			

8.2. TUBES

Désignation	Représentation	
	Bifilaire	Unifilaire
Elément de tuyauterie principale	Noter la forme des interruptions.	Ø 3 à 5 mm constant pour un même ensemble indépendamment du diamètre réel.
tuyauterie calorifugée	Représentation des diamètres en respectant une échelle ou le rapport des proportions. — Représentation du calorifuge par tronçons de 15 à 35 mm de place en place.	Ø 5 à 7 mm constant pour un même ensemble.
tuyauterie tracée et calorifugée	Le contre-trait est continu en représentation bifilaire.	Le contre-trait, en interrompu long, est exécuté sur toute la longueur de la ligne en précisant le contournement des accessoires et appareils de tuyauterie.

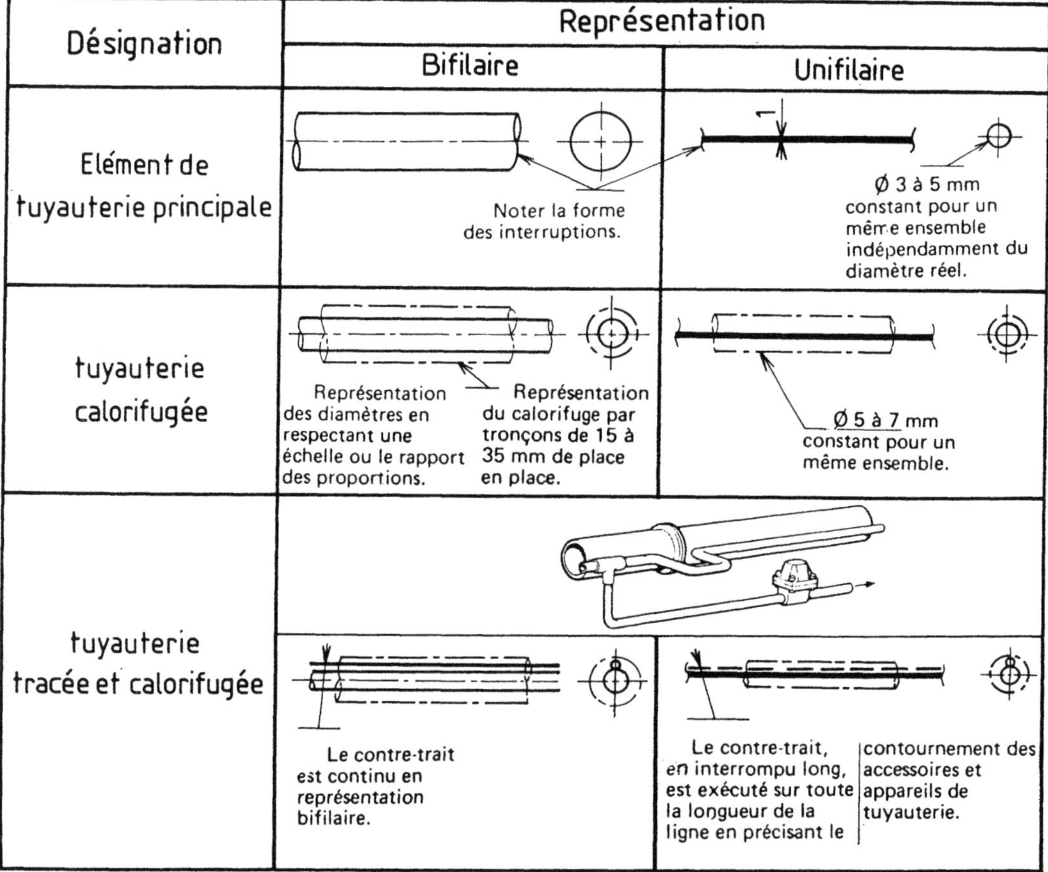

Désignation		Représentation	
		Bifilaire	Unifilaire
Tuyauterie à double enveloppe	Exemple	Tuyauterie à double enveloppe avec pontage simple 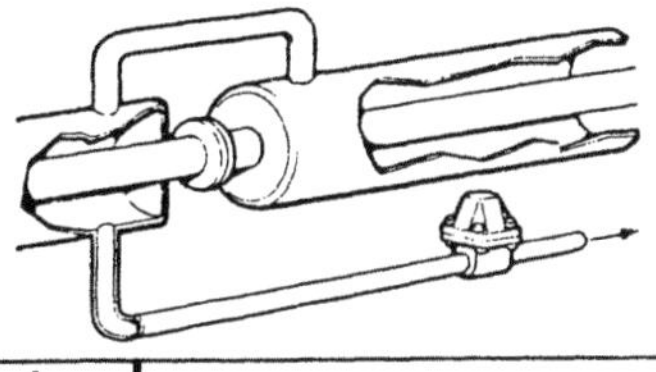	
	avec retreint de raccorde- ment	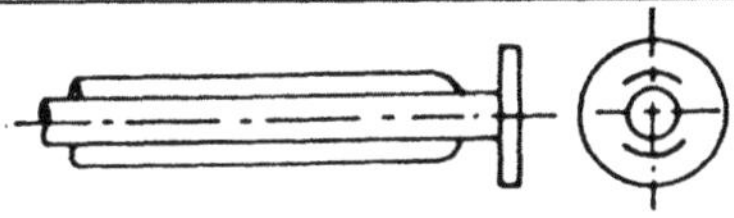 La double enveloppe peut être représentée sur toute la longueur de la tuyauterie. Les diamètres sont déterminés en respectant l'échelle du dessin.	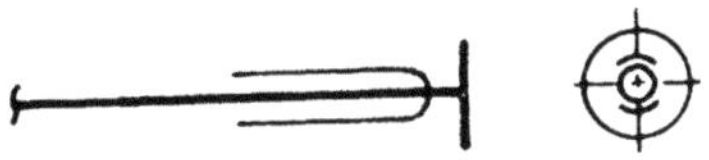 La double enveloppe est figurée par son symbole d'une longueur de 15 à 20 mm à chaque extrémité d'un élément démontable et · éventuellement sur le parcours de cet élément pour éviter toute erreur d'interprétation.
	avec retreint de raccorde- ment et calorifugée	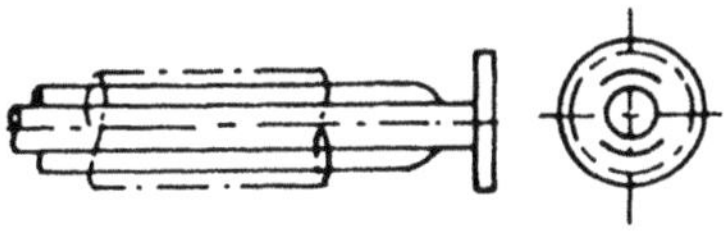	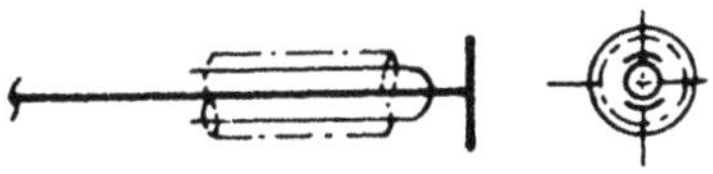
	allant jusqu'aux brides	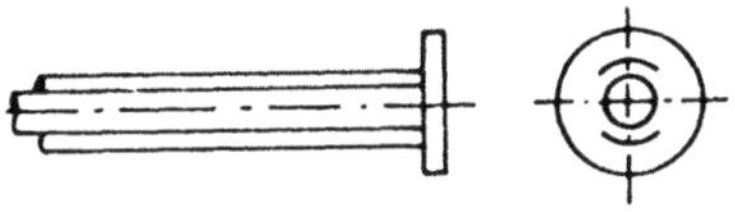	
	avec pontage simple	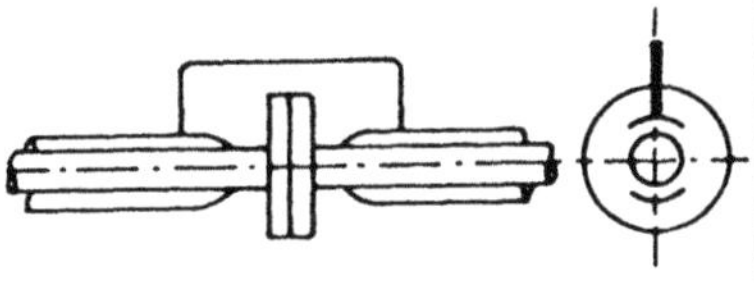	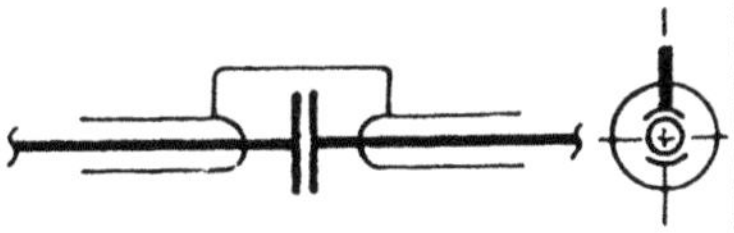
	avec pontage double	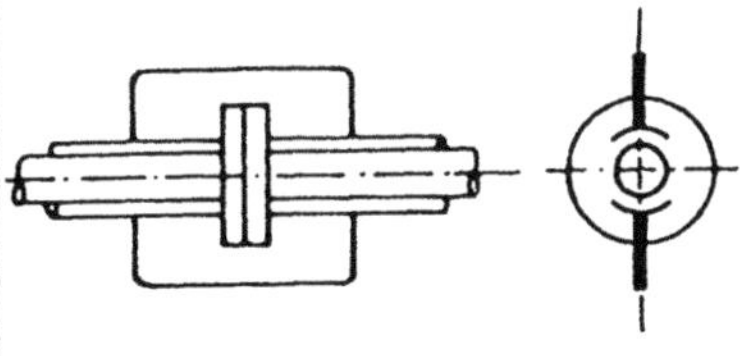	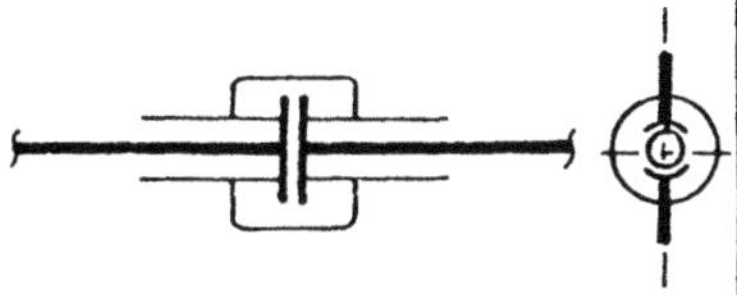

8.3. CROISEMENT DE TUBES

Désignation	Représentation	
	Bifilaire	Unifilaire
Croisement simple	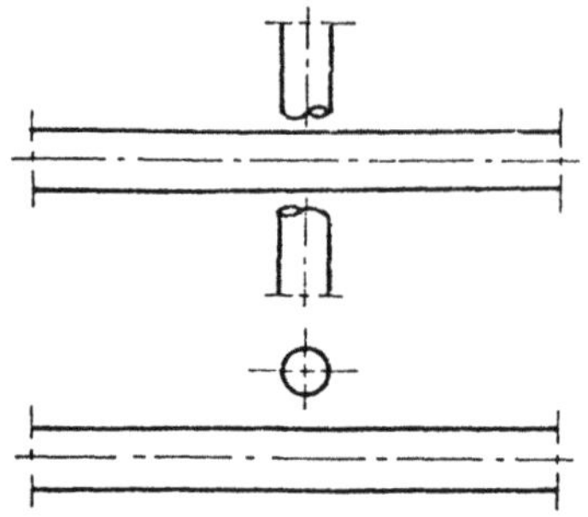	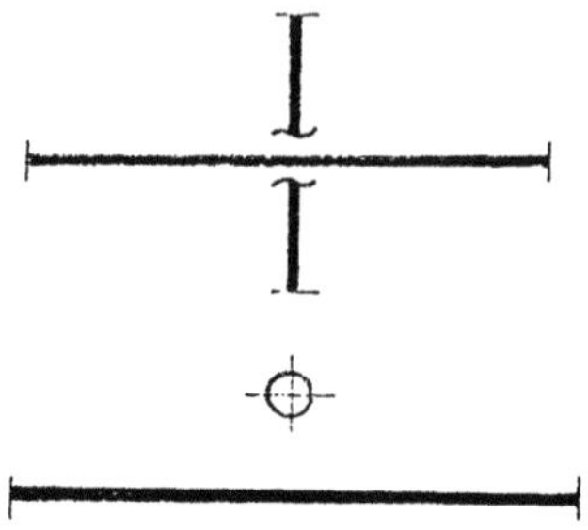
Croisement de nappes	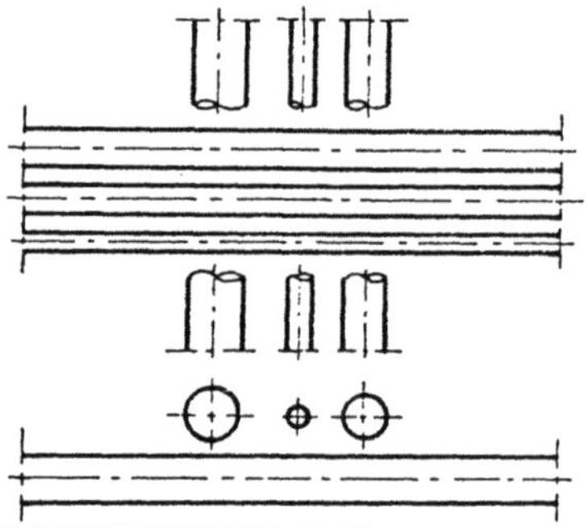	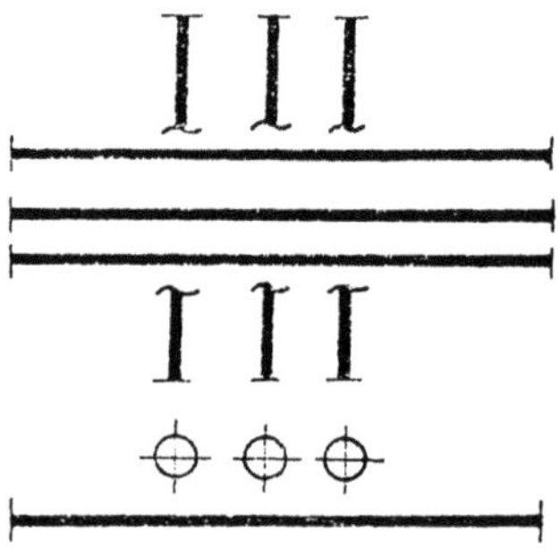
Tubes passant l'un devant l'autre ne nécessitant pas la coupure du tube en premier plan	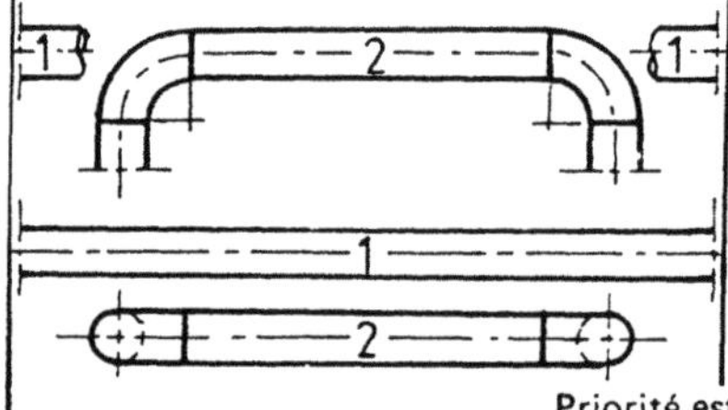	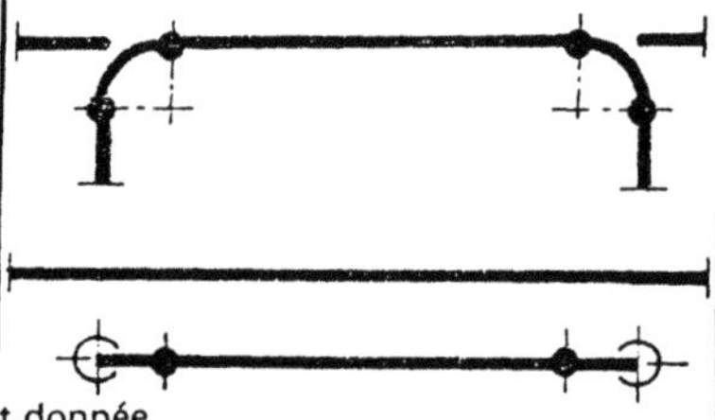
	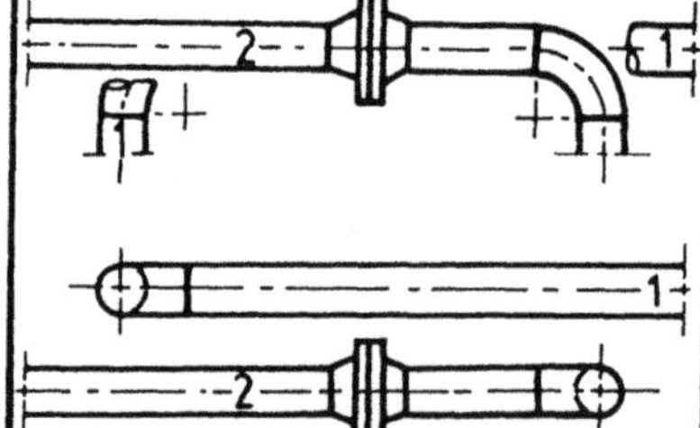	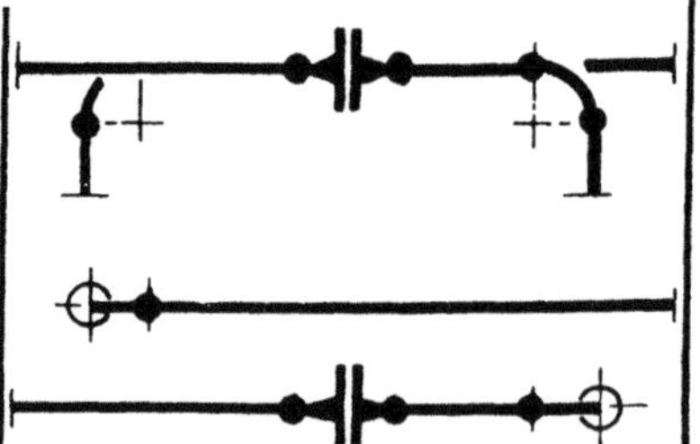

Le tube du premier plan est prioritaire.

Priorité est donnée au premier tube. L'autre étant interrompu sans signe, pour limiter la partie cachée.

Désignation	Représentation	
	Bifilaire	Unifilaire

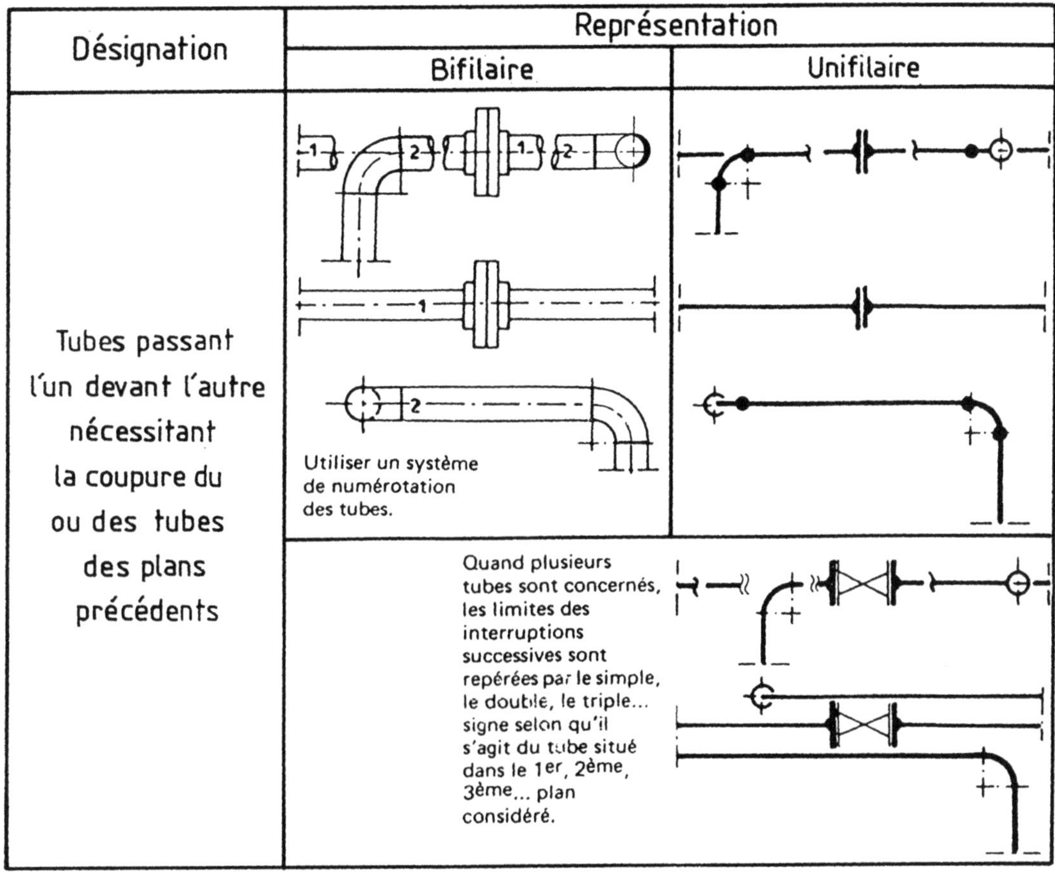

Tubes passant l'un devant l'autre nécessitant la coupure du ou des tubes des plans précédents

8.4. CHANGEMENT DE DIRECTION

Désignation		Représentation	
		Bifilaire	Unifilaire
à 90°	Cintré à froid ou par forgeage		

Désignation		Représentation	
		Bifilaire	Unifilaire
à 90°	avec courbe à sections droites de tube	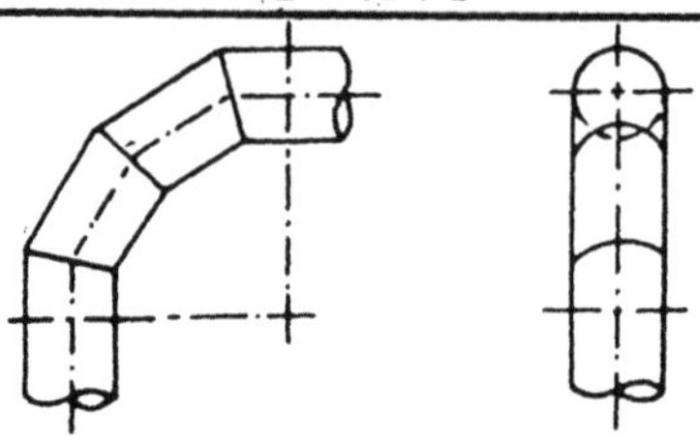	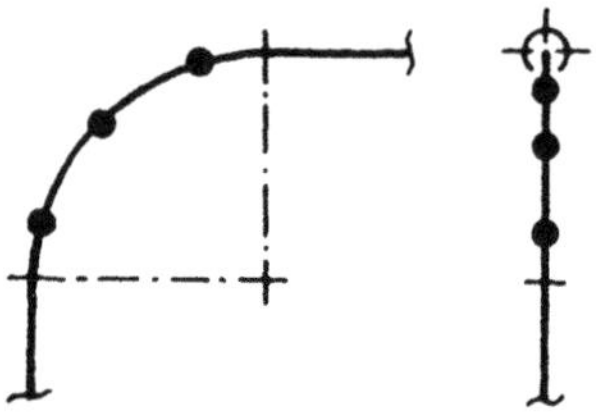
	avec courbes à souder	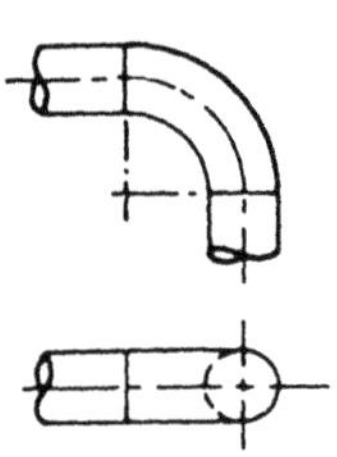	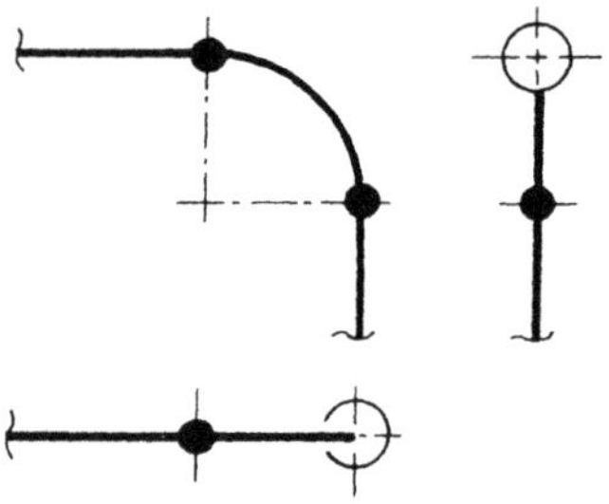
		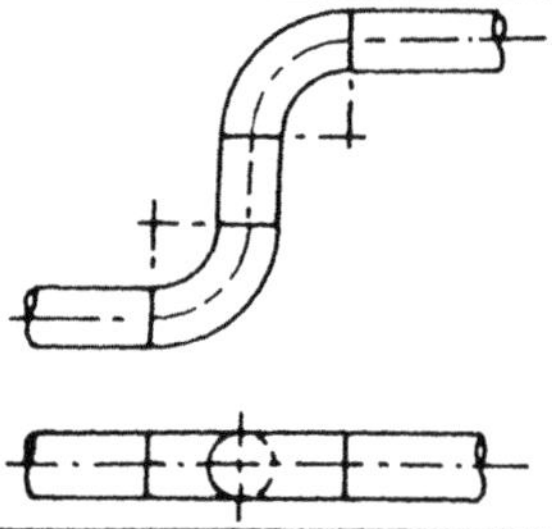	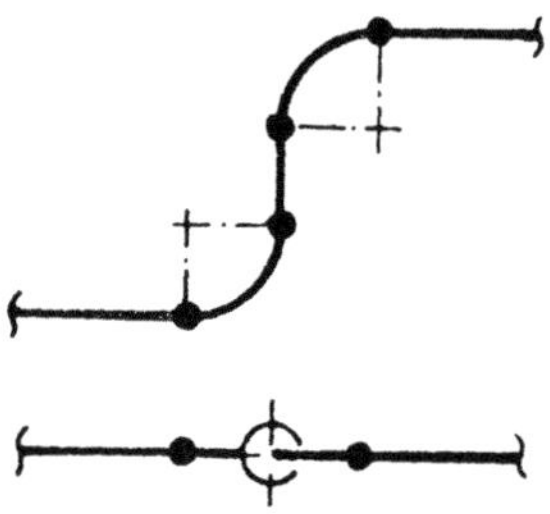
		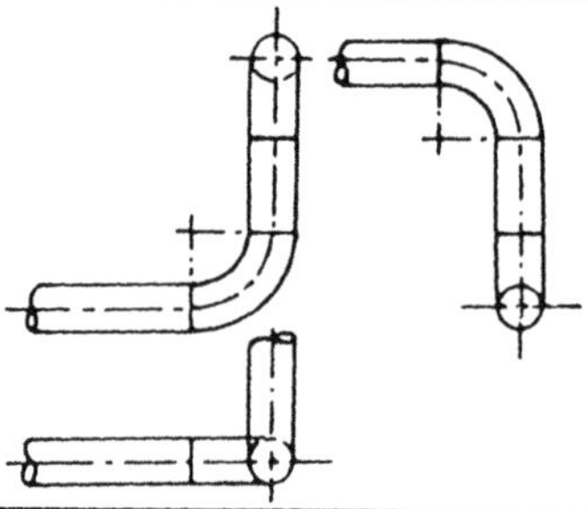	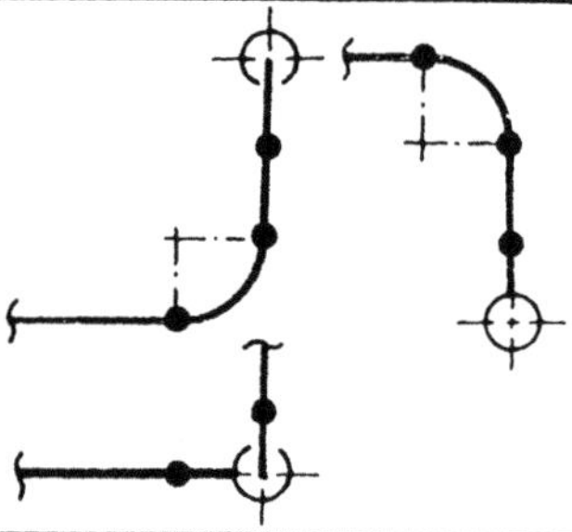
	avec courbes à souder et brides		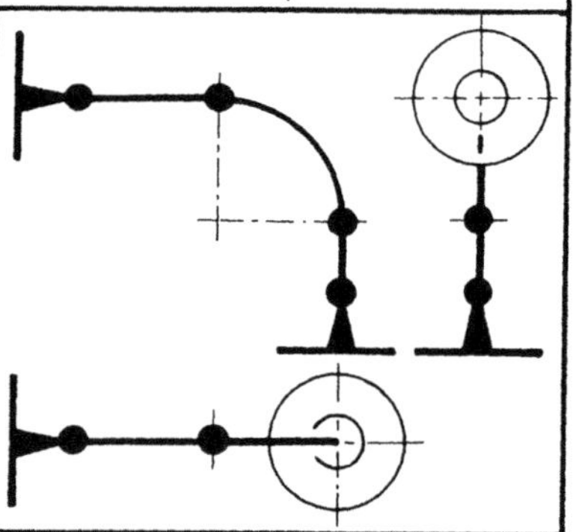

Désignation		Représentation	
		Bifilaire	Unifilaire
Changement de direction quelconque dans un plan	cintré à froid ou par forgeage	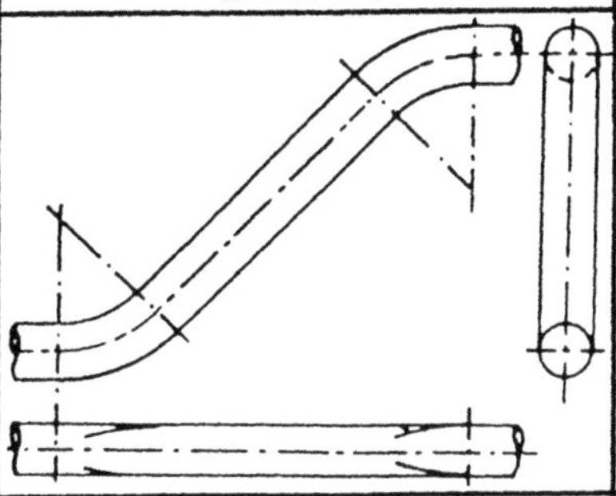	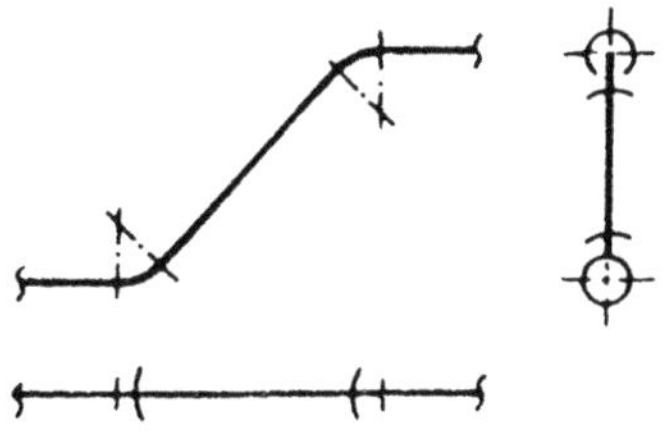
	avec courbes à souder	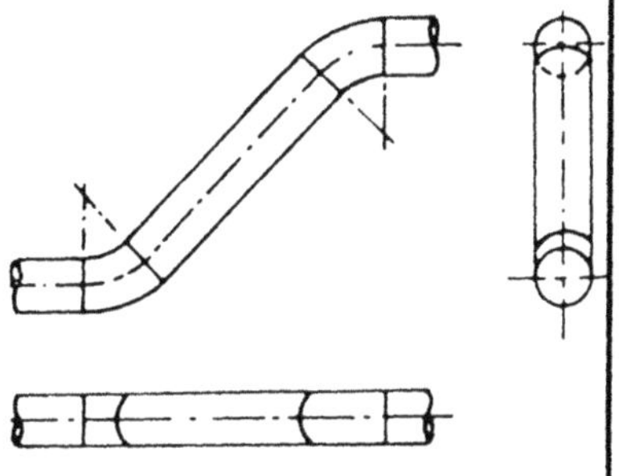	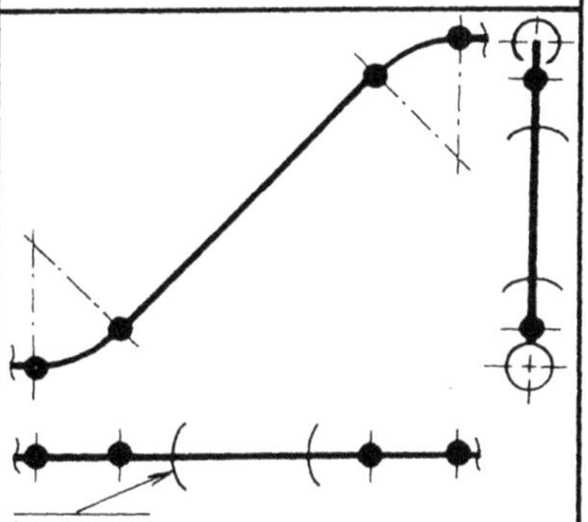 la portion de courbe indiquant un changement de direction peut être assimilée à la projection de la ligne de soudure. / Ces signes seront placés sur toutes les projections où la ligne de tuyauterie n'est pas représentée en vraie grandeur.
	avec courbes à souder dont une à 90° orientée	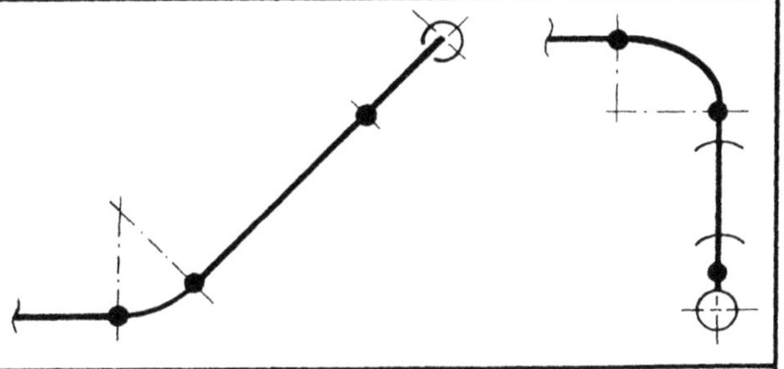	
Changement de direction quelconque dans deux plans		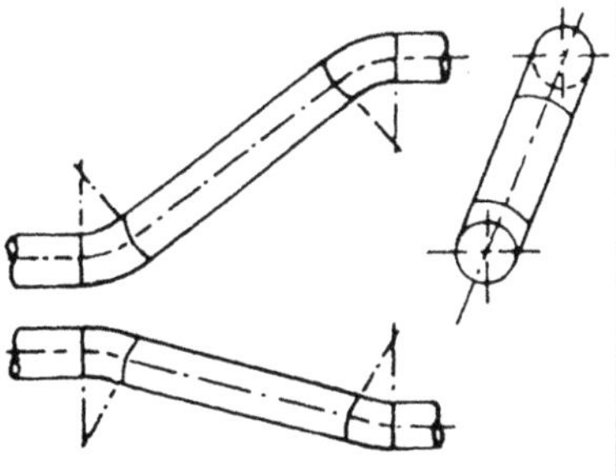	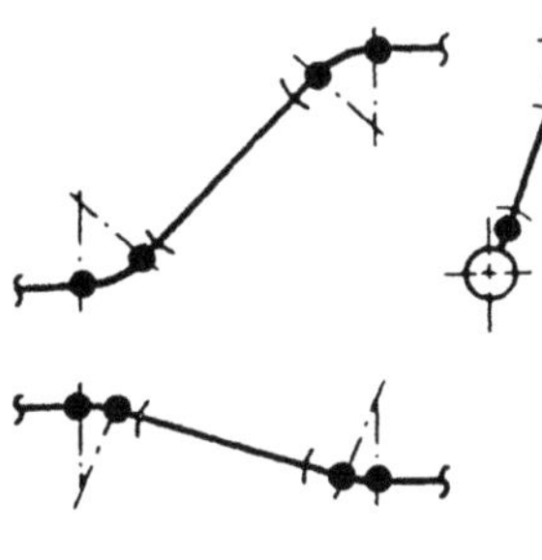

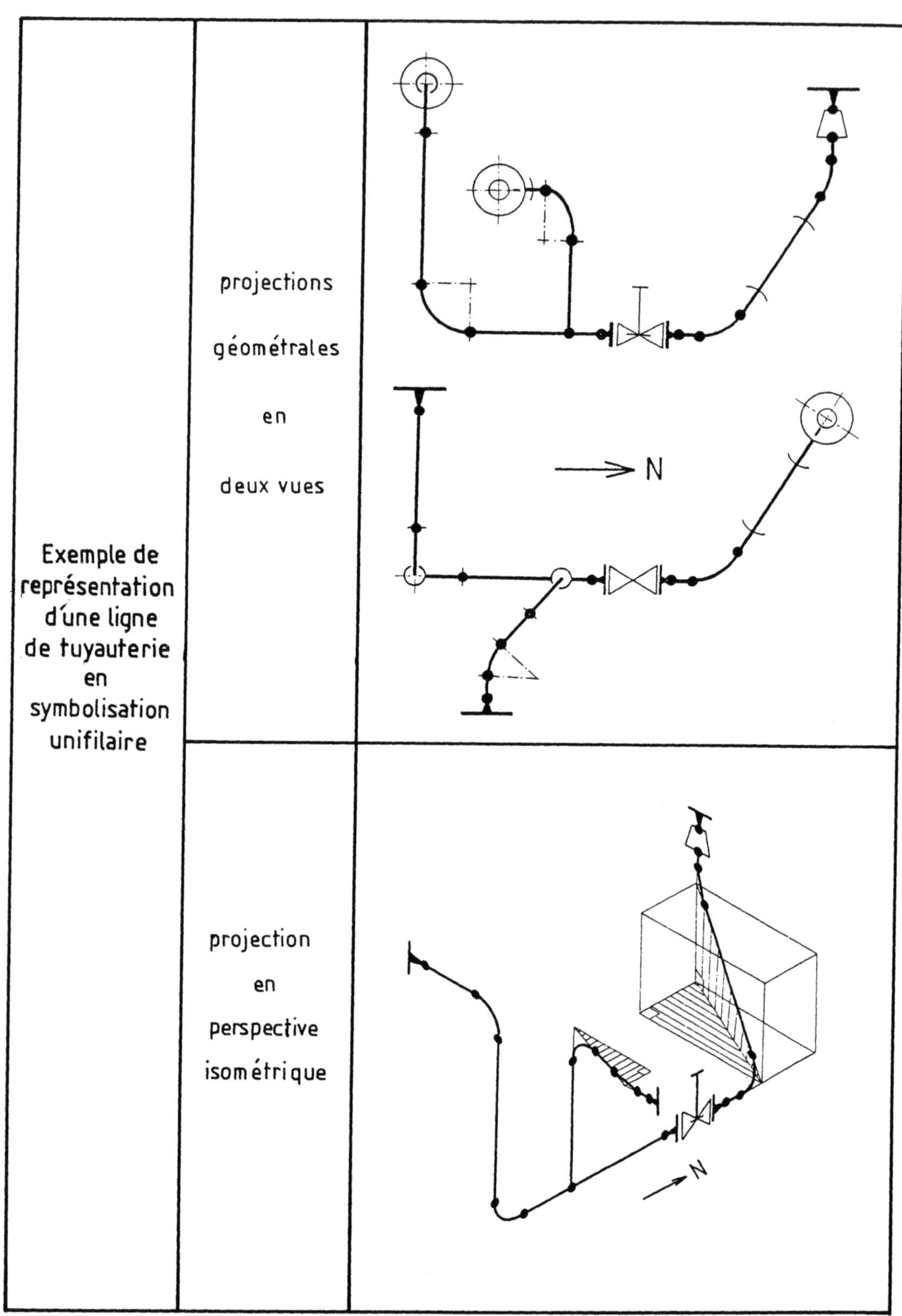

Exemple de
représentation
d'une ligne
de tuyauterie
en
symbolisation
unifilaire
projections
géométrales
en
deux vues
N
projection
en
perspective
isométrique
N

8.5. BRIDES

Désignation		Représ. proportlle	Représentation — Bifilaire	Représentation — Unifilaire
Emmanchées soudées	plate	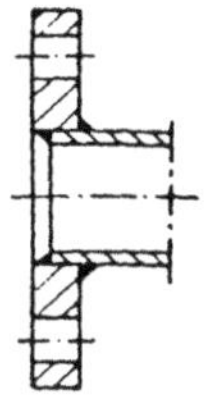	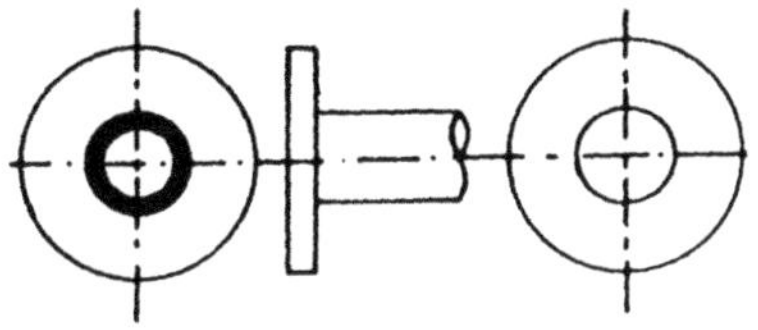	
	avec collerette	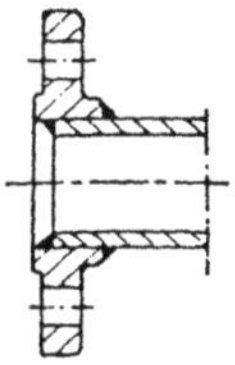	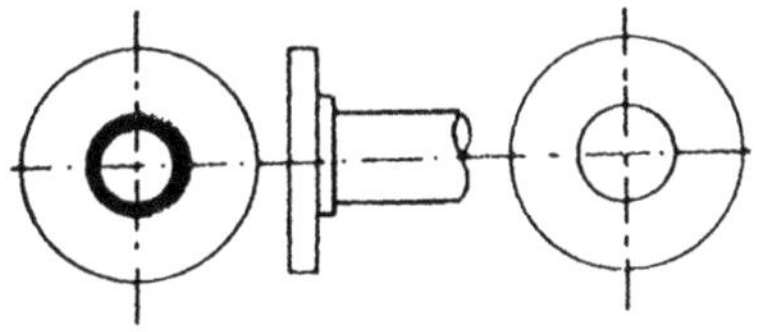	
à collerette à souder en bout		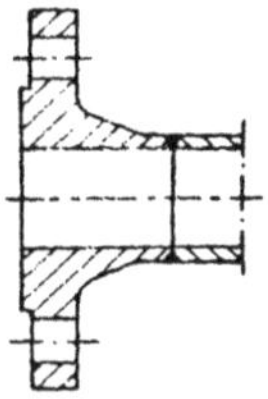	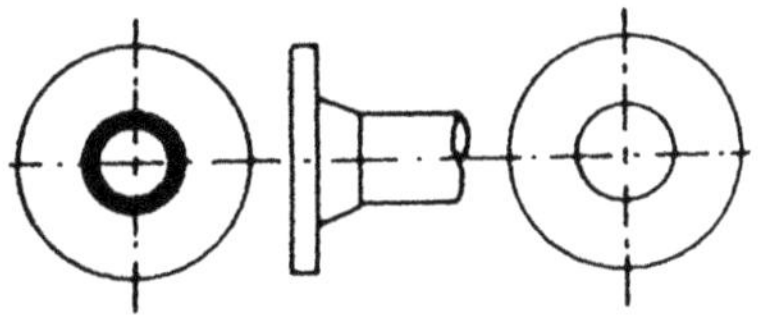	
à souder avec emboîtement		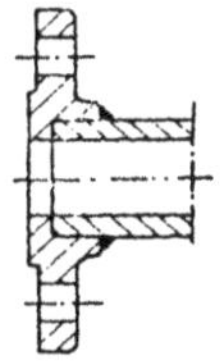	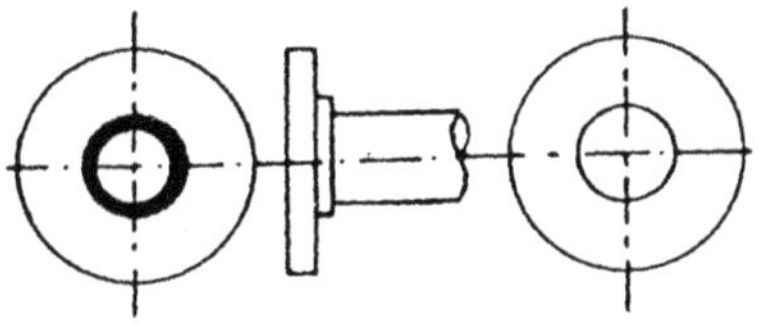	
filetées	plate	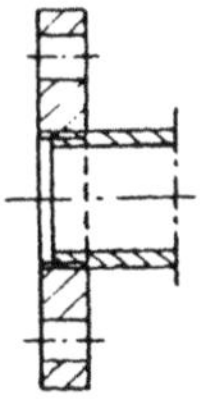	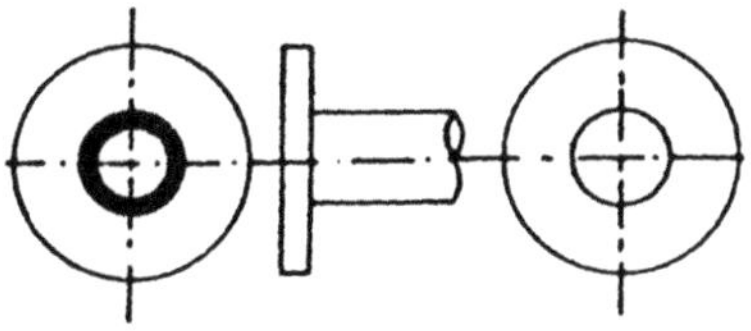	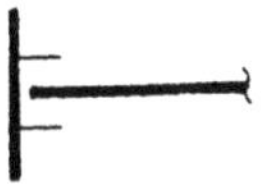
	à collerette	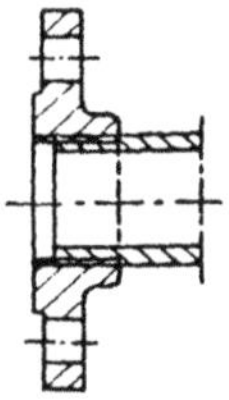	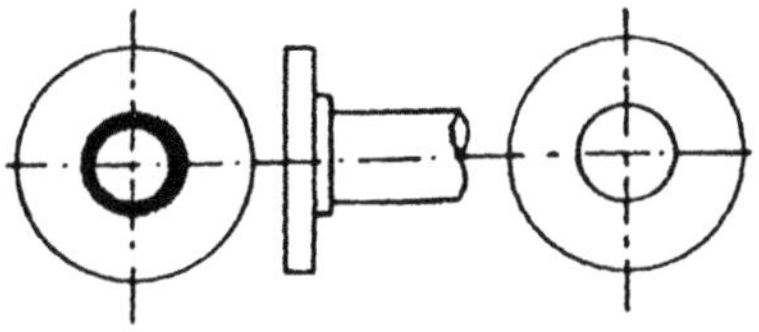	

<table>
<tr><th colspan="3" rowspan="2">Désignation</th><th rowspan="2">Représ. proportlle</th><th colspan="2">Représentation</th></tr>
<tr><th>Bifilaire</th><th>Unifilaire</th></tr>
<tr><td rowspan="5">Tournantes</td><td rowspan="2">à collet battu</td><td>avec bride plate</td><td>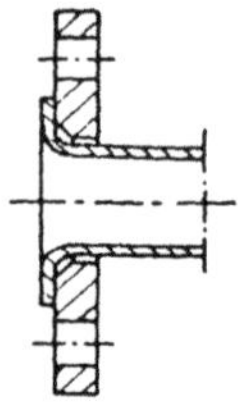</td><td rowspan="2">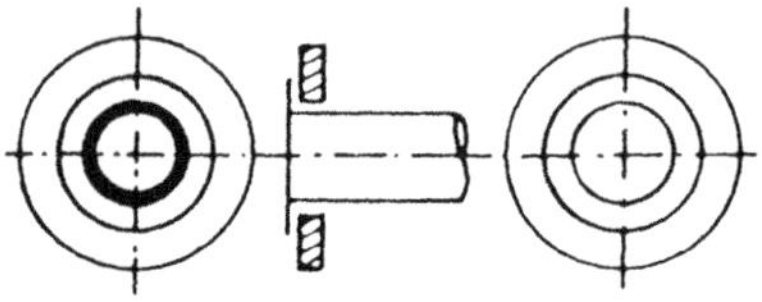</td><td rowspan="2"></td></tr>
<tr><td>avec bride à collerette</td><td>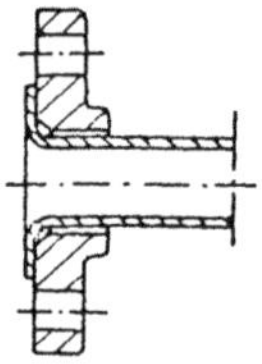</td></tr>
<tr><td colspan="2">collet embouti et soudé</td><td>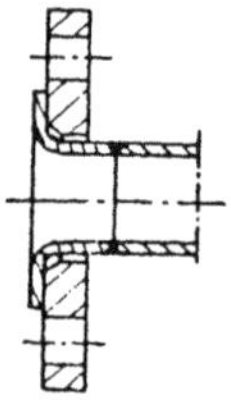</td><td>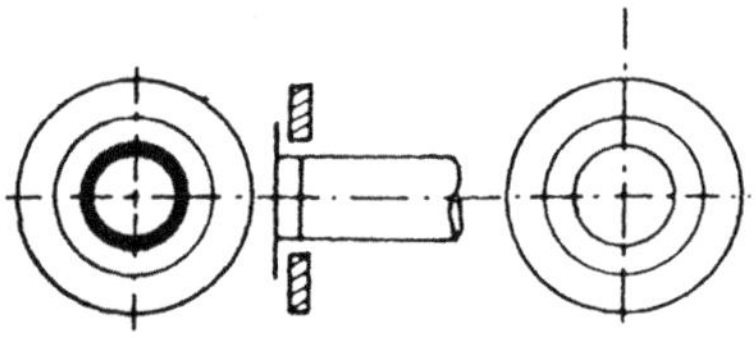</td><td></td></tr>
<tr><td colspan="2">collet plat à souder</td><td>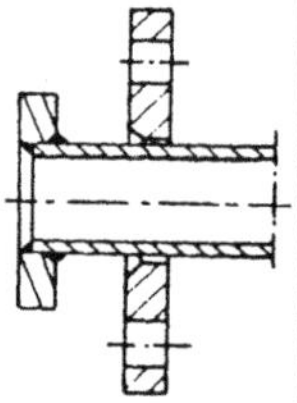</td><td>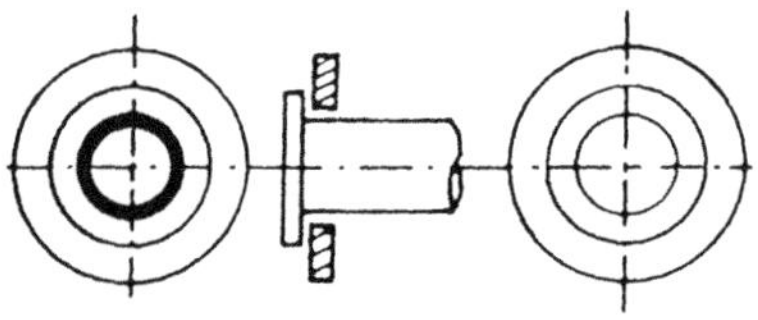</td><td></td></tr>
<tr><td colspan="2">collet à collerette à souder en bout</td><td>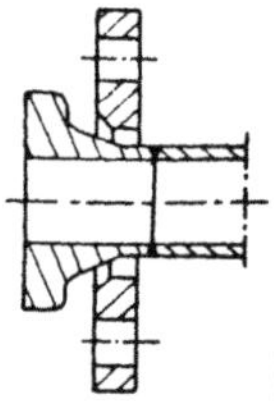</td><td>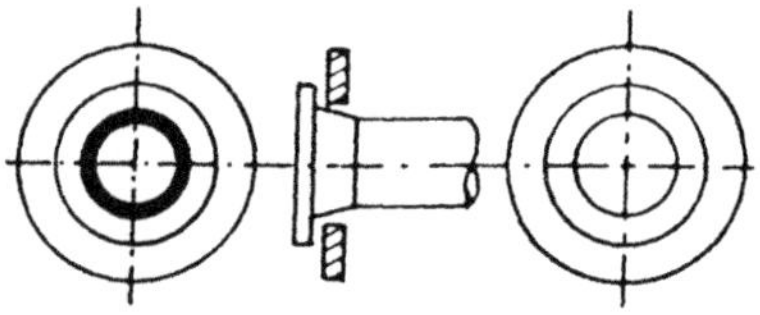</td><td>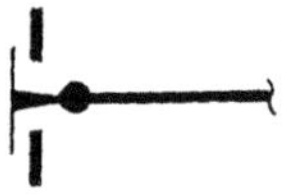</td></tr>
<tr><td colspan="3">Pleine pour obturation</td><td>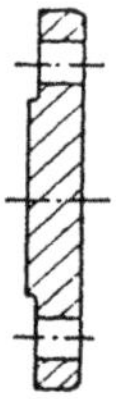</td><td>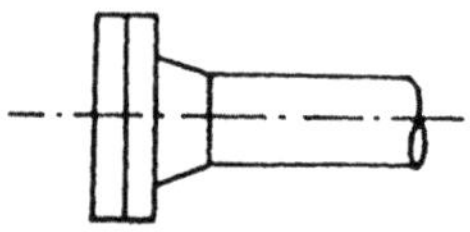</td><td>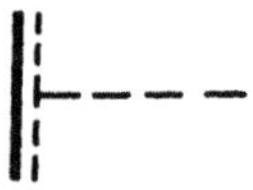</td></tr>
</table>

CARACTÉRISTIQUES PARTICULIERES DES BRIDES

Sur les dessins de tuyauterie, la représentation des brides est insuffisante pour les définir complètement.

Il est donc nécessaire de préciser certaines caractéristiques se rapportant habituellement à la classe de la tuyauterie. Elles concernent l'ensemble de la ligne et peuvent être indiquées par une spécification particulière ou d'ensemble.

Ces précisions sont données dans la nomenclature. A savoir :

— le type et le sens de l'emboîtement du joint d'étanchéité : avec face plate ou surélevée, à simple ou double emboîtement, pour joint annulaire ou lenticulaire (voir désignations simplifiées page suivante);

— l'état de surface du plan de joint : face lisse ou glacée, rainures concentriques, rainure spiralée à fond arrondi ou anguleux;

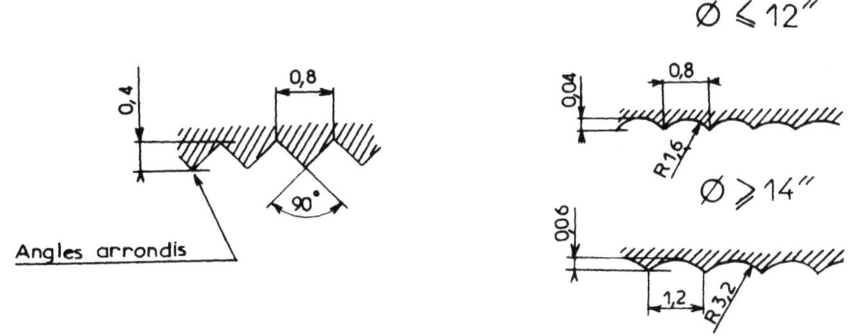

— la conception de l'élément assemblé à un tube en acier fortement allié ou en métal ou alliage non ferreux (bride ou collet massifs, plaqués ou rechargés).

Certains bureaux d'études d'entreprises de tuyauterie emploient une représentation particulière des différents types de face de joint (voir tableau page suivante).

TYPE		Désignation simplifiée		Représentation unifilaire	
				Géométral	Isometrie
Face plate		FP	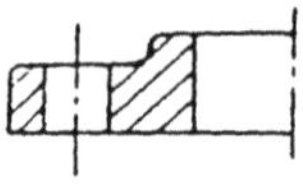		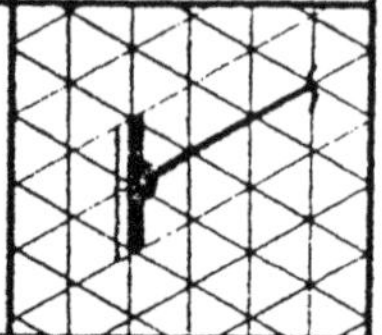
Face surélevée		FS	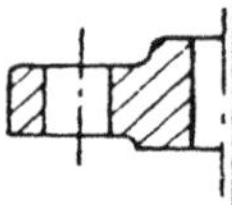		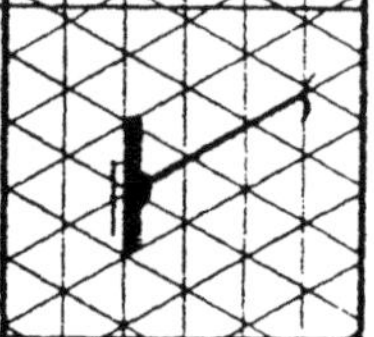
Face Ring-joint		FRJ	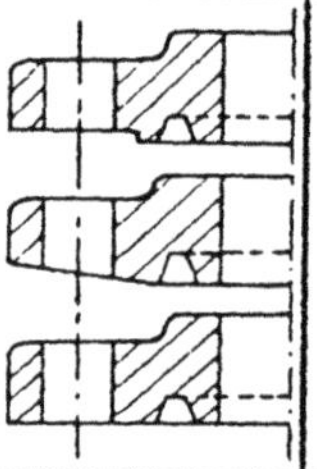		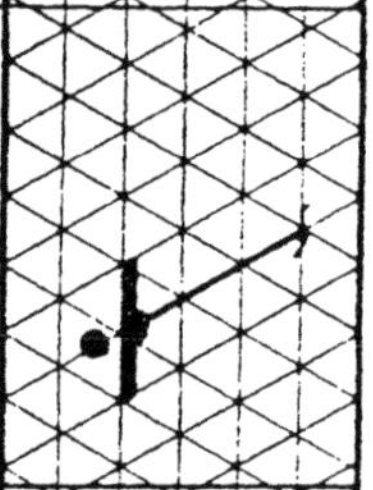
Simple emboîtement	Mâle	SEM	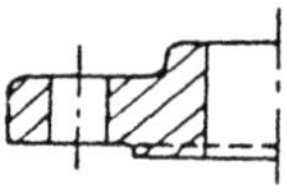		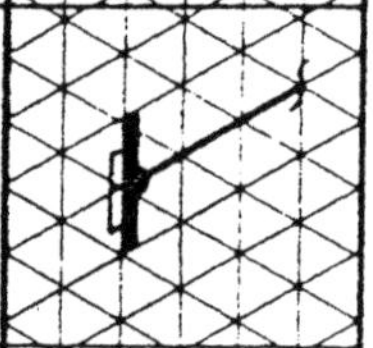
	Femelle	SEF	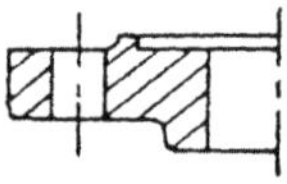		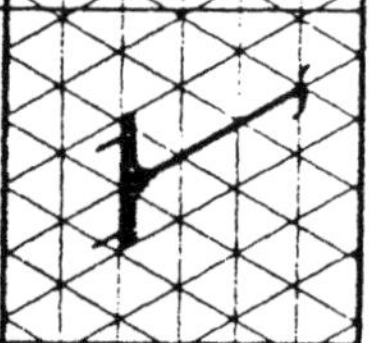
Double emboîtement	Mâle	DEM	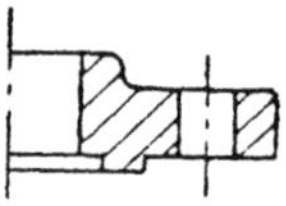		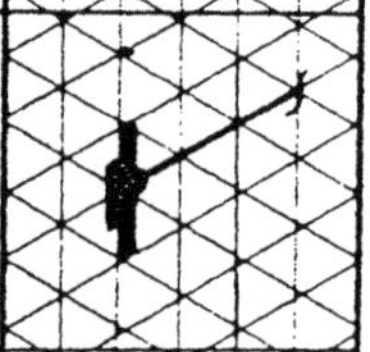
	Femelle	DEF	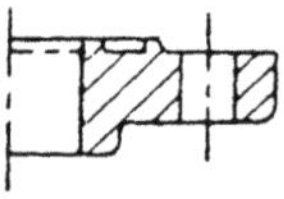		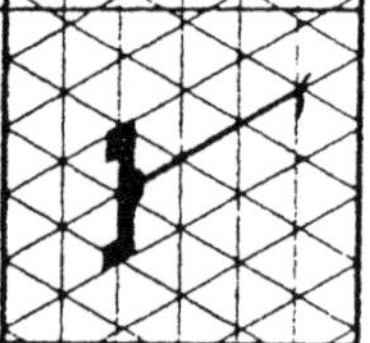
Double emboîtement femelle - femelle Montage avec anneau		DEF	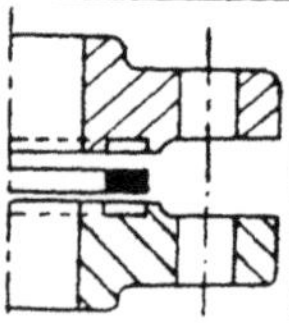		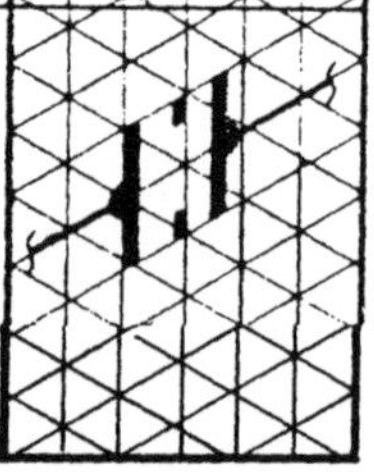

8.6. RACCORDS À SOUDER EN BOUT

Désignation		Représentation proportionnelle	Représentation unifilaire
Courbes	à 45°		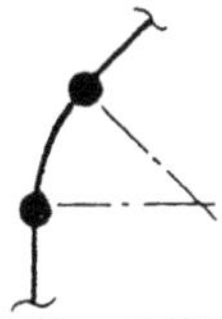
	à 90° courante		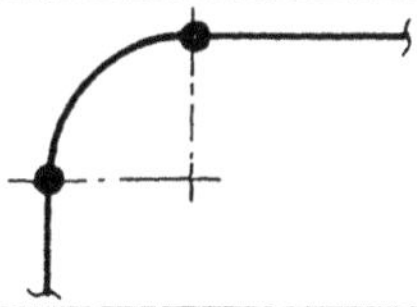
	à 90° à sections droites de tube	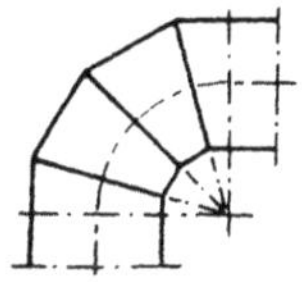	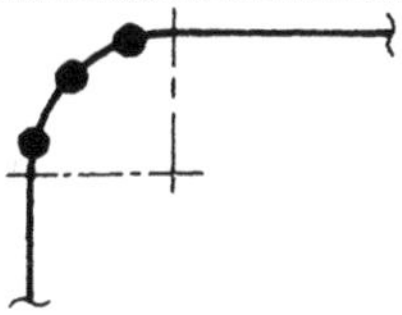
	à 90° de réduction		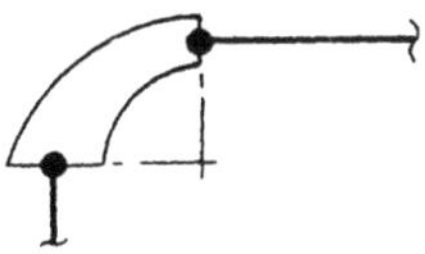
	à 180°	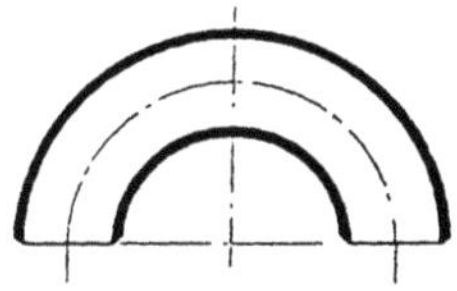	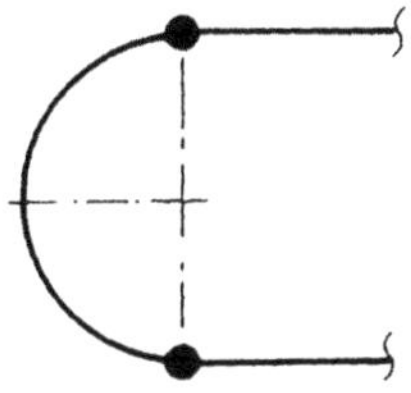
Tés	à orifices égaux	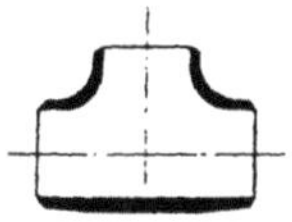	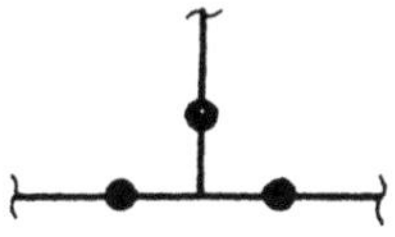
	à embranchement réduit	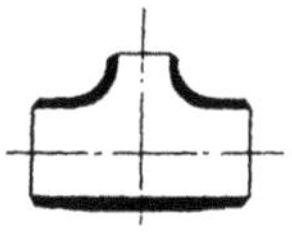	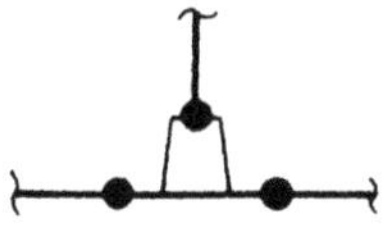
Croix 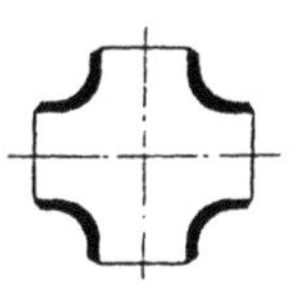 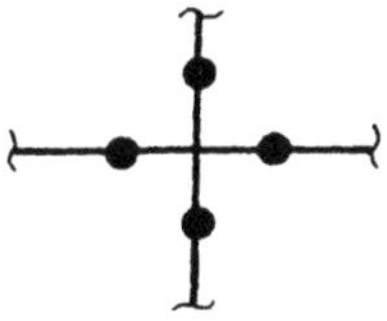			

Réductions	concentrique	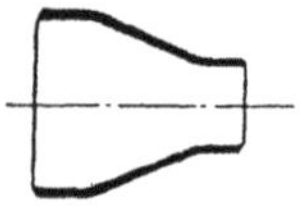	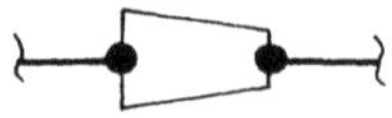
	excentrique	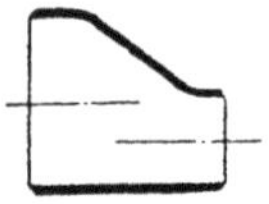	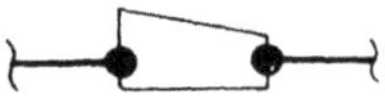
Fond bombé pour obturation			

8.7. PIQUAGES

Désignation	Représentation proportionnelle	Représentation unifilaire
Piquage préparé et soudé	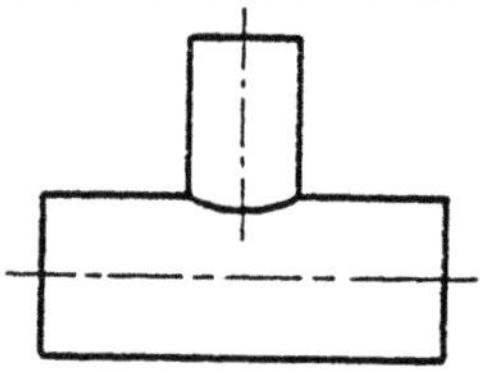	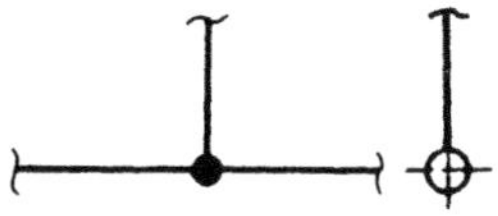
Piquage avec anneau de renfort	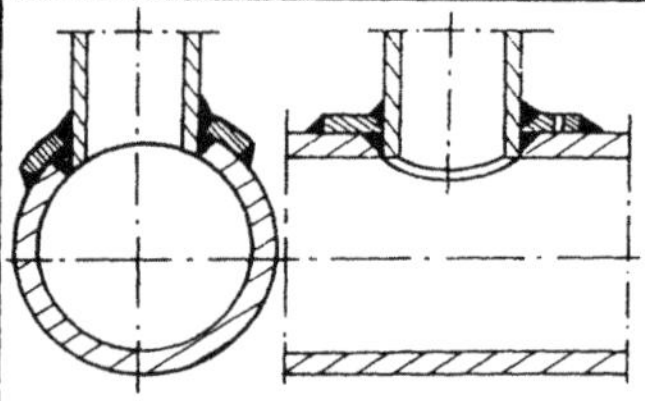	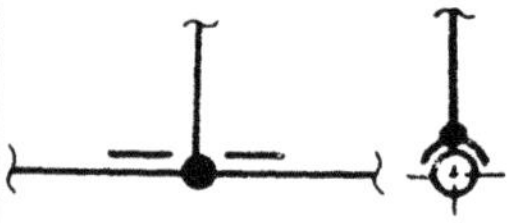
Piquage avec selle	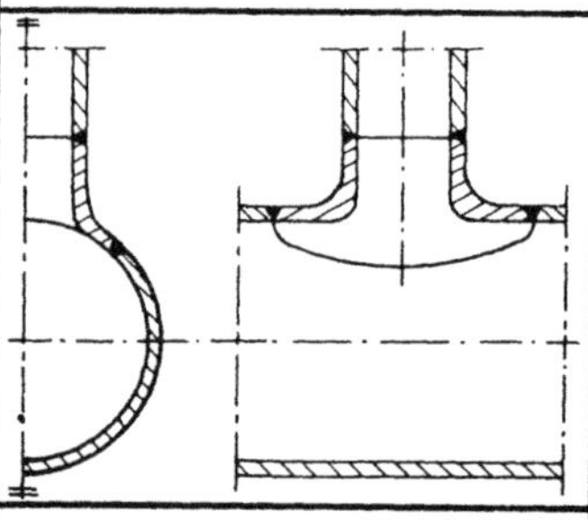	
Piquage avec bossage à orifices égaux	Tube à souder en bout 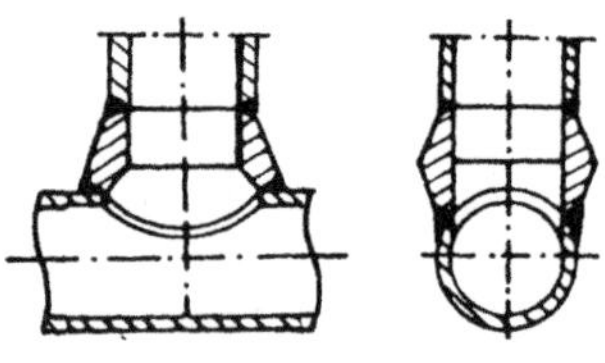 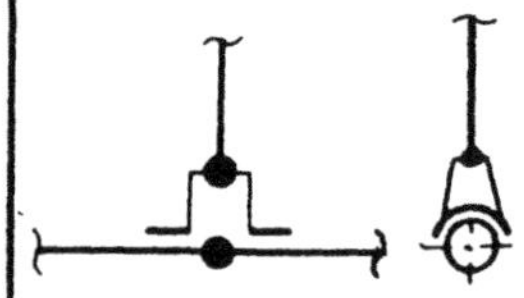	

Désignation		Représentation proportionnelle	Représentation unifilaire
Piquage avec bossage à orifices égaux	tube soudé avec emboîtement	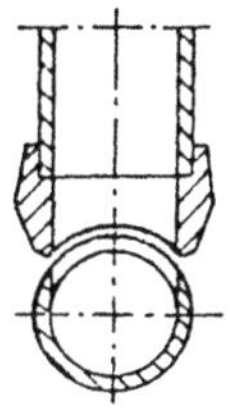	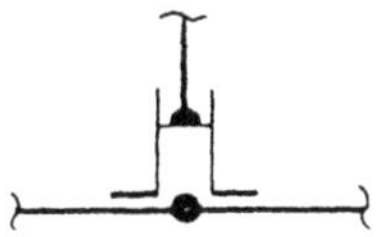
	tube fileté	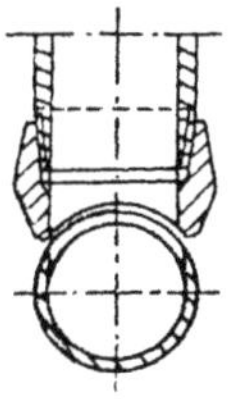	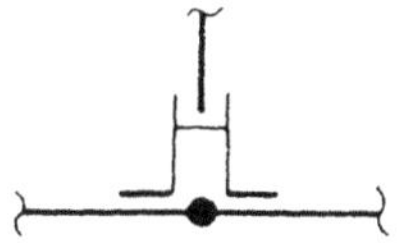
Piquage avec bossage à orifices réduits	tube soudé en bout	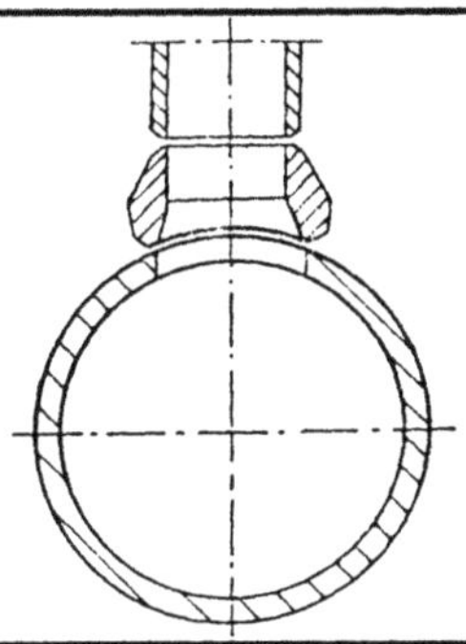	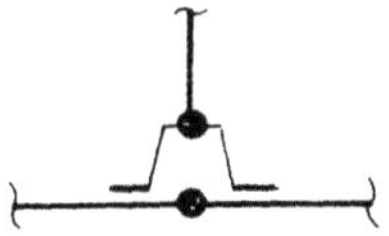
	tube soudé avec emboîtement	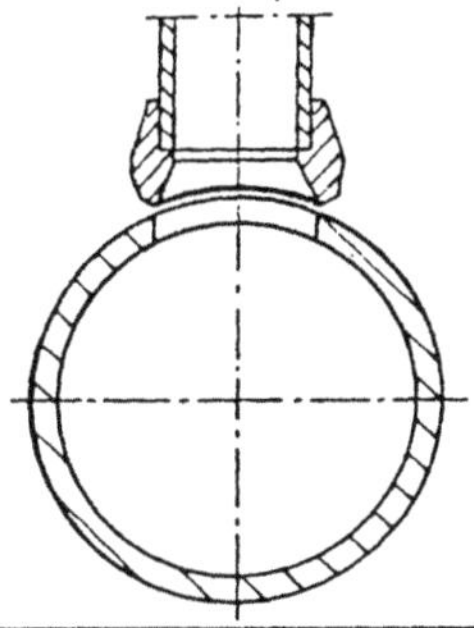	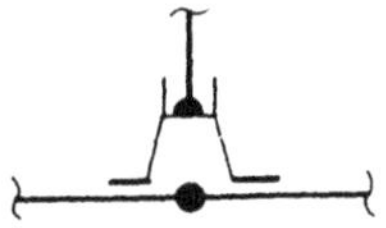
	tube fileté	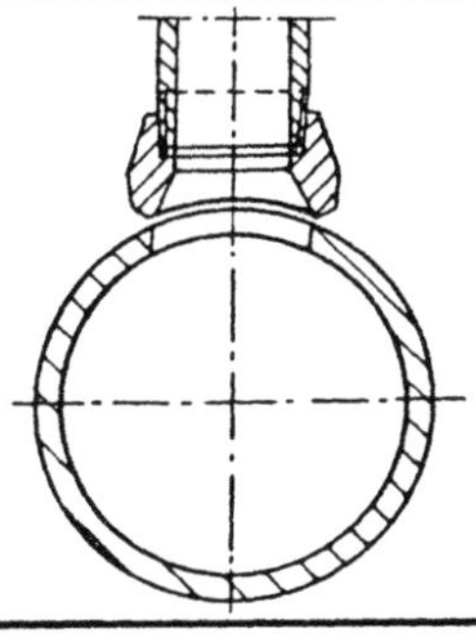	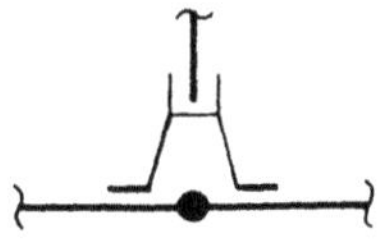

8.8. RACCORDS FORGÉS À SOUDER AVEC EMBOÎTEMENT

Désignation		Représentation proportionnelle	Représentation unifilaire
Coudes	à 45°	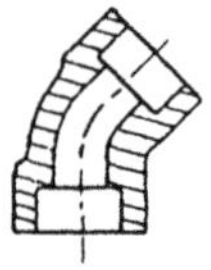	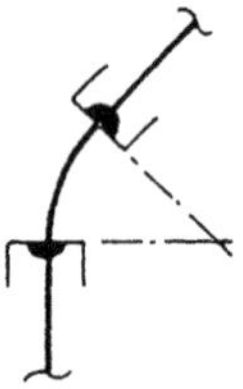
	à 90°	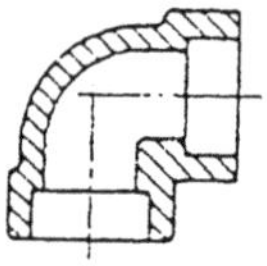	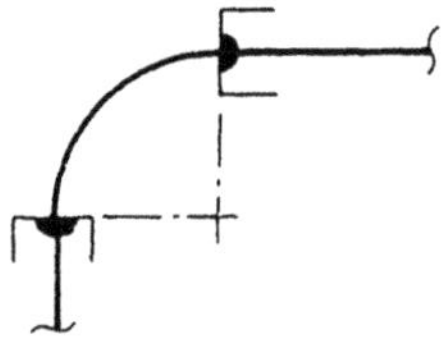
Tés		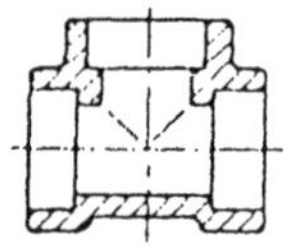	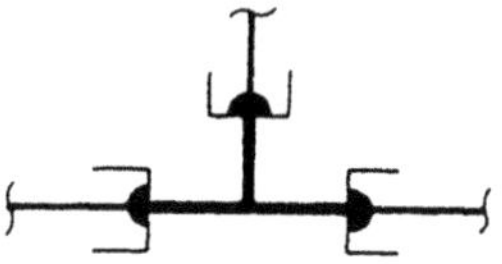
Croix		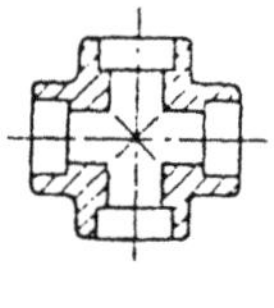	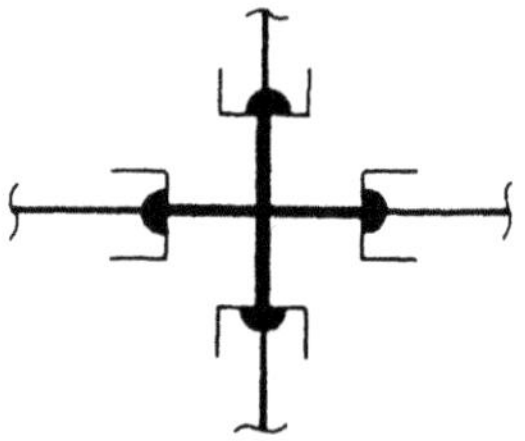
Manchon		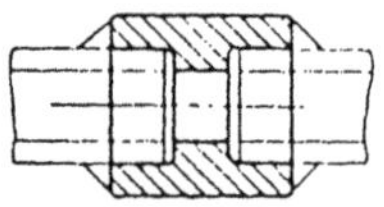	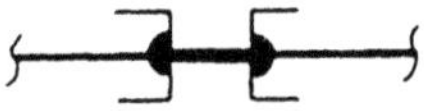
Demi-manchon		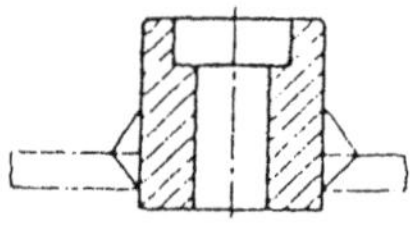	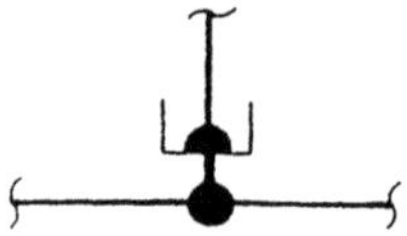
Raccord-union		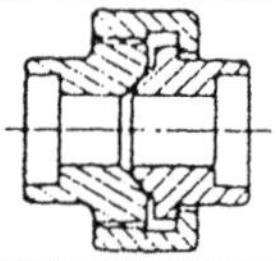	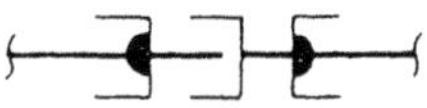
Chapeau		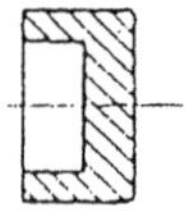	

8.9. RACCORDS FORGÉS À FILETAGES NPT

Désignation		Représentation proportionnelle	Représentation unifilaire
Coudes	à 45°		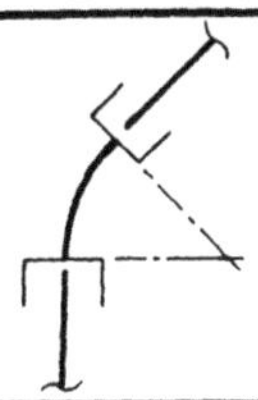
	à 90°	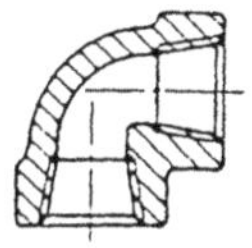	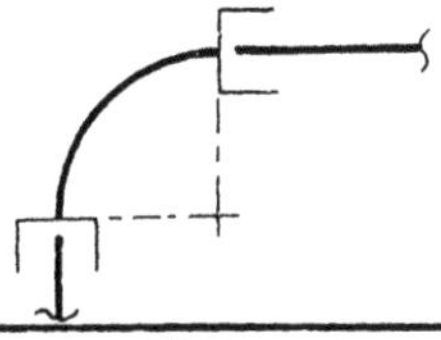
Tés		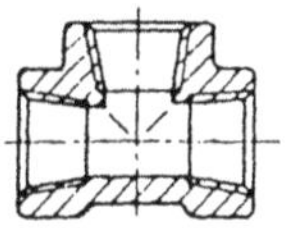	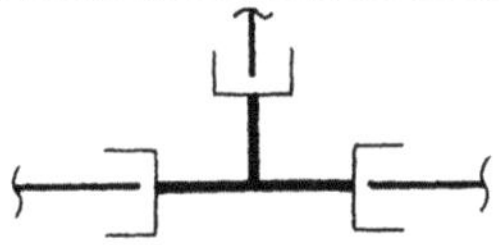
Croix		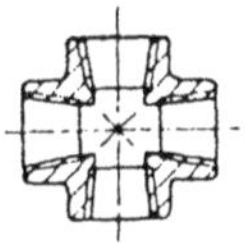	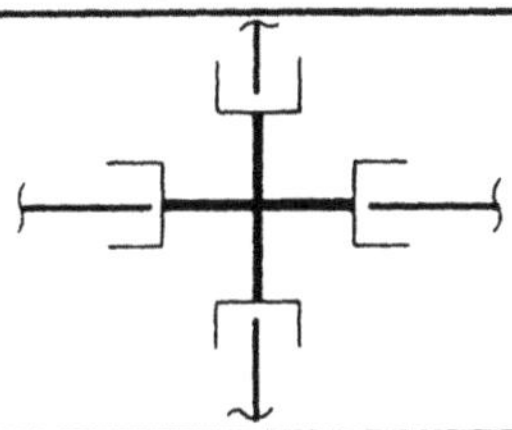
Manchon		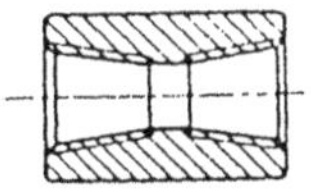	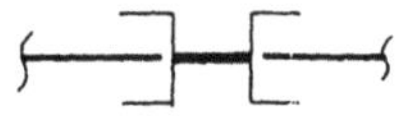
Demi-manchon		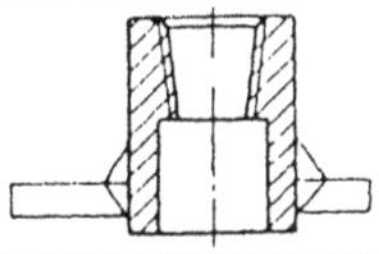	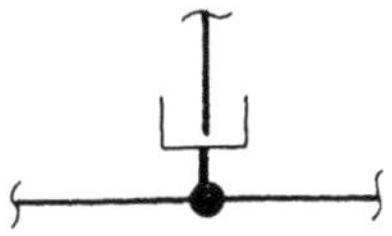
Raccord-union mâle—femelle		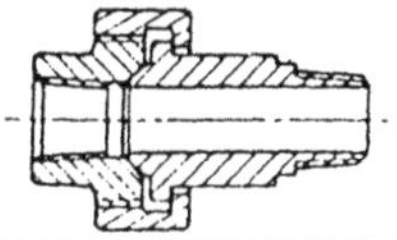	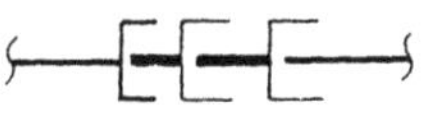
Bouchon		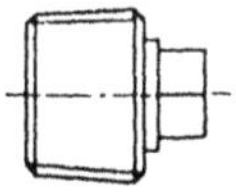	
Chapeau		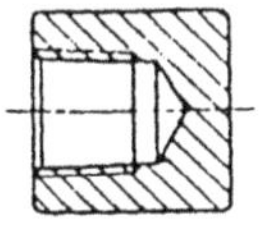	

8.10. RACCORDS EN FONTE MALLÉABLE, FILETÉS AU PAS DU GAZ

Désignation			Représentation proportionnelle	Représentation unifilaire
Coudes et courbes à 45° à orifices égaux		femelle-femelle	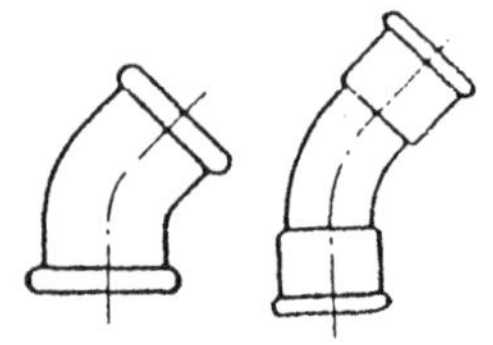	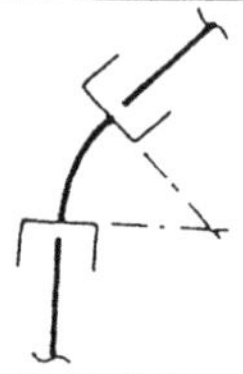
		mâle-femelle	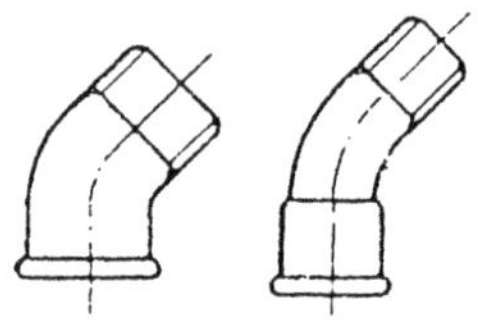	
Coudes et courbes à 90°	Orifices égaux	femelle-femelle	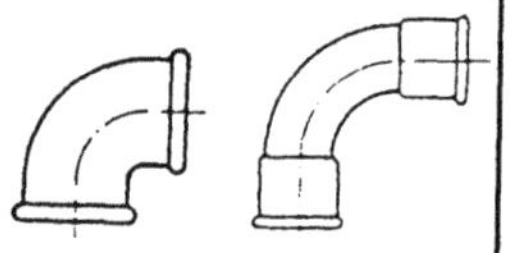	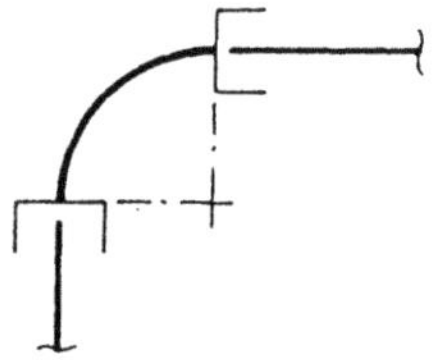
		mâle-mâle	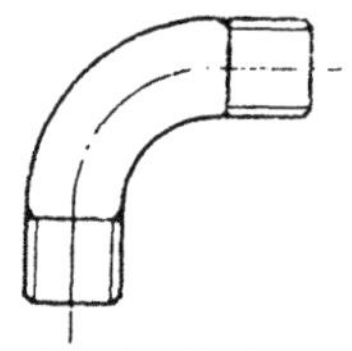	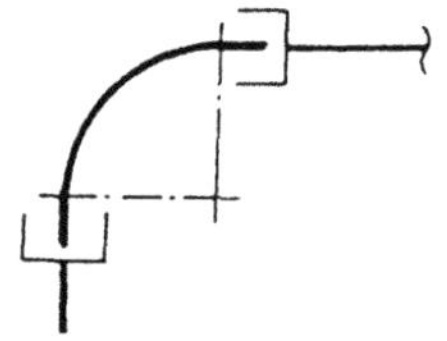
		mâle-femelle	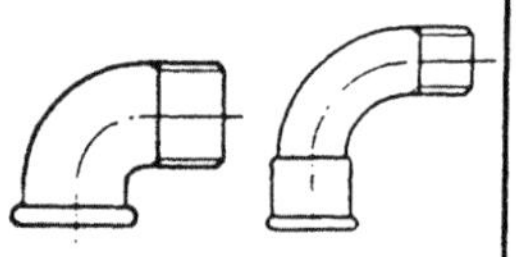	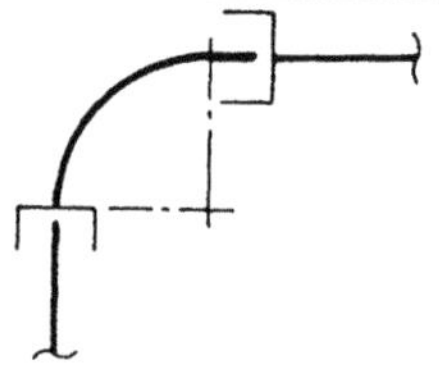
	Orifices réduits	femelle-femelle	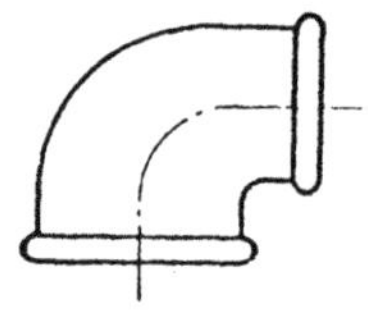	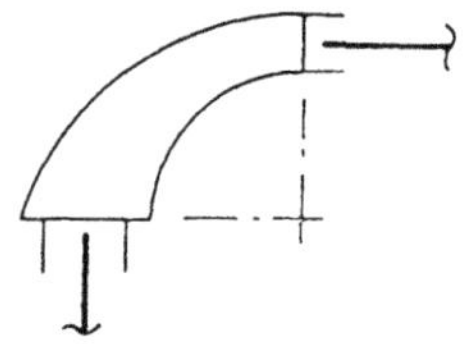
		mâle-femelle	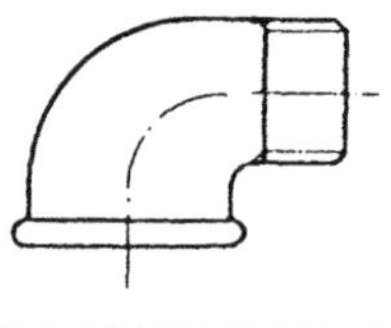	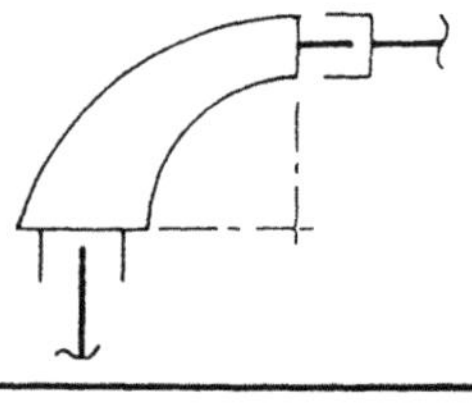

Désignation			Représentation proportionnelle	Représentation unifilaire
courbes à 180°			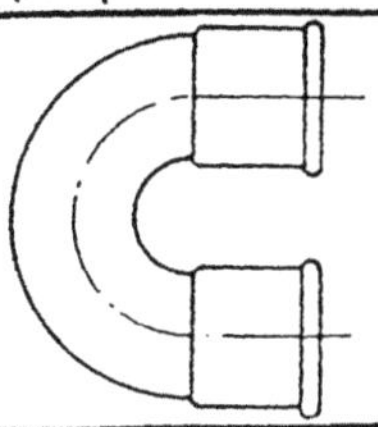	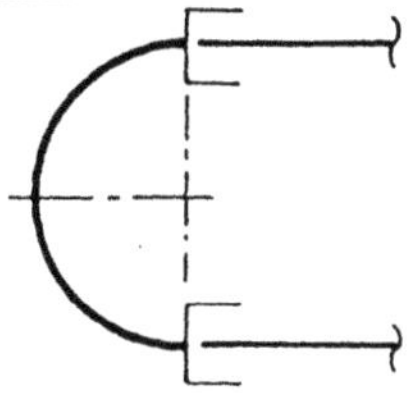
Tés	orifices égaux		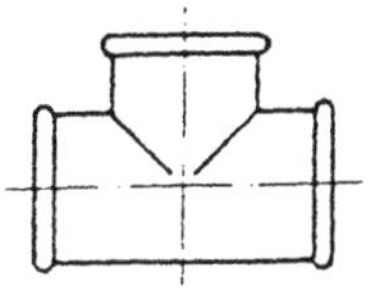	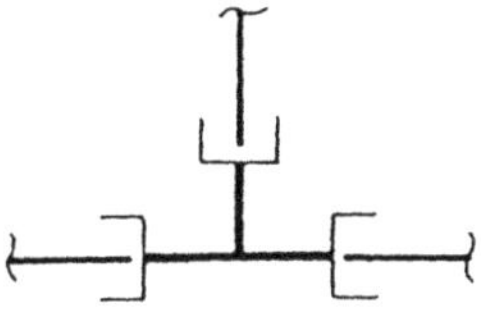
	orifice agrandi sur l'embranchement		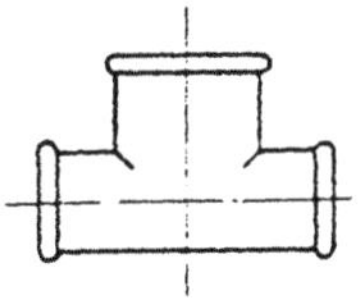	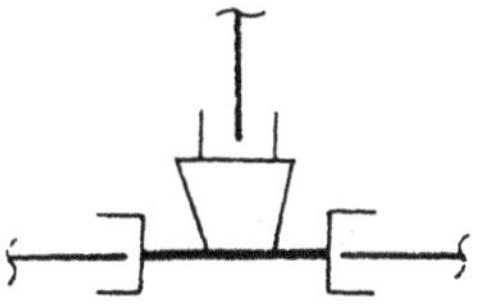
	orifice réduit sur l'embranchement		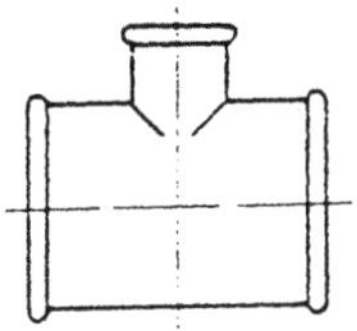	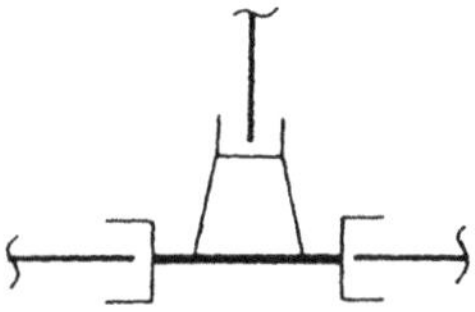
	orifices réduits sur le passage	agrandi sur l'embranchement	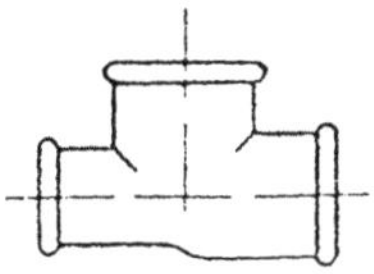	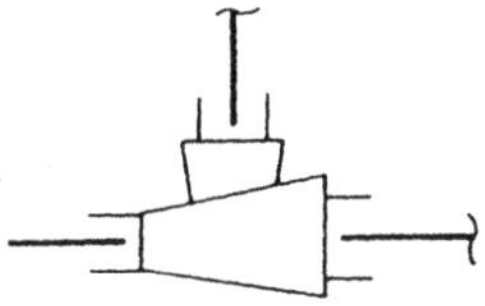
		réduit sur l'embranchement	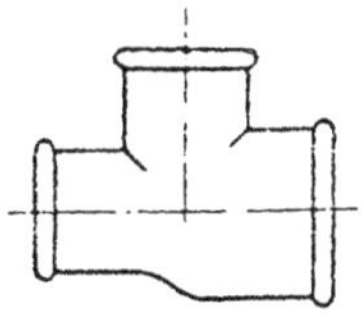	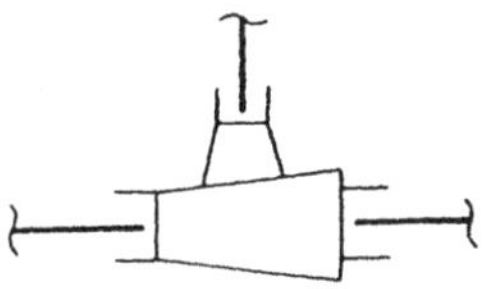
		égaux sur l'embranchement	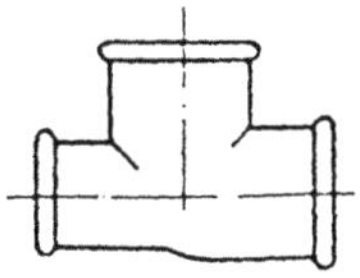	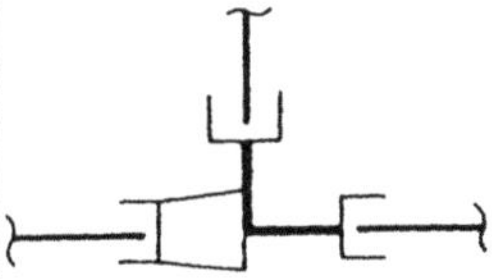

Désignation			Représentation proportionnelle	Représentation unifilaire
Tés	à 1 embranchement cintré	orifices égaux	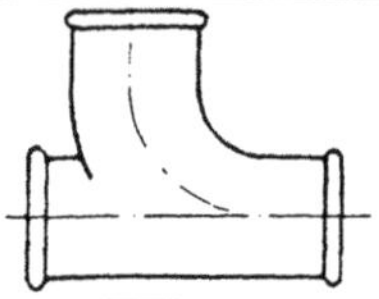	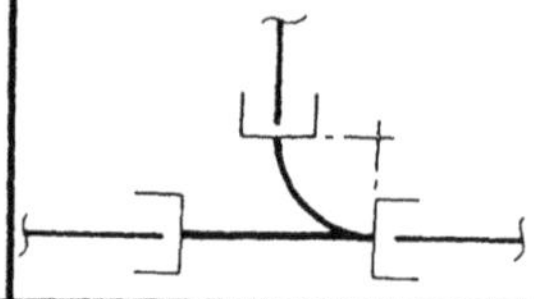
		orifice réduit sur l'embranchement	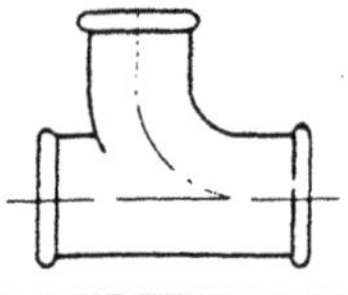	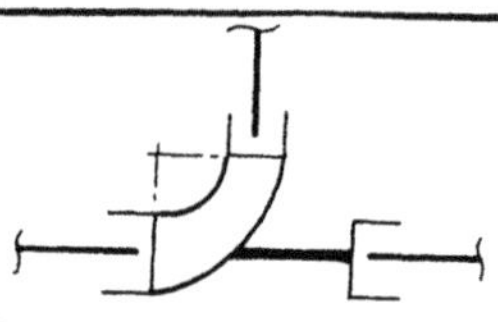
		orifice réduit sur le passage	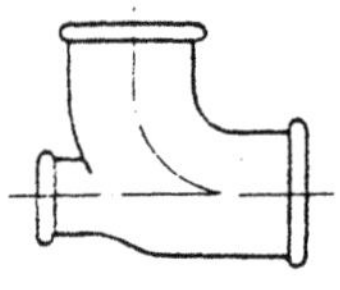	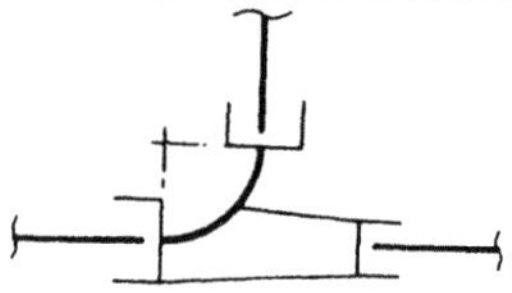
		orifices réduits sur le passage et sur l'embranchement	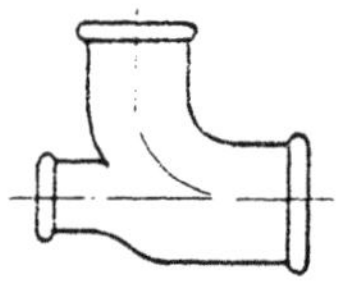	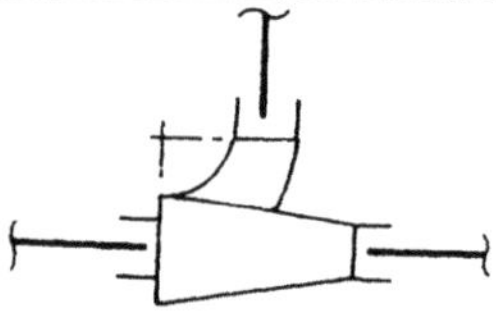
	à 2 embranchements cintrés	orifices égaux	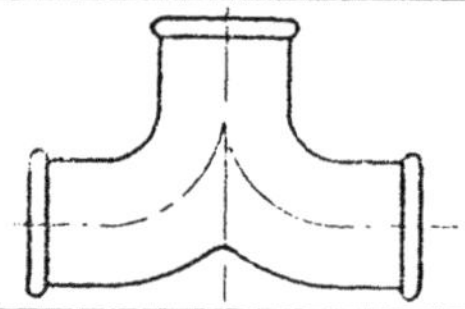	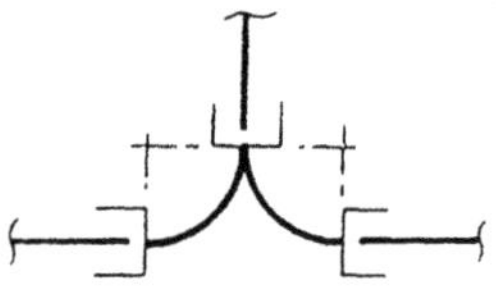
		orifices réduits sur les 2 embranchements	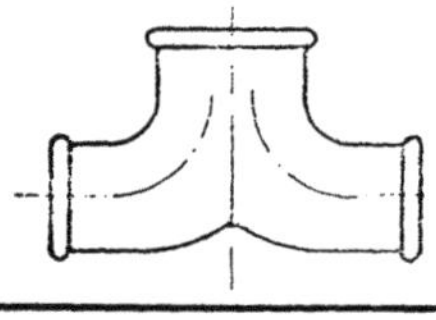	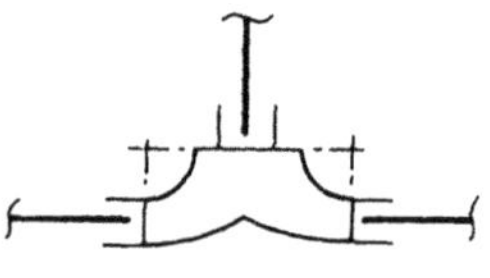
Croix	orifices égaux		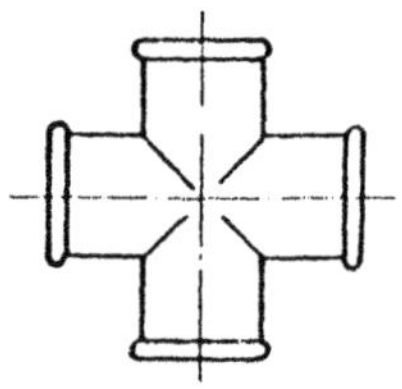	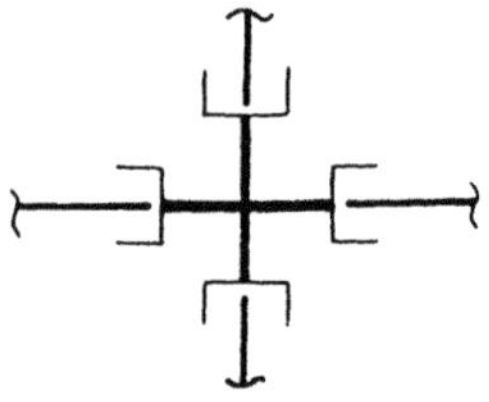
	2 orifices réduits		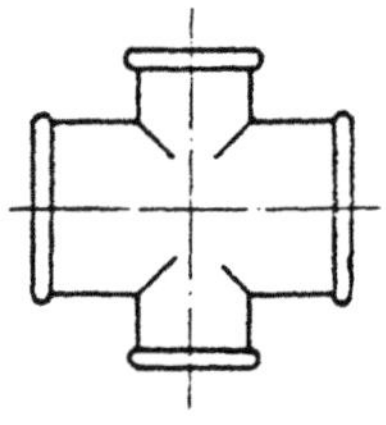	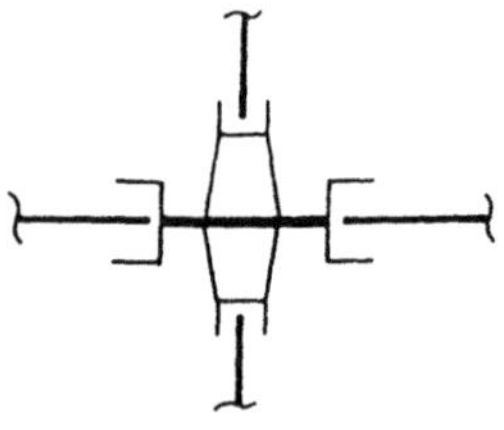

Désignation				Représentation proportionnelle	Représentation unifilaire
Manchons	orifices égaux		femelle-femelle	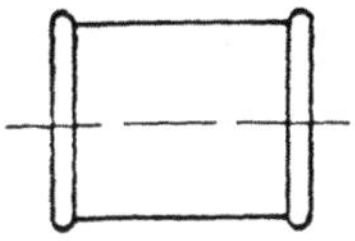	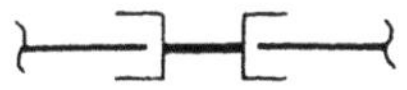
			mâle-femelle	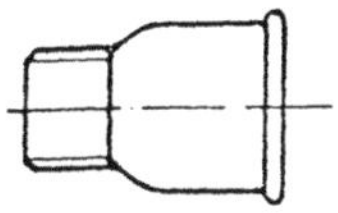	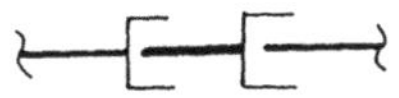
	de réduction	concentrique	femelle-femelle	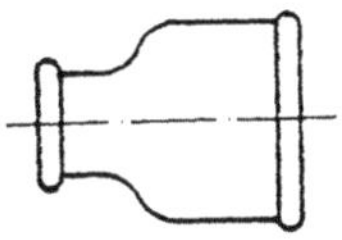	
			mâle-femelle	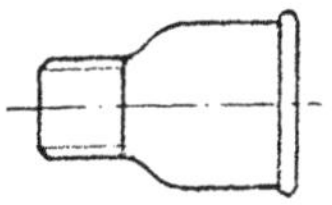	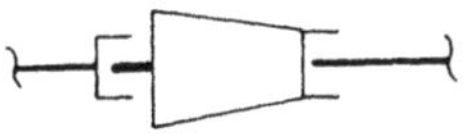
		excentrique	femelle-femelle	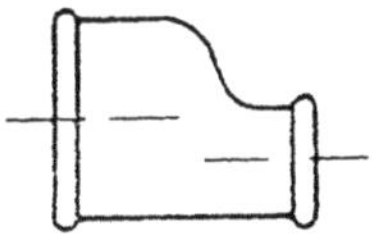	
Mamelons	orifices égaux			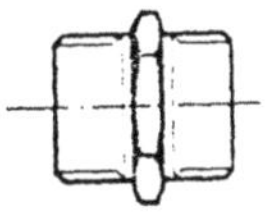	
	de réduction		mâle-mâle	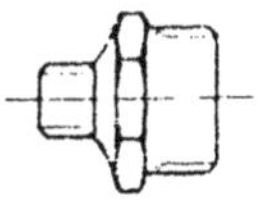	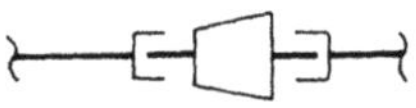
			mâle-femelle	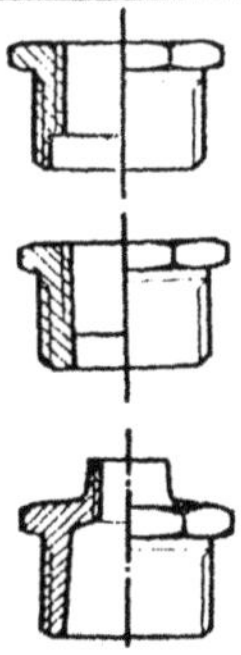	

Désignation		Représentation proportionnelle	Représentation unifilaire
Manchons-union joint cône ou joint plat	femelle-femelle	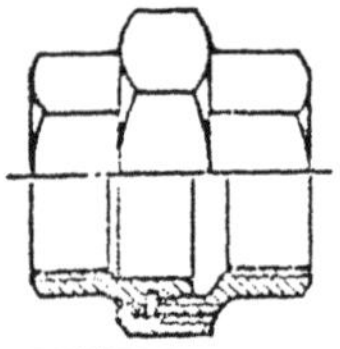	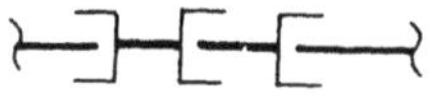
	mâle-femelle	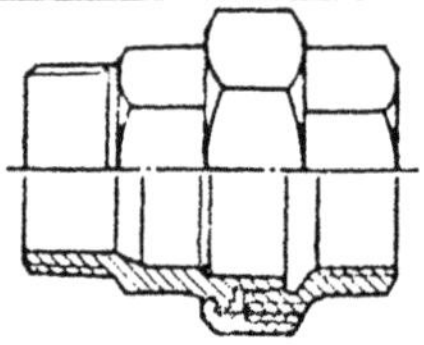	
Coudes-union joint cône ou joint plat	femelle-femelle	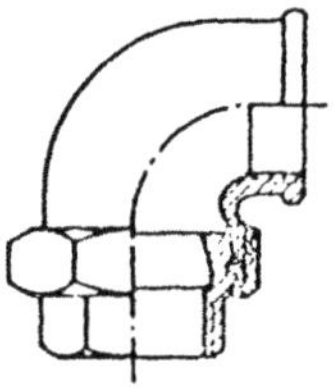	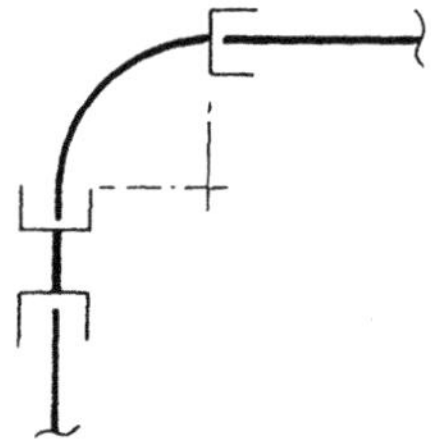
	mâle-femelle	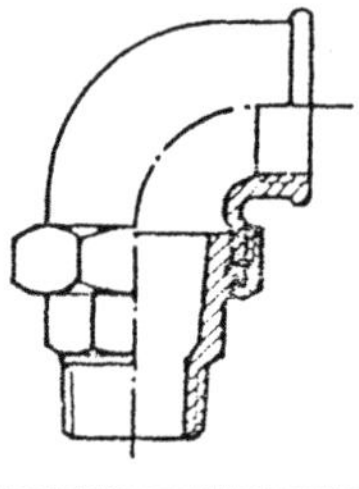	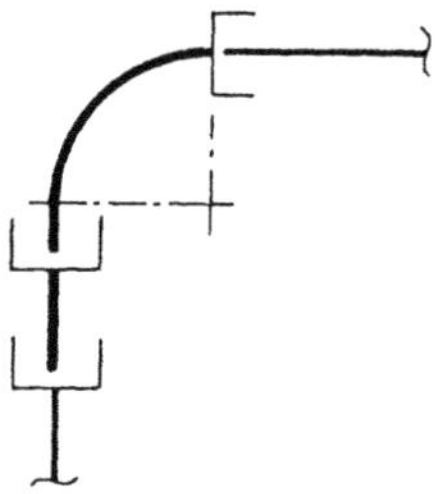
Bouchons		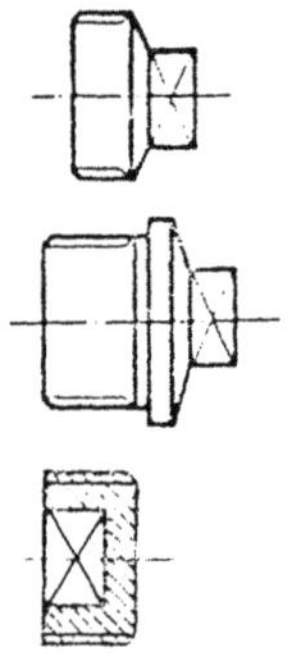	
Chapeaux		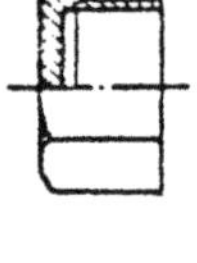 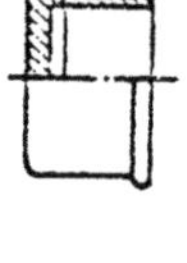	

8.11. INDICATIONS PARTICULIÈRES

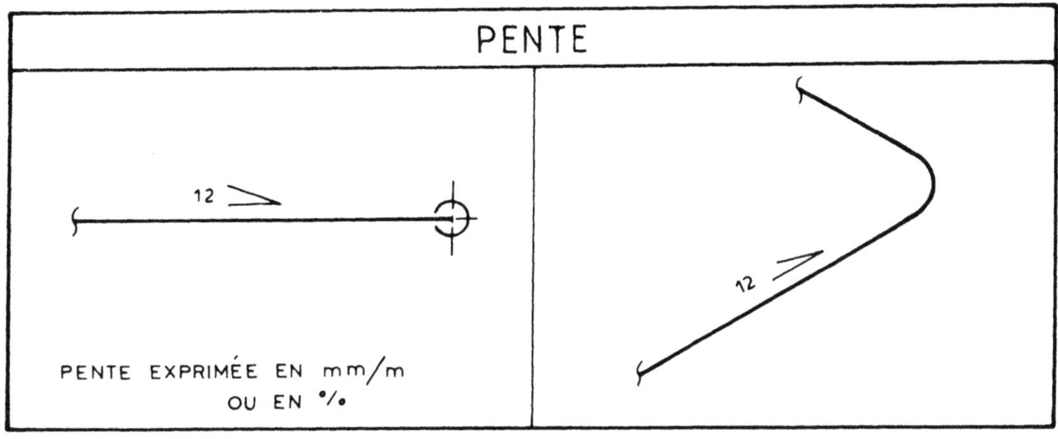

PENTE
12
12
PENTE EXPRIMÉE EN mm/m
OU EN %

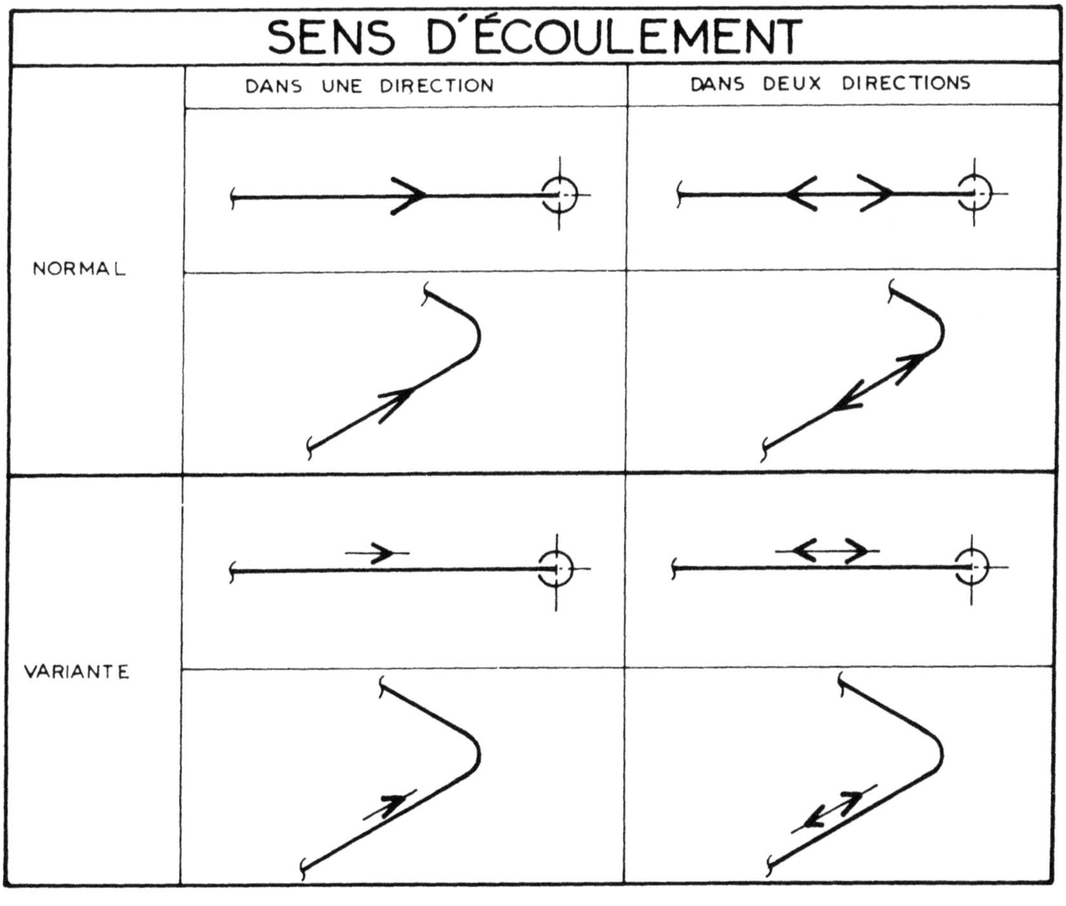

SENS D'ÉCOULEMENT
DANS UNE DIRECTION
DANS DEUX DIRECTIONS
NORMAL
VARIANTE

CHAPITRE 9

SYMBOLISATION DES APPAREILS DE TUYAUTERIE

Tous les symboles d'appareils sont représentés sur une portion de tuyauterie, sans indication du mode de raccordement.

9.3. Accessoires de tuyauterie

9.4. Instruments de mesure et de contrôle

9.5. Appareils à déplacer des fluides

9.6. Identification d'un appareil

9.1. SUPPORTS DE TUYAUTERIES
9.1.1. Symboles généraux

Désignation	Support par suspension	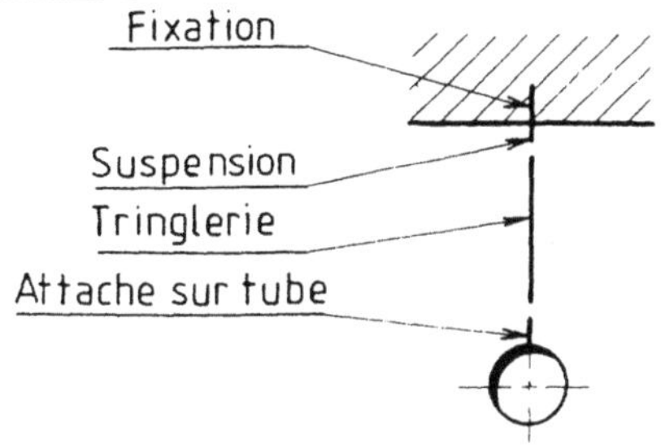 Fixation / Suspension / Tringlerie / Attache sur tube
	Support sur appui	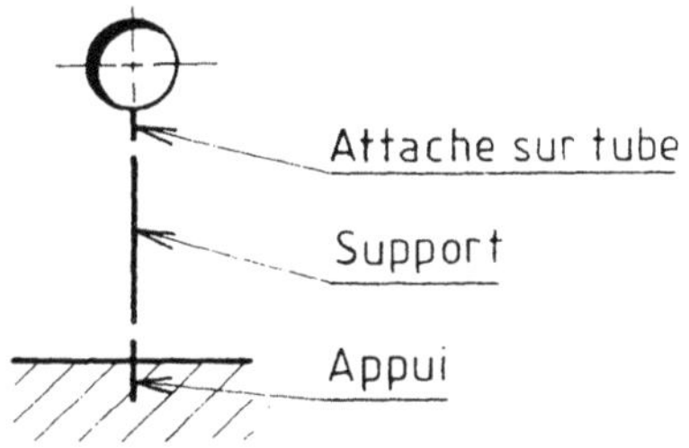 Attache sur tube / Support / Appui

Fixations	Position	sur scellement	sur profilé	sur console
Attaches de suspension	Point fixe boulonné ou soudé	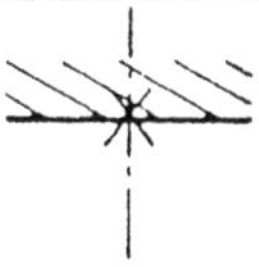		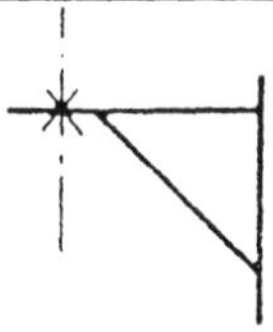
	Avec étrier			
	Articulée fixe			

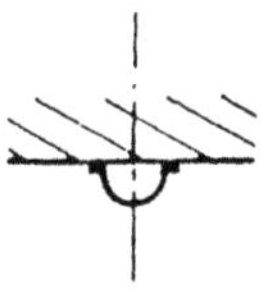

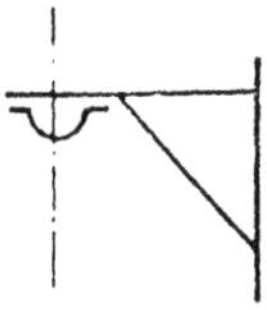

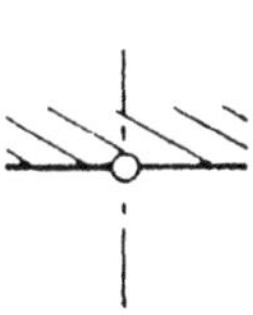

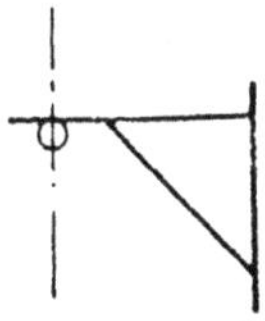

<table>
<tr><td rowspan="2">Attaches de suspension</td><td>Articulée à ressort</td><td colspan="2">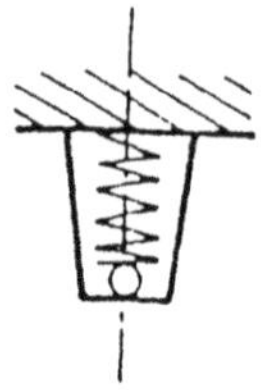</td><td colspan="2">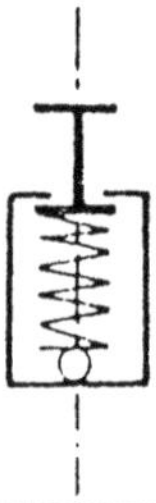</td><td>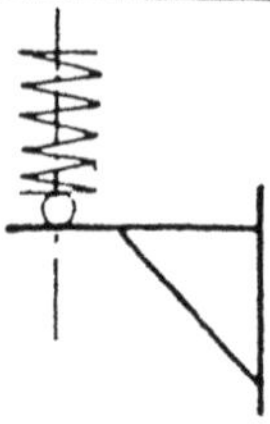</td></tr>
<tr><td>Articulée à tension stabilisée</td><td colspan="2">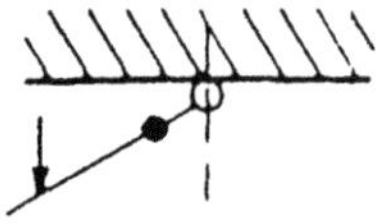</td><td colspan="2">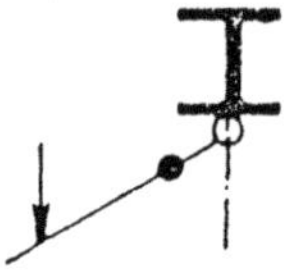</td><td>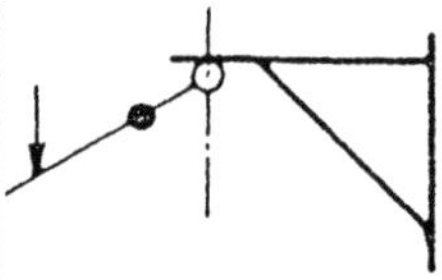</td></tr>
<tr><td rowspan="3">Tringlerie</td><td></td><td colspan="3">simple</td><td colspan="2">double</td></tr>
<tr><td>à longueur fixe</td><td colspan="3"></td><td colspan="2">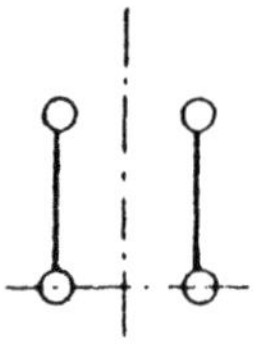</td></tr>
<tr><td>à longueur réglable</td><td colspan="3">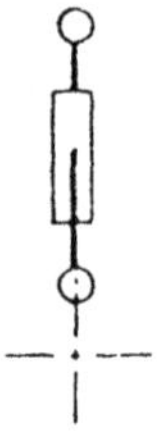</td><td colspan="2">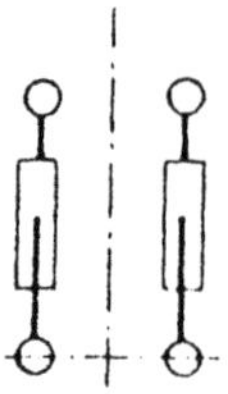</td></tr>
<tr><td rowspan="5">Attaches sur tube</td><td rowspan="3">Soudée</td><td></td><td colspan="2">par suspension</td><td colspan="2">sur appui</td></tr>
<tr><td>simple</td><td colspan="2"></td><td colspan="2"></td></tr>
<tr><td>avec renfort</td><td colspan="2"></td><td colspan="2"></td></tr>
<tr><td rowspan="2">Avec collier</td><td>simple</td><td colspan="2">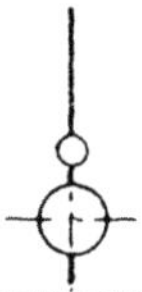</td><td colspan="2"></td></tr>
<tr><td>double</td><td colspan="2">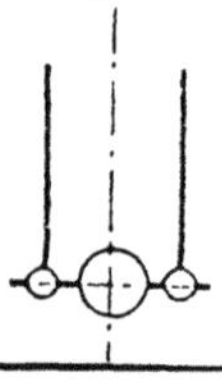</td><td colspan="2"></td></tr>
</table>

<table>
<tr><td rowspan="6">Supports</td><td rowspan="2">Tube fixé par étrier</td><td colspan="3">bloqué</td><td colspan="3">libre</td></tr>
<tr><td colspan="3">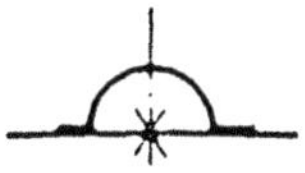</td><td colspan="3">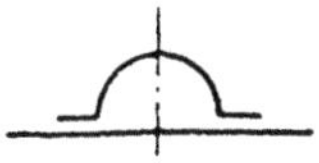</td></tr>
<tr><td>Tube supporté à faible hauteur</td><td colspan="6">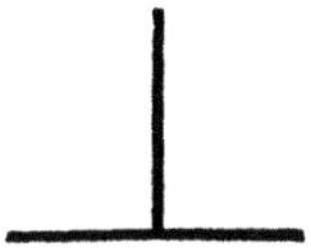</td></tr>
<tr><td rowspan="2">Chandelle</td><td colspan="2">fixe</td><td colspan="2">réglable à vis</td><td colspan="2">avec amortisseur</td></tr>
<tr><td colspan="2"></td><td colspan="2">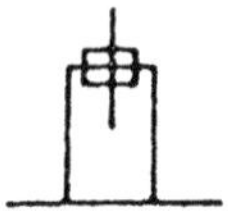</td><td colspan="2">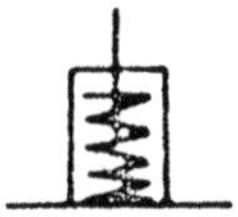</td></tr>
<tr></tr>
<tr><td rowspan="8">Appui</td><td rowspan="2">Symboles de base</td><td colspan="2">sur béton</td><td colspan="2">sur profilé</td><td colspan="2">sur console</td></tr>
<tr><td colspan="2"></td><td colspan="2"></td><td colspan="2">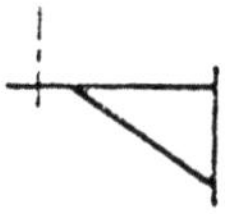</td></tr>
<tr><td>Point fixe</td><td colspan="2">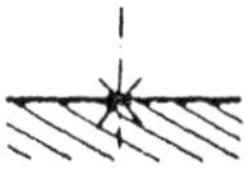</td><td colspan="2"></td><td colspan="2">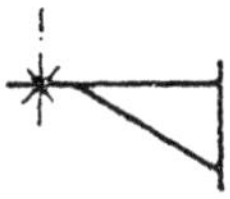</td></tr>
<tr><td rowspan="4">Sur patin</td><td colspan="3">libre</td><td colspan="3">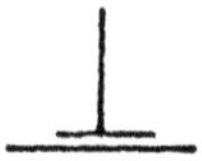</td></tr>
<tr><td colspan="3">guidé latéralement</td><td colspan="3">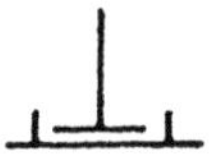</td></tr>
<tr><td colspan="3">guidé sur 2 directions du plan</td><td colspan="3"></td></tr>
<tr><td colspan="3">autres guidages sur patin</td><td colspan="3">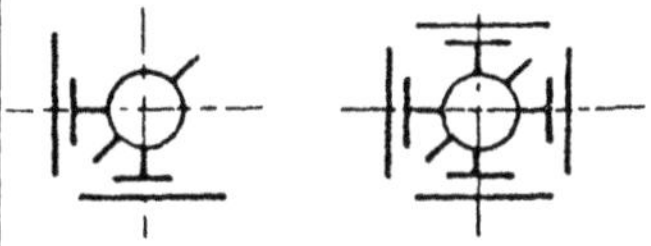</td></tr>
</table>

9.1.2. Exemples de supports

ATTACHE DE SUSPENSION				
DESIGNATION	REPRESENTATION	SUR SCELLEMENT	SUR PROFILÉ	SUR CONSOLE
POINT FIXE BOULONNÉ OU SOUDÉ	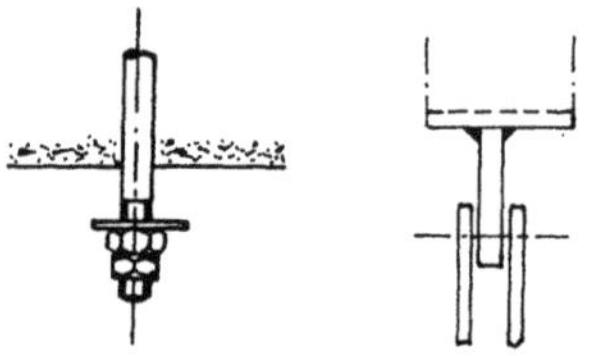	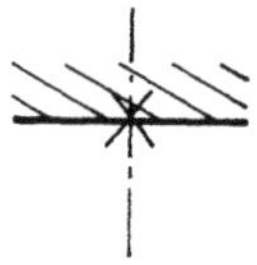		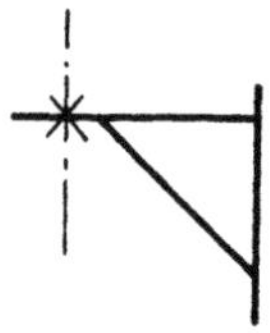
PAR ETRIER	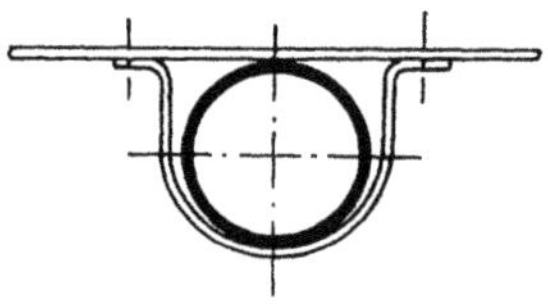	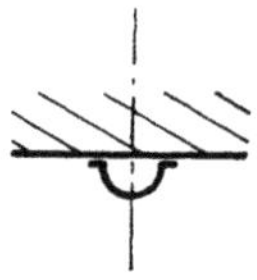		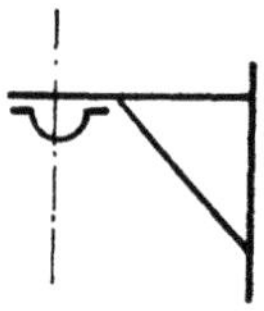
ARTICULÉE FIXE	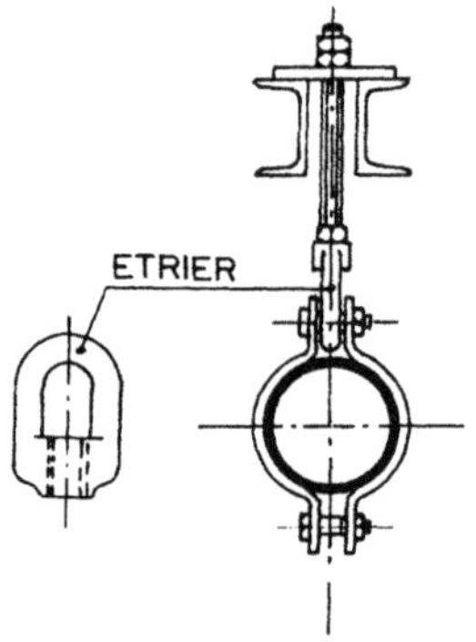 ETRIER	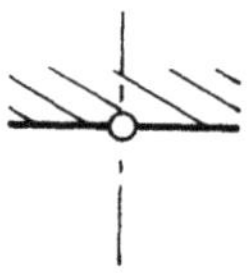		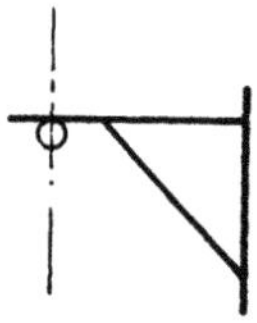
ARTICULÉE A RESSORT	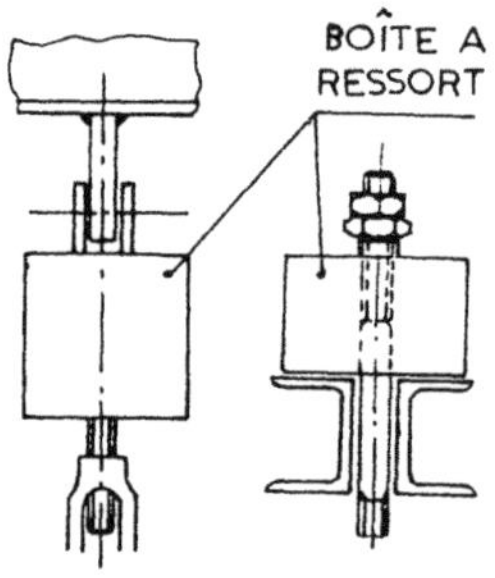 BOÎTE A RESSORT	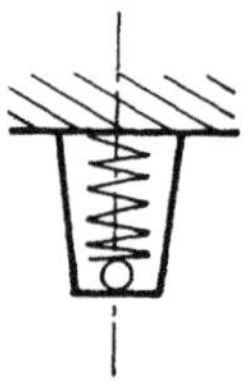	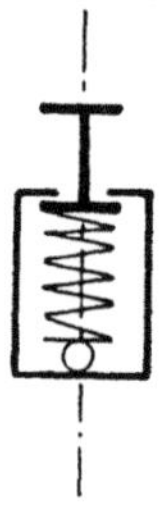	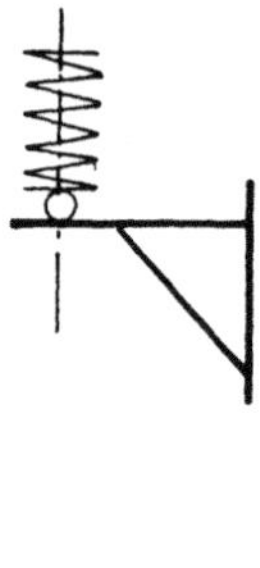

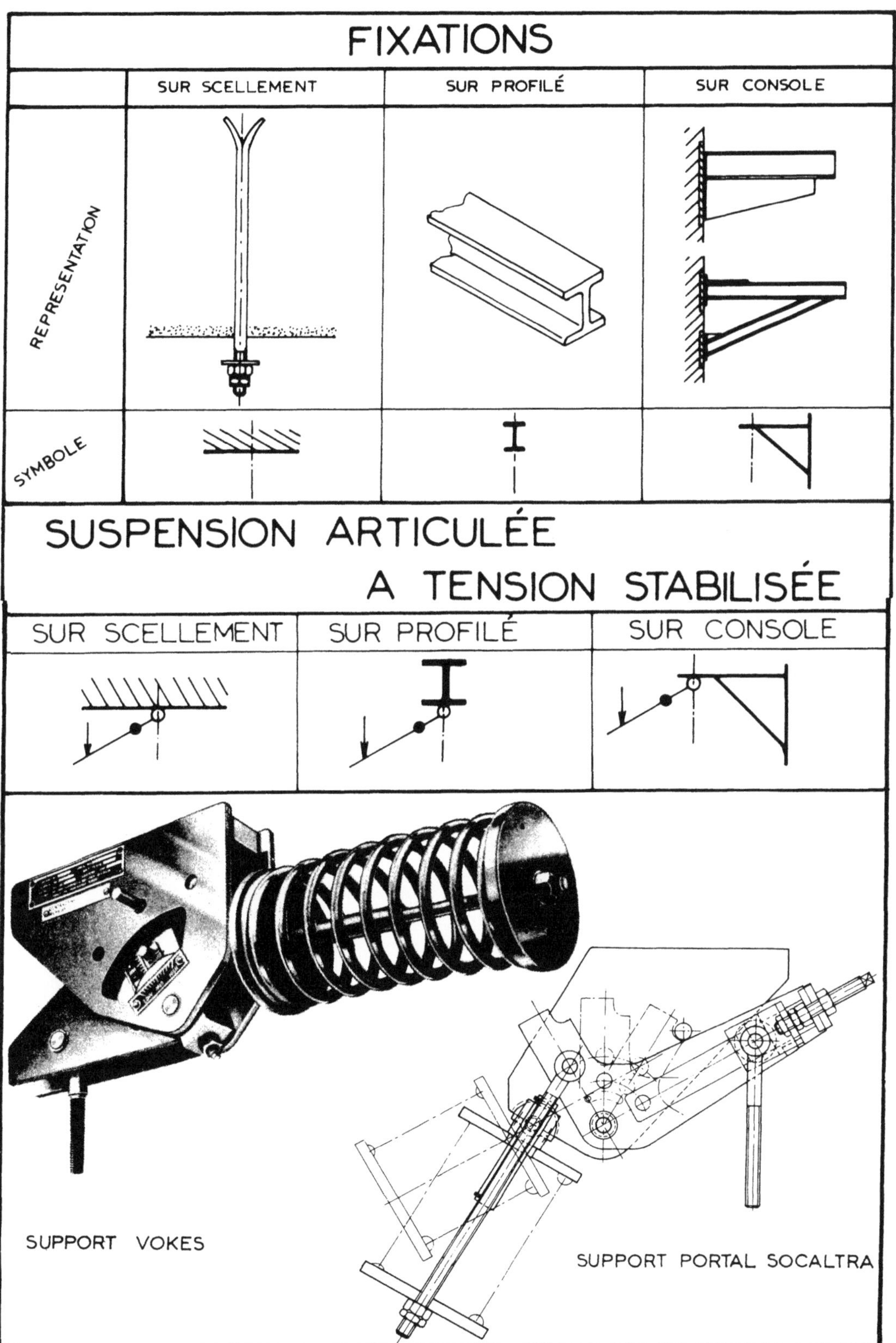
FIXATIONS
SUR SCELLEMENT
SUR PROFILÉ
SUR CONSOLE
REPRESENTATION
SYMBOLE
SUSPENSION ARTICULÉE
A TENSION STABILISÉE
SUR SCELLEMENT
SUR PROFILÉ
SUR CONSOLE
SUPPORT VOKES
SUPPORT PORTAL SOCALTRA

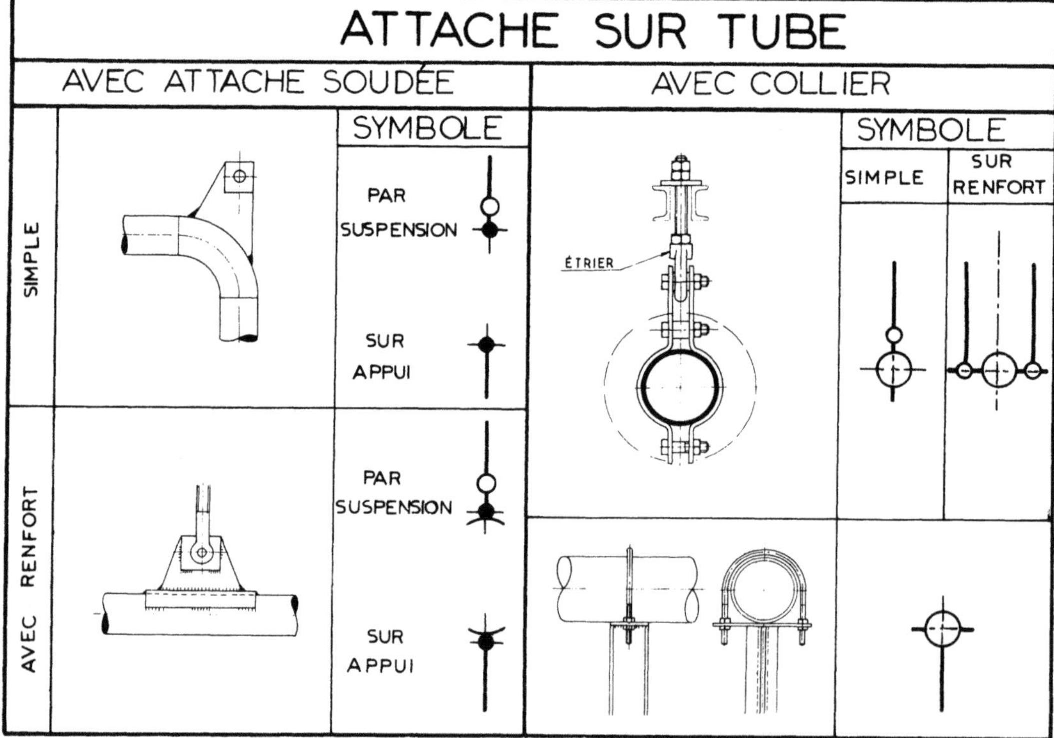

TRINGLERIE
SYMBOLE
SIMPLE
DOUBLE
À LONGUEUR FIXE
À LONGUEUR REGLABLE
ÉTRIER
ATTACHE SUR TUBE
AVEC ATTACHE SOUDÉE
AVEC COLLIER
SYMBOLE
SIMPLE
SUR RENFORT
SIMPLE
AVEC RENFORT
PAR SUSPENSION
SUR APPUI
PAR SUSPENSION
SUR APPUI
ÉTRIER

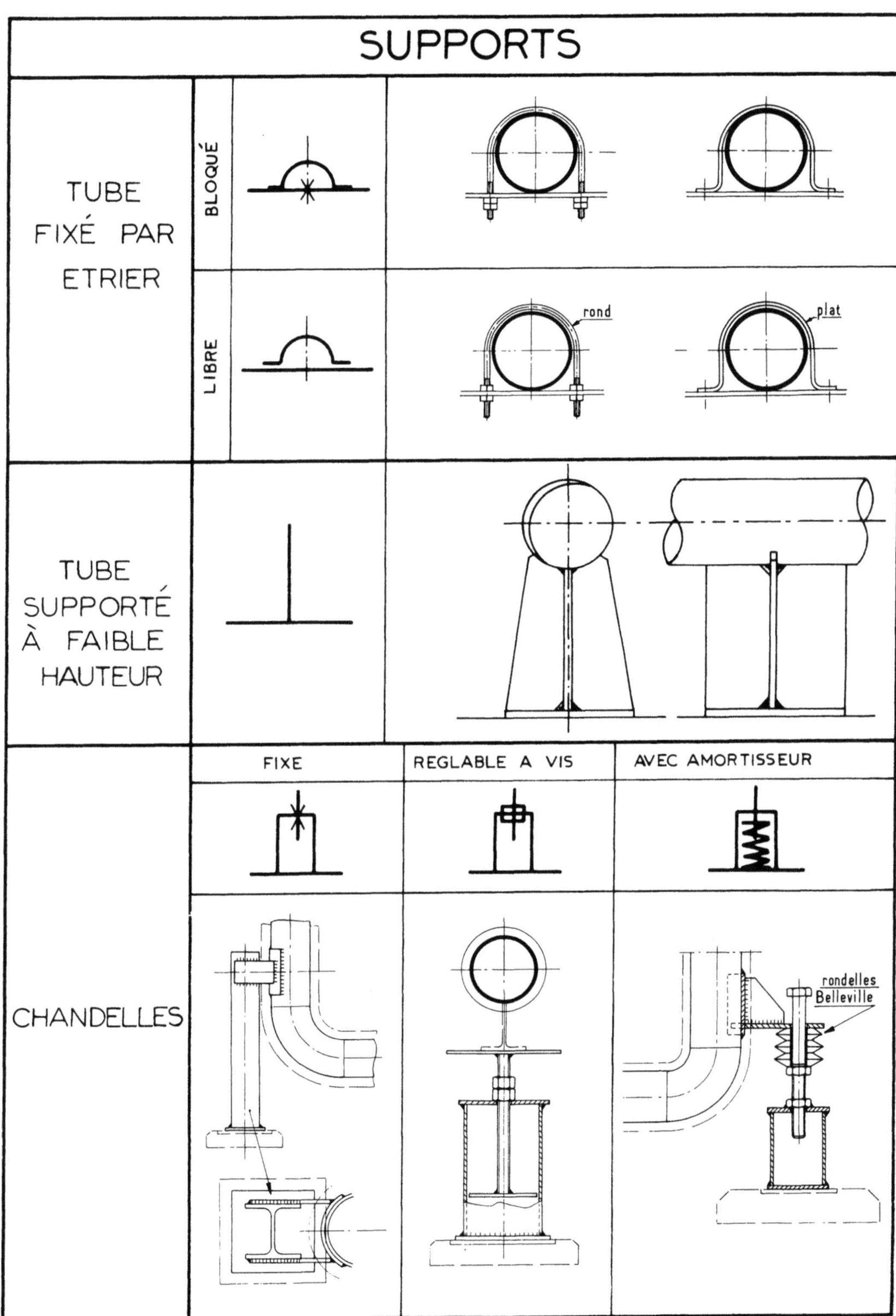

SUPPORTS
TUBE FIXÉ PAR ETRIER
BLOQUÉ
LIBRE
rond
plat
TUBE SUPPORTÉ À FAIBLE HAUTEUR
FIXE
REGLABLE A VIS
AVEC AMORTISSEUR
CHANDELLES
rondelles Belleville

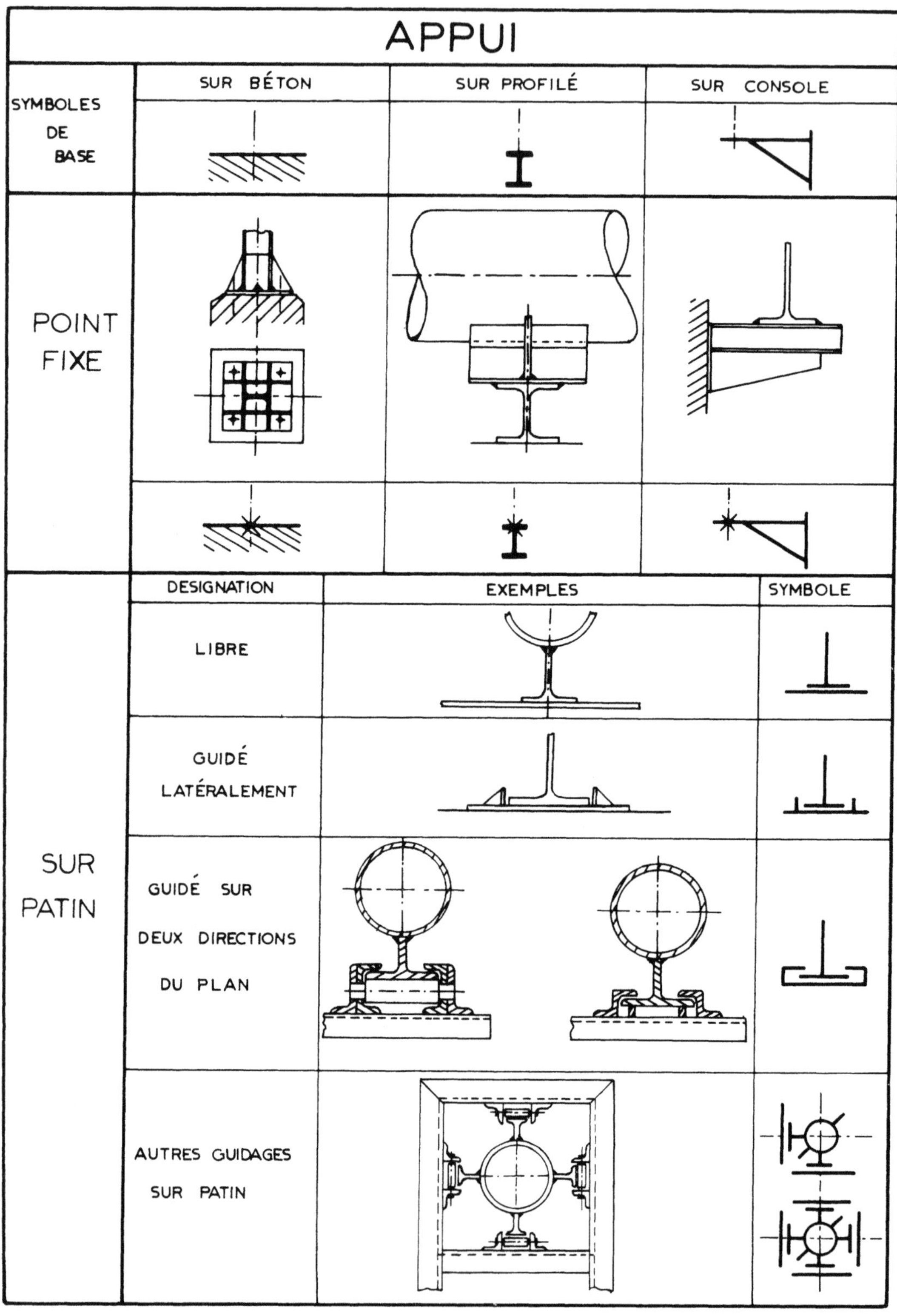

APPUI
SYMBOLES DE BASE
SUR BÉTON
SUR PROFILÉ
SUR CONSOLE
POINT FIXE
DESIGNATION
EXEMPLES
SYMBOLE
LIBRE
GUIDÉ LATÉRALEMENT
GUIDÉ SUR DEUX DIRECTIONS DU PLAN
AUTRES GUIDAGES SUR PATIN
SUR PATIN

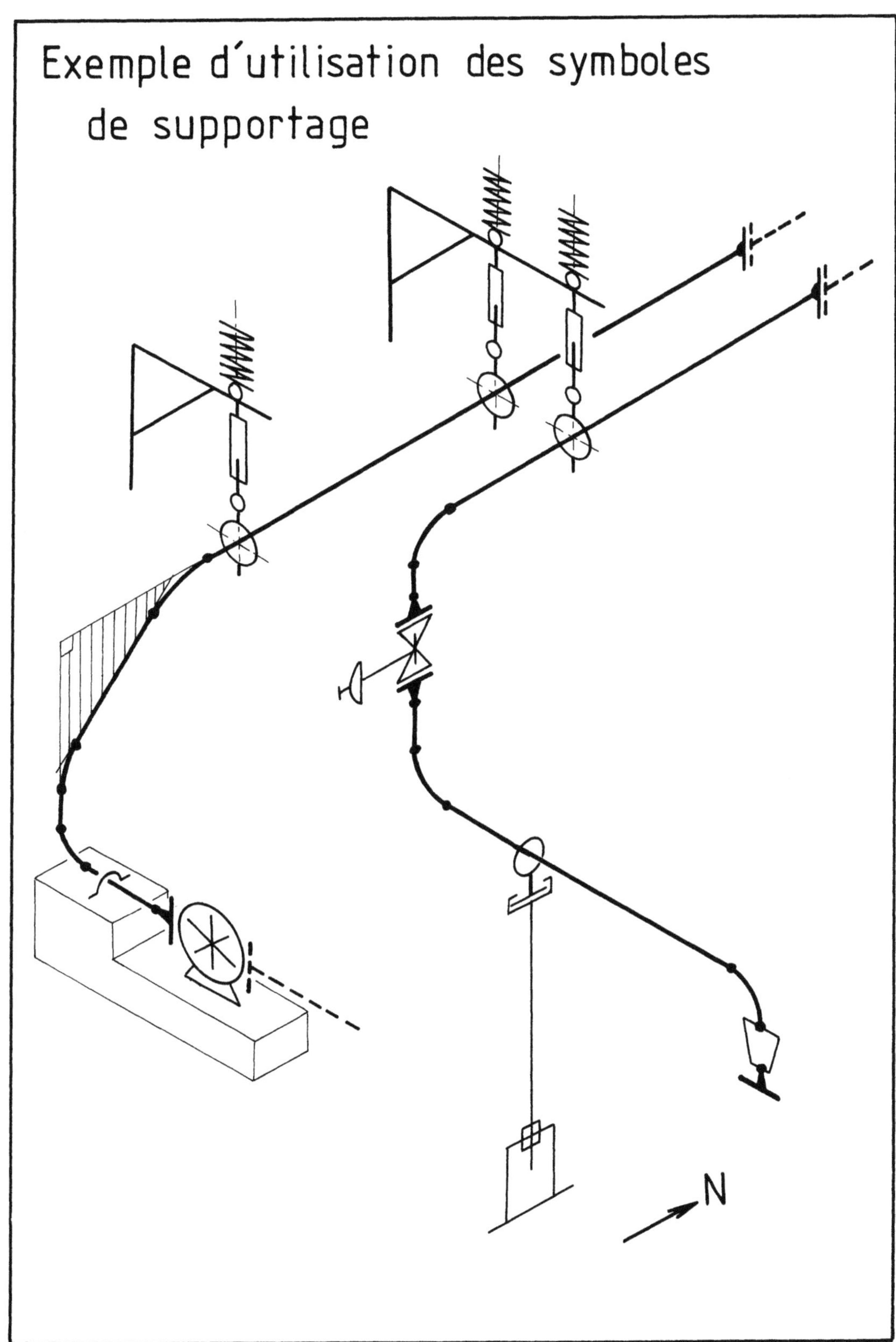
Exemple d'utilisation des symboles
de supportage
N

9.2. APPAREILS DE ROBINETTERIE

9.2.1. Symboles de raccordement

Types		Robinets	Clapets	Appareils
Brides				
Filetage	Abouts filetés		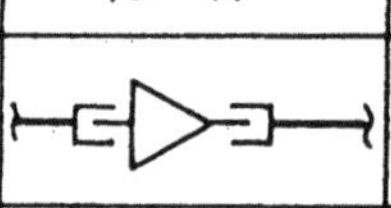	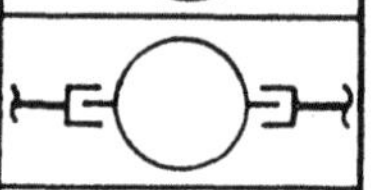
	Manchons taraudés	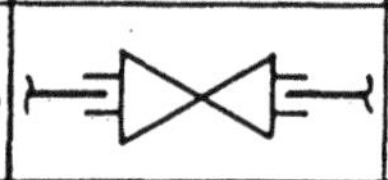	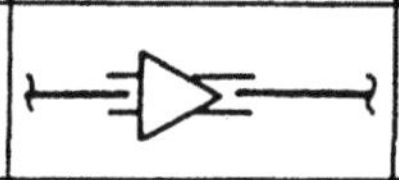	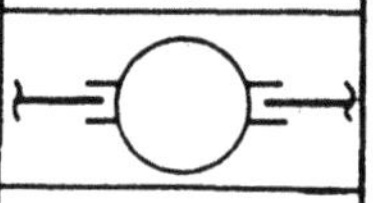
Soudage	par aboutage		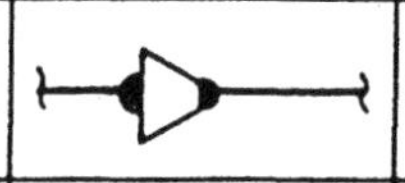	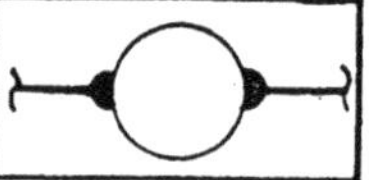
	avec emboîtement		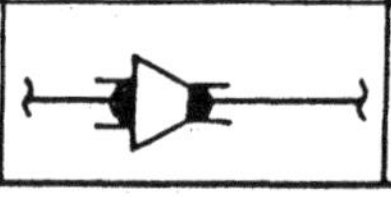	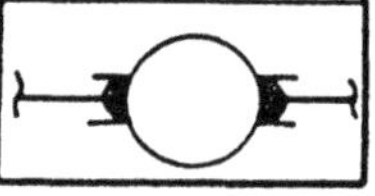

9.2.1.1. Exemples de raccordement

Robinets - Vannes			
A brides	Par soudage	Filetage	
		Abouts	Manchons

	À BRIDES	PAR SOUDAGE	FILETAGE	
			mâle	femelle
SOUPAPES	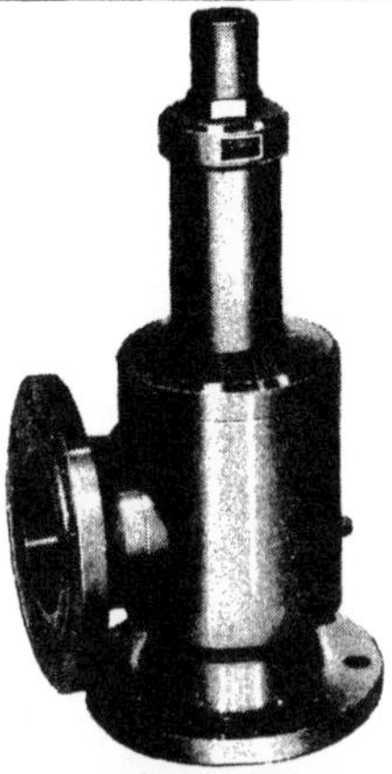	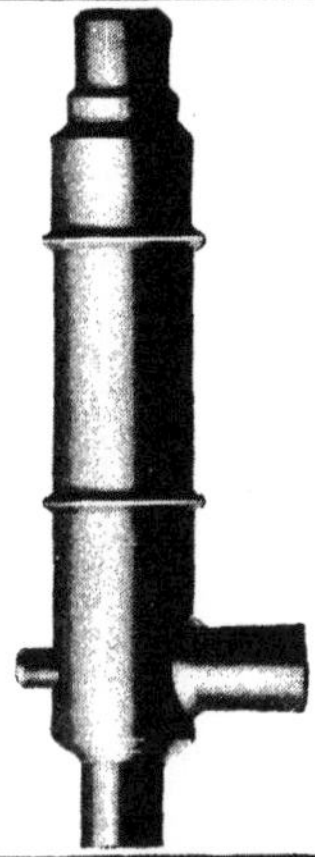	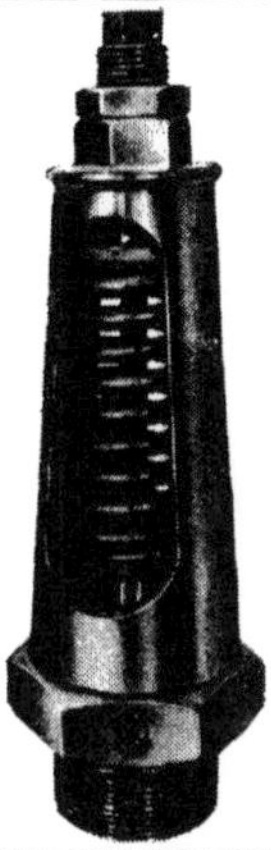	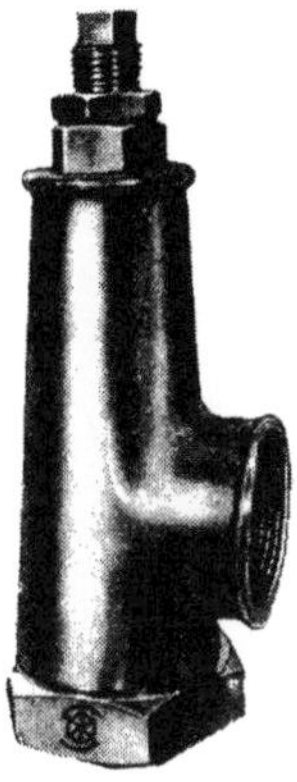
CLAPETS	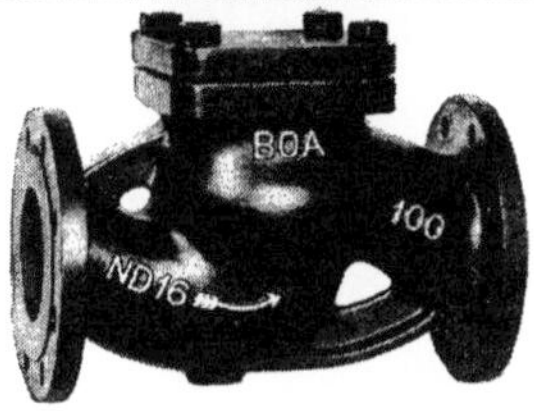	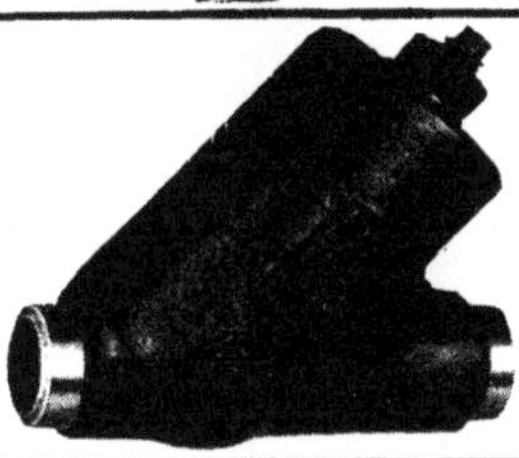	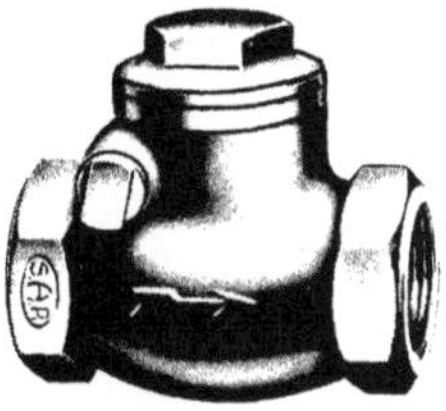	

	A BRIDES	FILETAGE
DÉTENDEURS	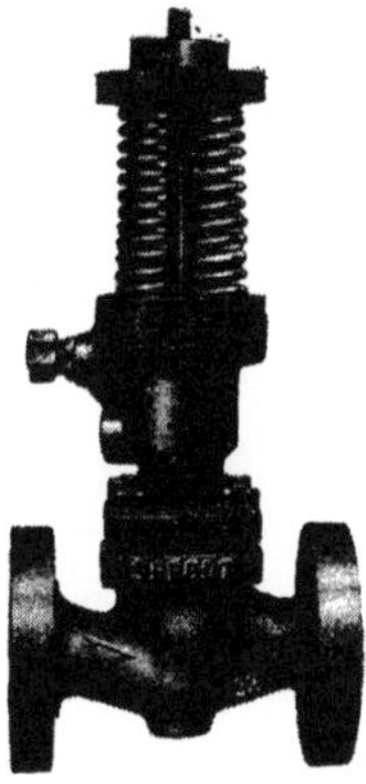	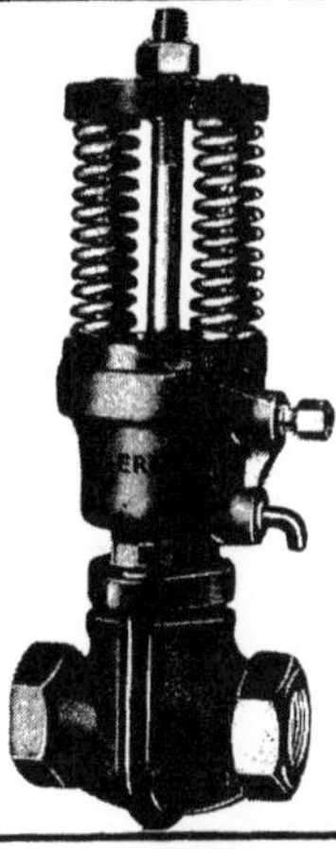
PURGEURS	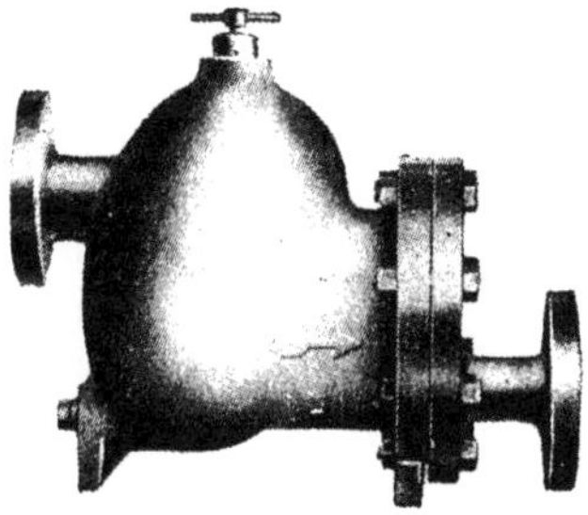	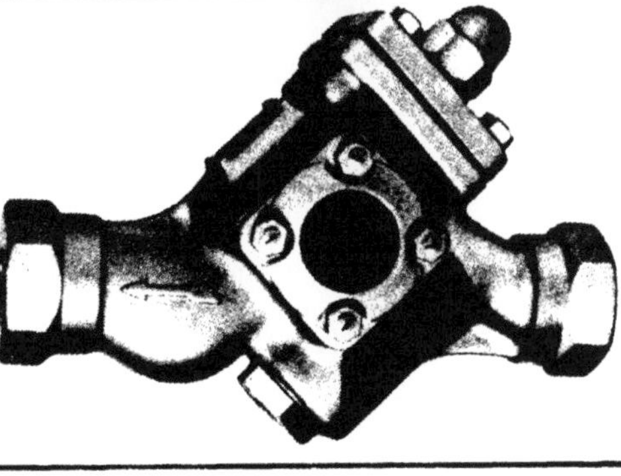

9.2.2. Robinets .Vannes

9.2.2.1. Symboles généraux

DÉSIGNATION	ROBINET - VANNE	ROBINET
	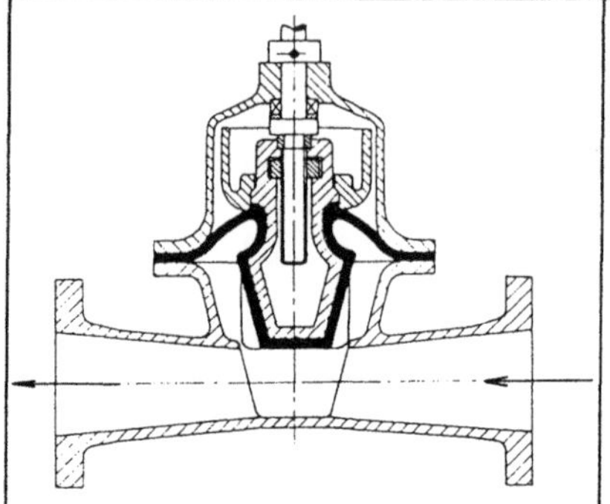 passage direct du fluide	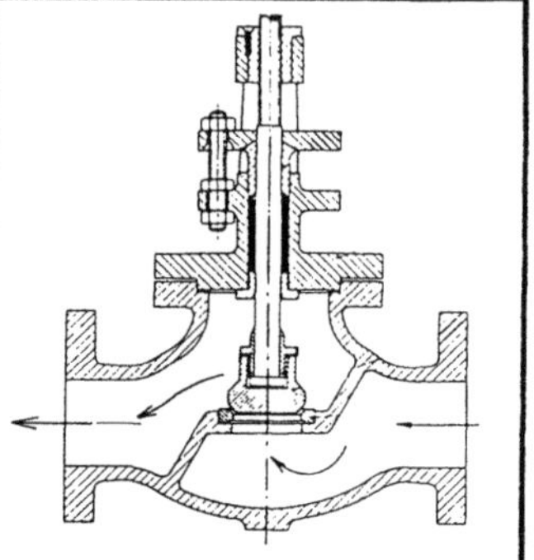 passage indirect du fluide

SYMBOLES ÉLÉMENTAIRES	Nombre de voies / Obturation	2 droit	2 d'équerre	3	4
	par mouvement rectiligne		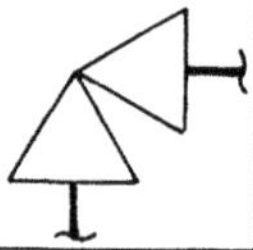		
	par membrane	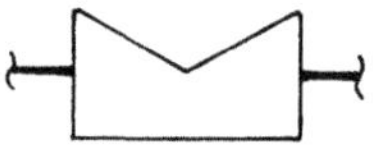	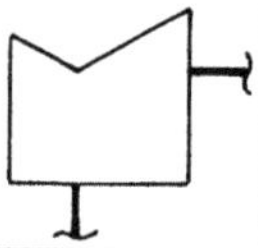		
	par mouvement rotatif	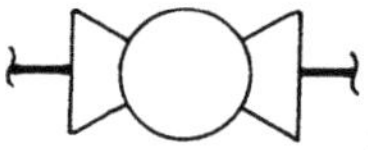			

SYMBOLES D'OBTURATION PAR MOUVEMENT RECTILIGNE		
	opercule	
	soupape	
	pointeau	
	piston	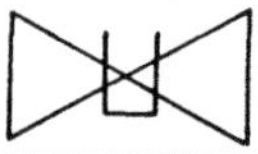
	membrane	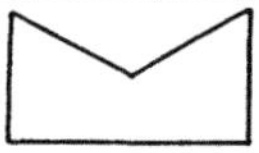

SYMBOLES D´OBTURATION PAR MOUVEMENT ROTATIF		papillon		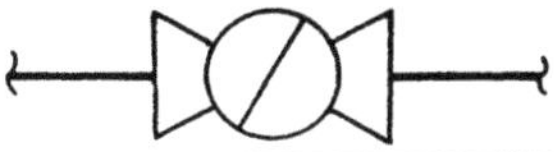
	à boisseau tronconique	2 voies	droit	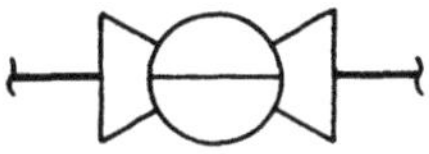
			d´équerre	
		3 voies	2 lumières	
			3 lumières	
		4 voies	3 lumières	
			2 fois 2 lumières	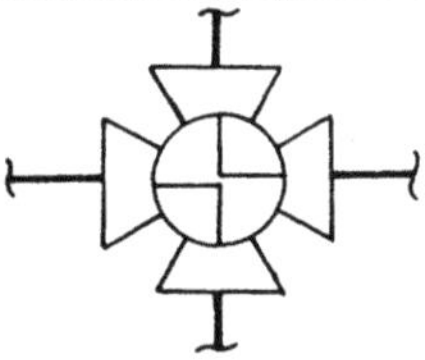
	à boisseau sphérique			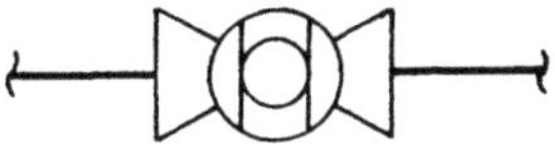
SYMBOLES DE FONCTION	réglage			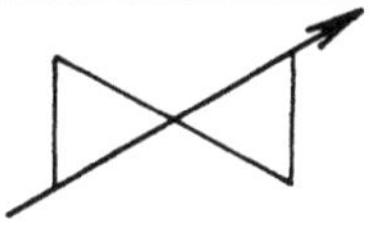
	régulation			
	double enveloppe			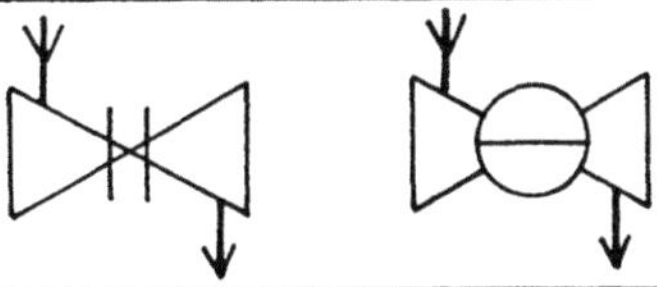

SYMBOLES DE COMMANDE				
	à distance			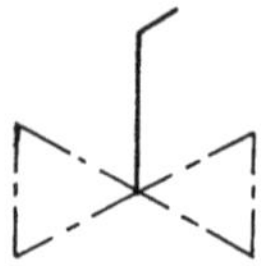
	asservie			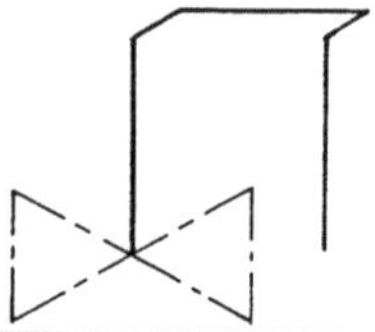
	manuelle	avec volant de manœuvre		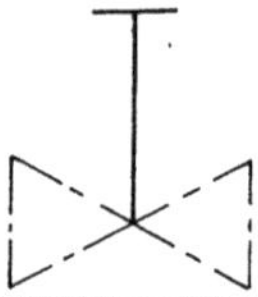
		à manœuvre rapide par levier		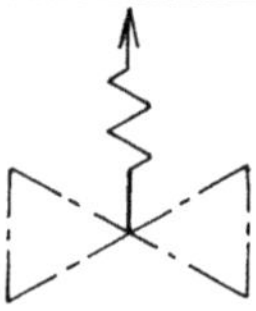
	mécanisée pour obturation à mouvement rectiligne	avec flotteur		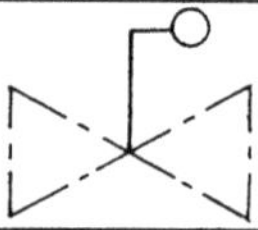
		par vérin	pneumatique	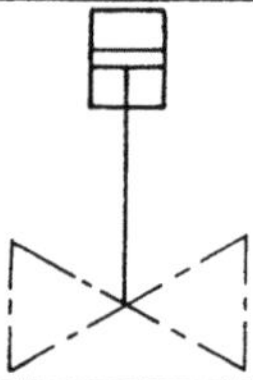
			hydraulique	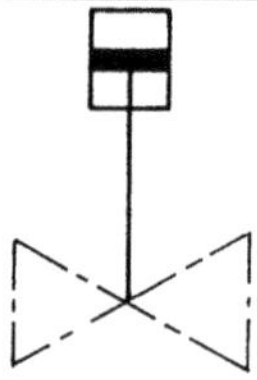
		par membrane	pneumatique	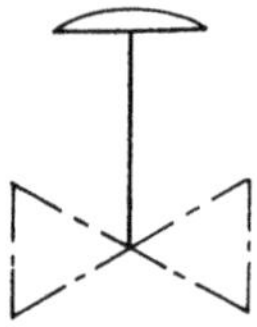
			hydraulique	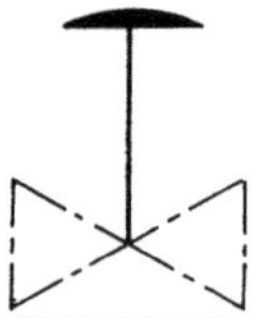

SYMBOLES DE COMMANDE	mécanisée pour obturation à mouvement rectiligne	par électro-magnétisme	1 enroulement 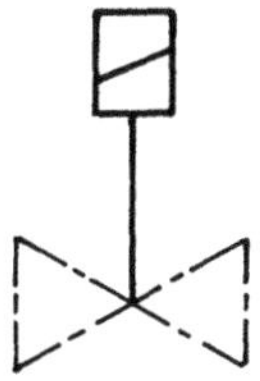
			2 enroulements 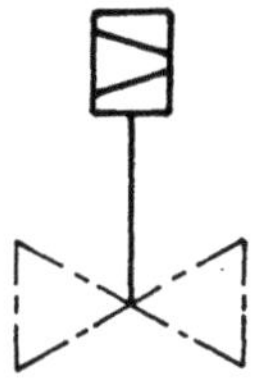
	mécanisée pour obturation à mouvement rotatif	par moteur	électrique 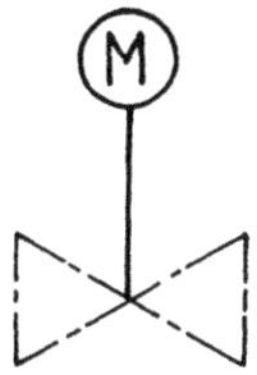
			pneumatique 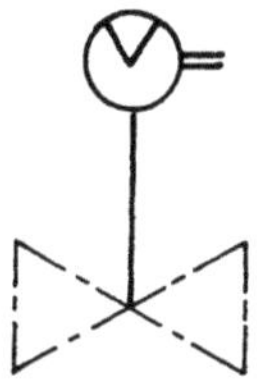
			hydraulique 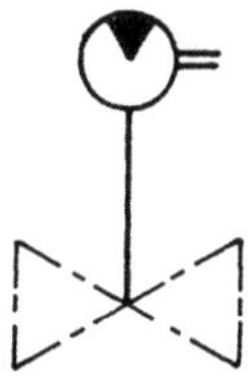
SYMBOLES ADDITIONNELS	indicateur de position 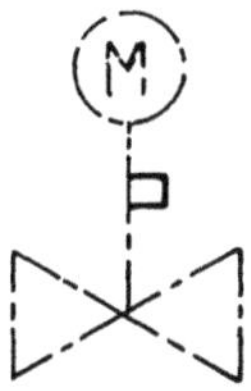		
	commande manuelle de secours 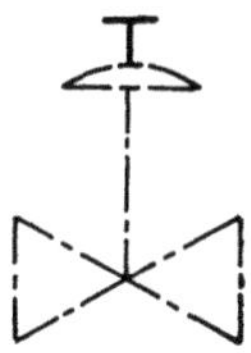		

9.222. Exemples des différents types d'obturation

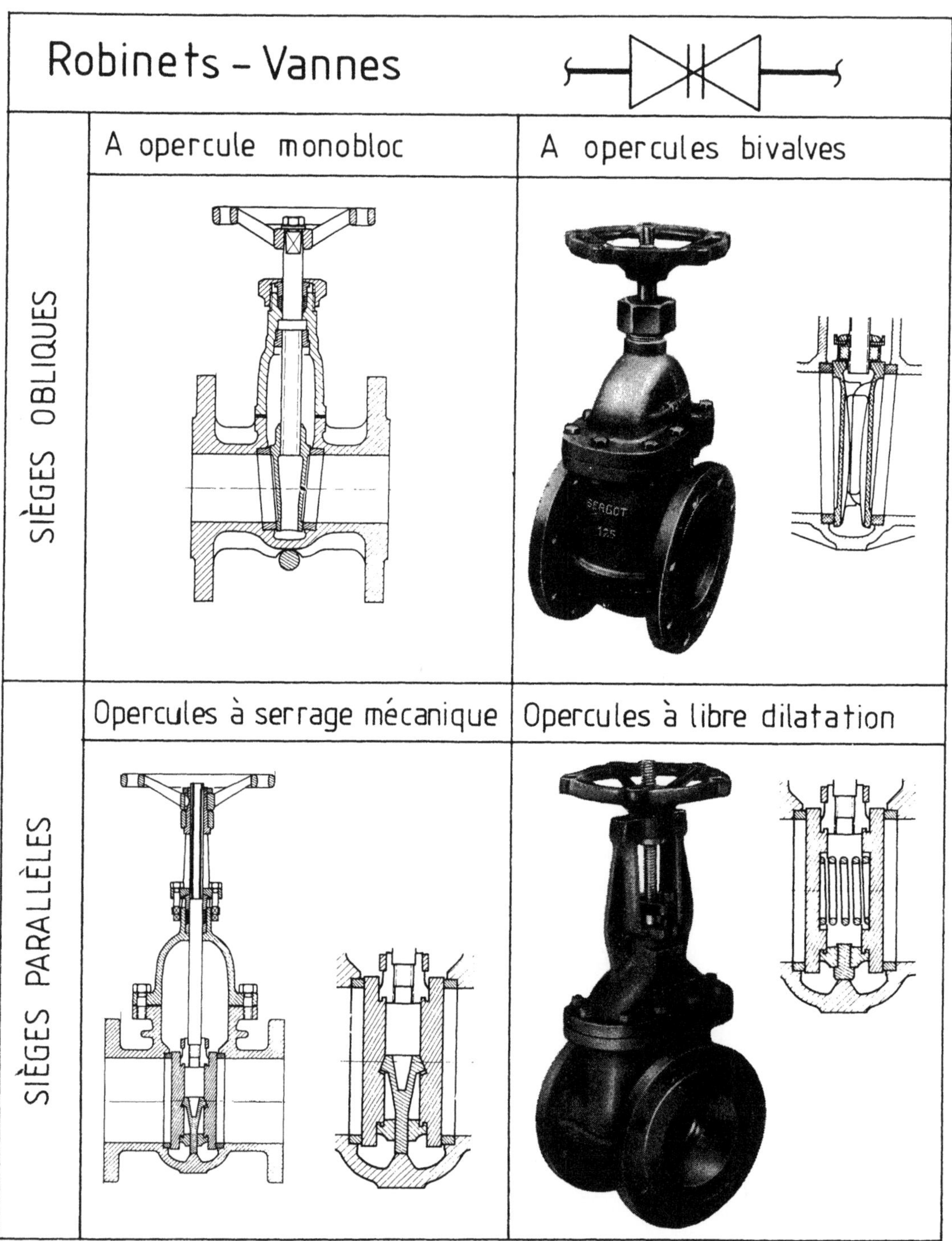

Robinets à soupape

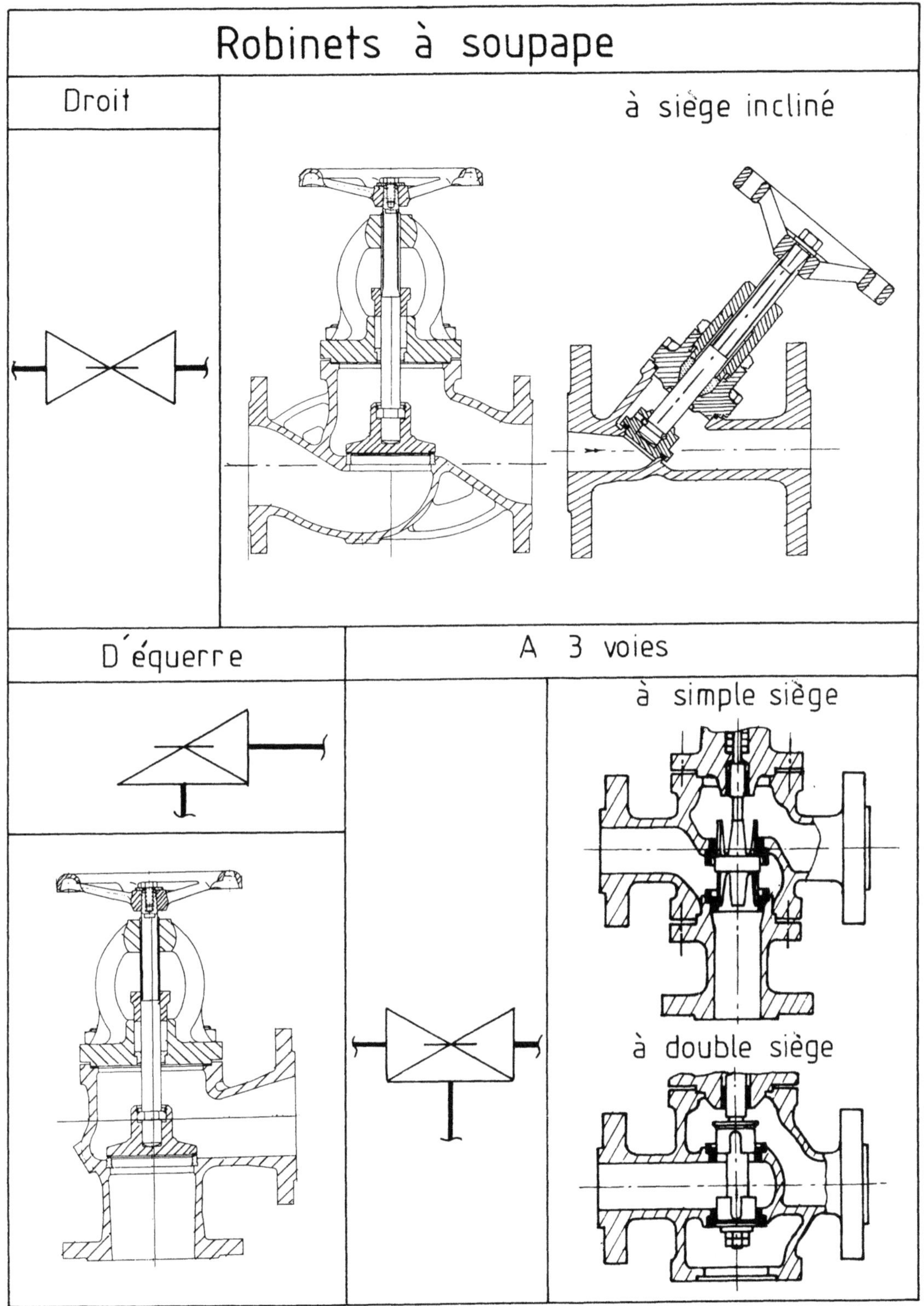

Robinets à membrane

Droit

D'équerre

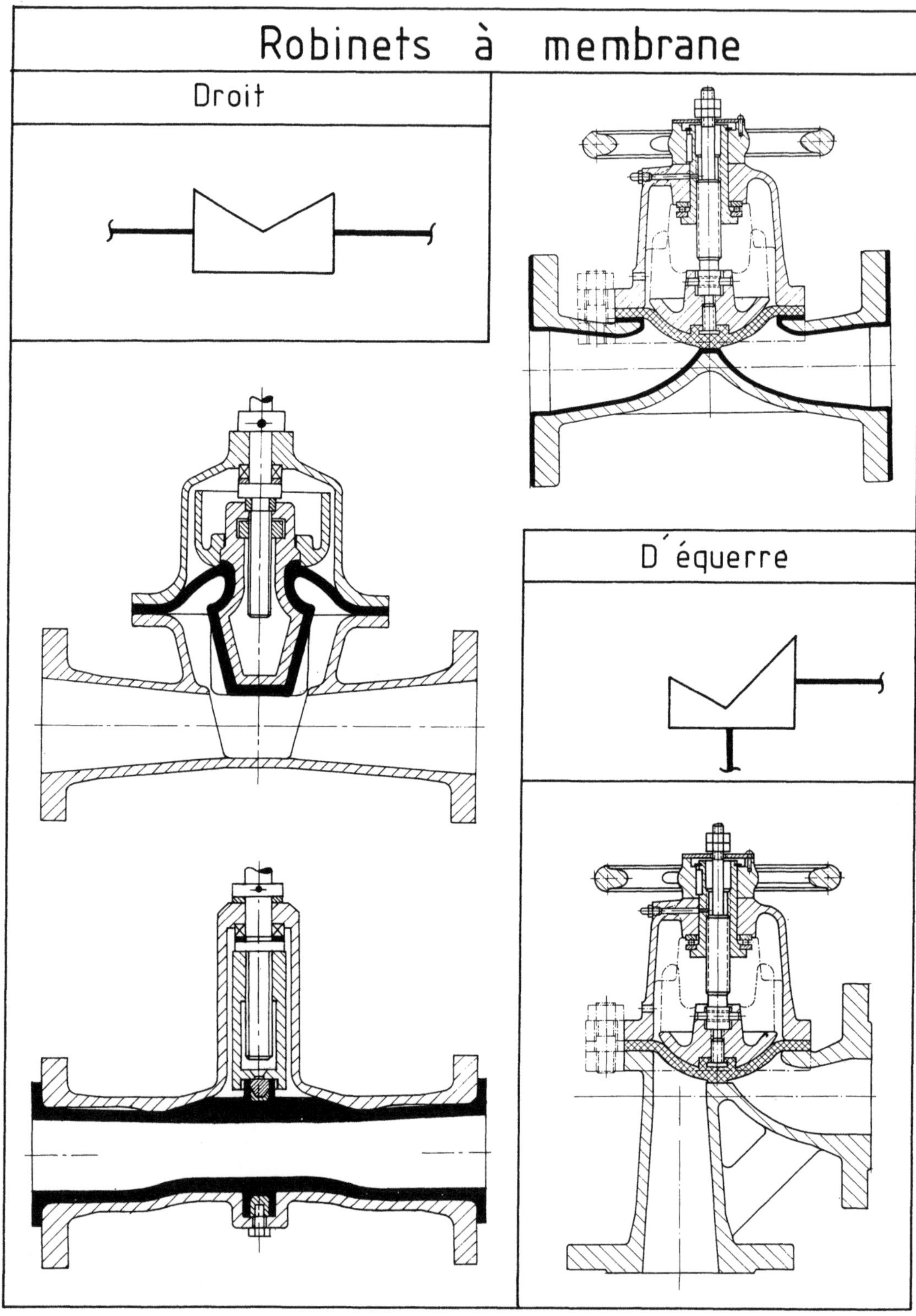

Robinets à pointeau

Droit	D´équerre

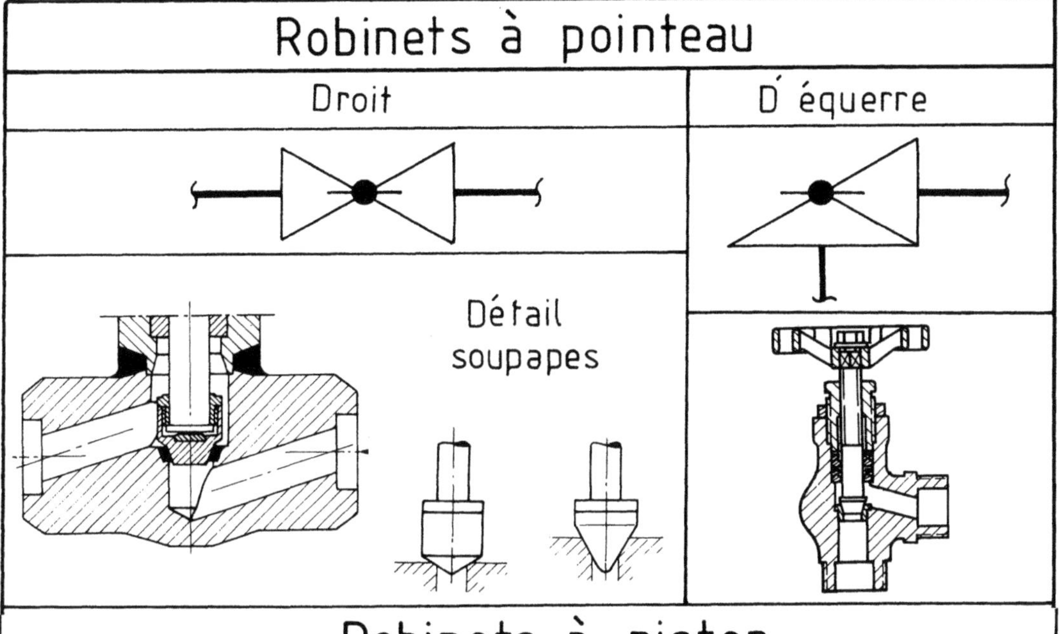

Détail soupapes

Robinets à piston

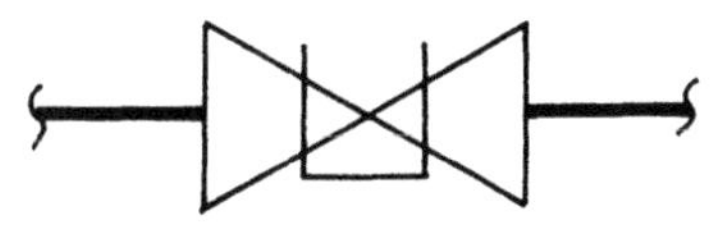

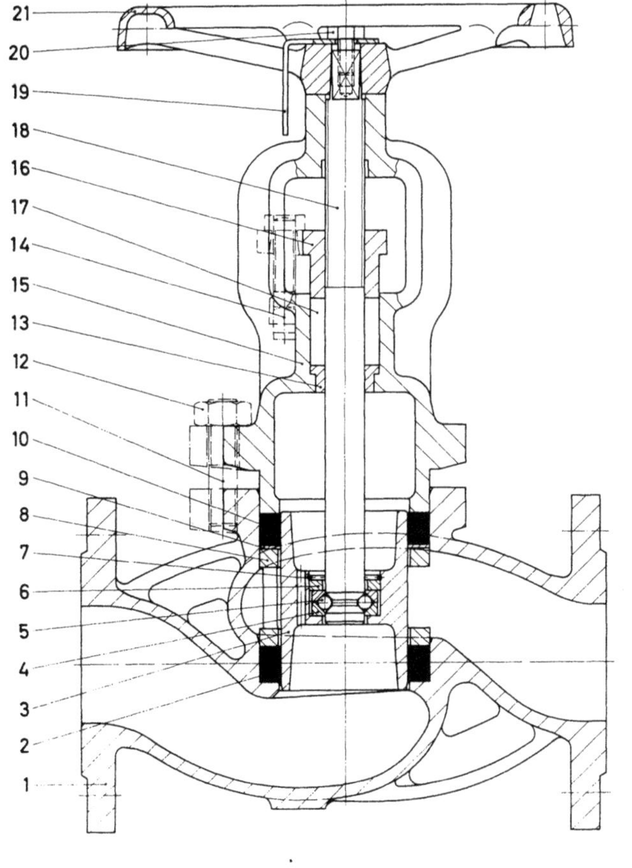

Re-père	Désignation
1	Corps
2	Joint inférieur
3	Piston
4	Coussinet de palier
5	Billes
6	Couronne
7	Bague élastique
8	Lanterne
9	Joint plat
10	Joint supérieur
11	Goujon
12	Ecrou six-pans
13	Bague de fond du presse-étoupe
14	Boulon de presse-étoupe avec écrou
15	Couvercle
16	Fouloir de presse-étoupe
17	Chambre de presse-étoupe
18	Tige
19	Indicateur d´ouverture
20	Ecrou six-pans
21	Volant

Robinets à tournant sphérique

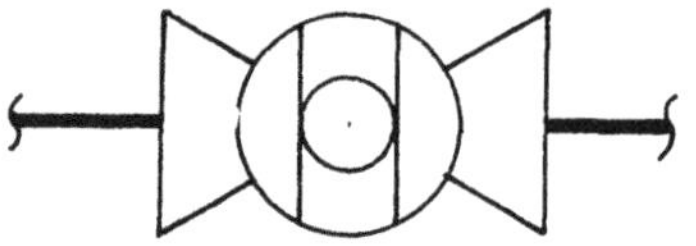

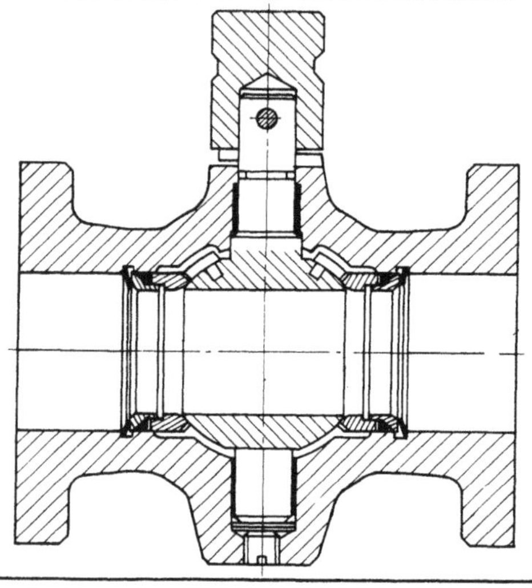

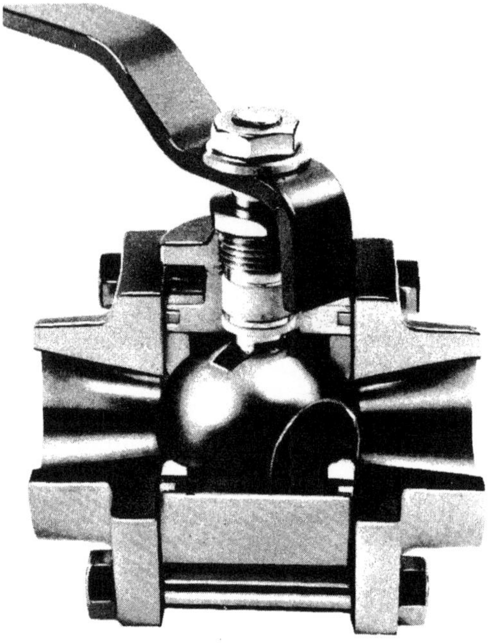

Vannes à papillon

ou

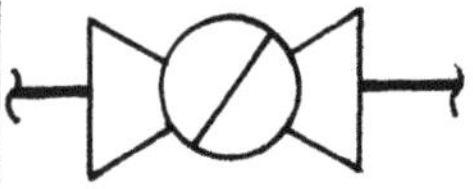

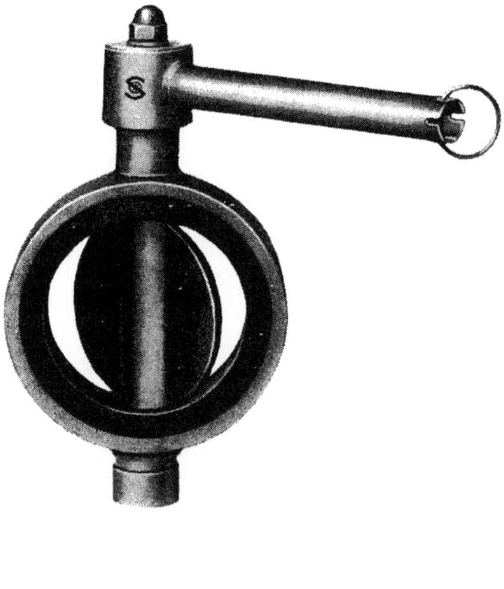

Robinets à tournant

DROIT	D´ÉQUERRE	3 VOIES , 2 LUMIÈRES

3 VOIES , 3 LUMIÈRES   4 VOIES, 2 FOIS 2 LUMIÈRES

Autres types d'obturation

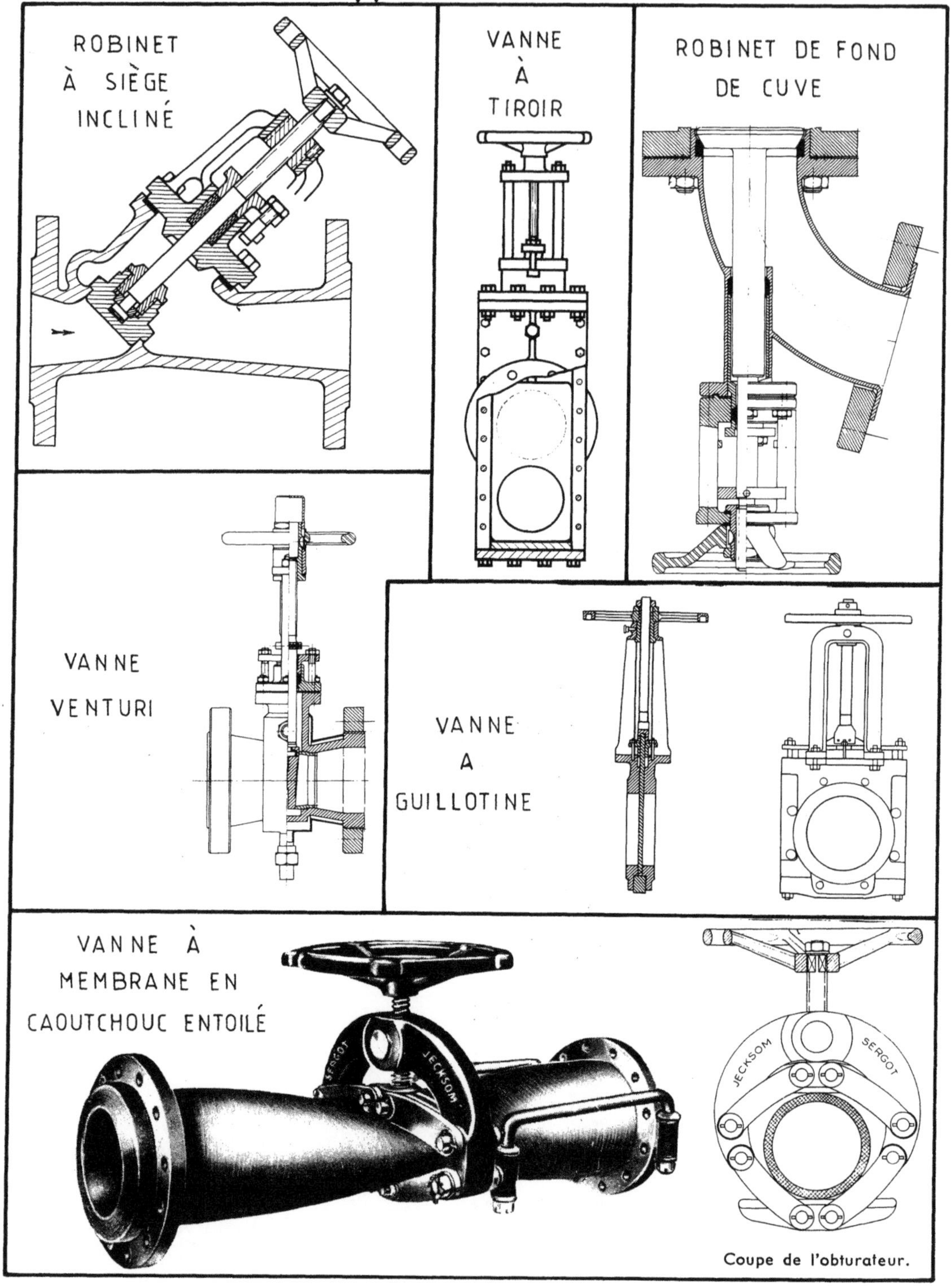

9.223. Exemples des types de fonction

Robinets de réglage

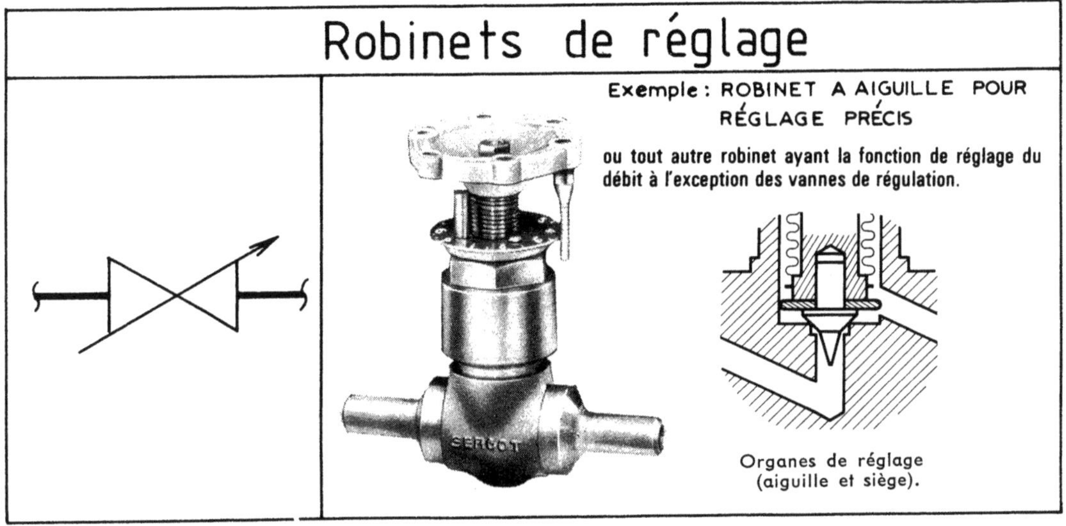

Robinets de régulation

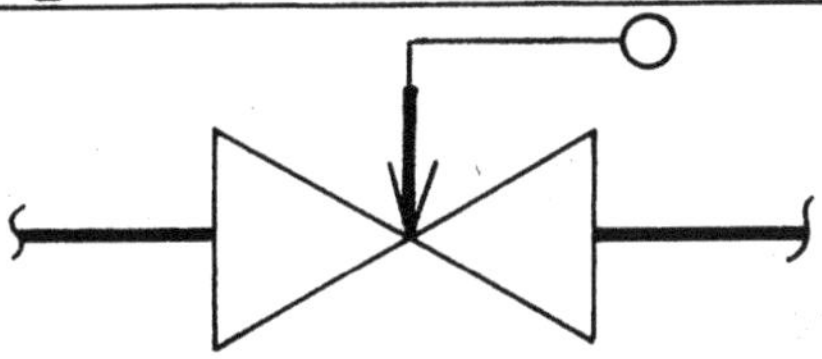

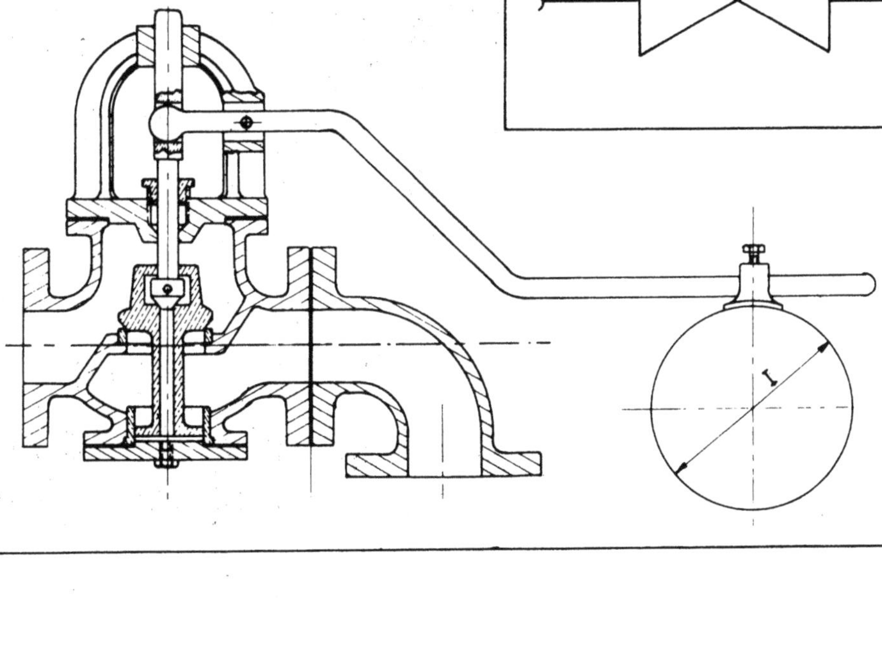

Robinets à double enveloppe

Les symboles des appareils de robinetterie à double enveloppe sont obtenus en adjoignant aux symboles de ces appareils les arrivées et départs des fluides caloporteurs.

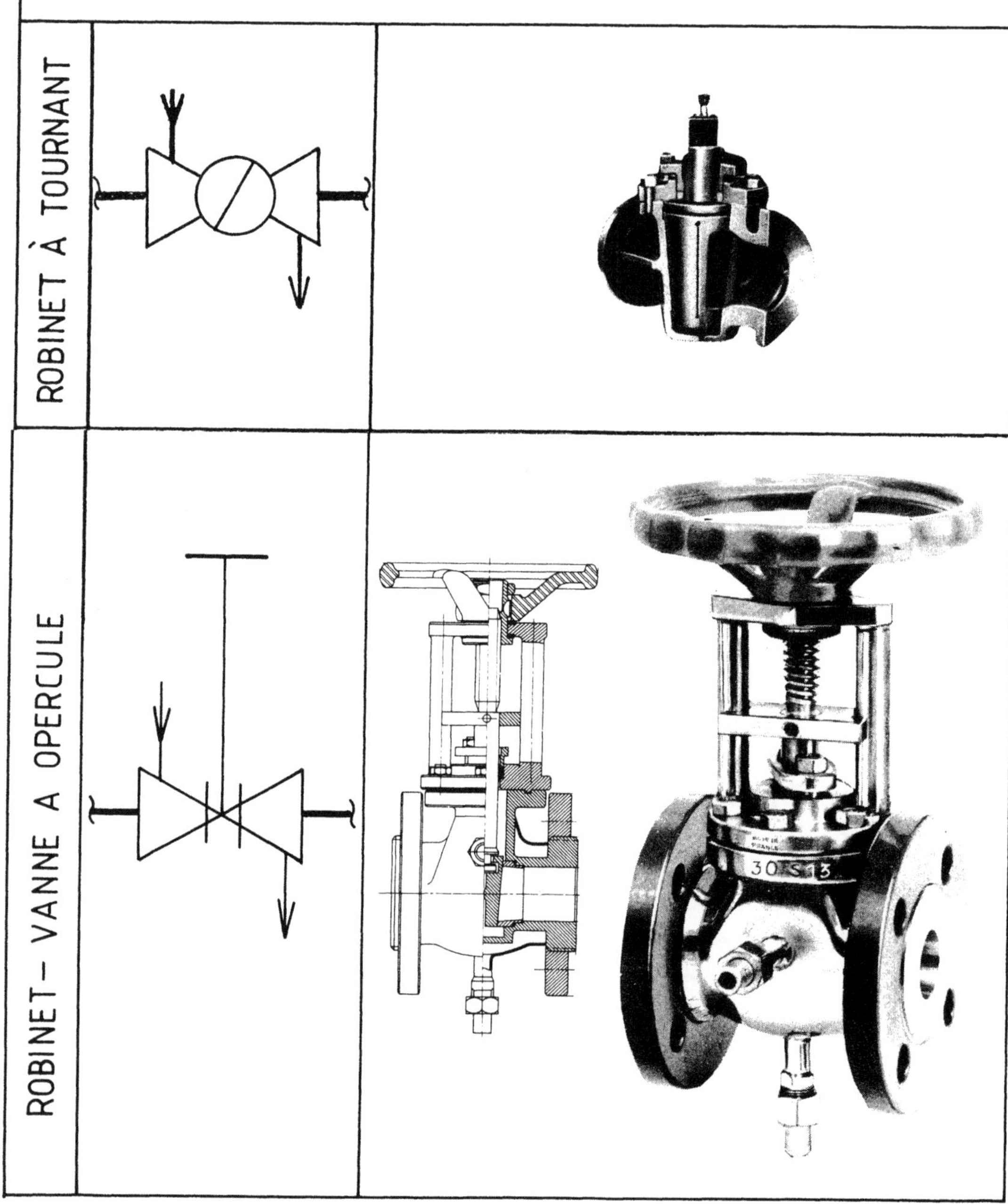

9.224. Exemples de types de commande

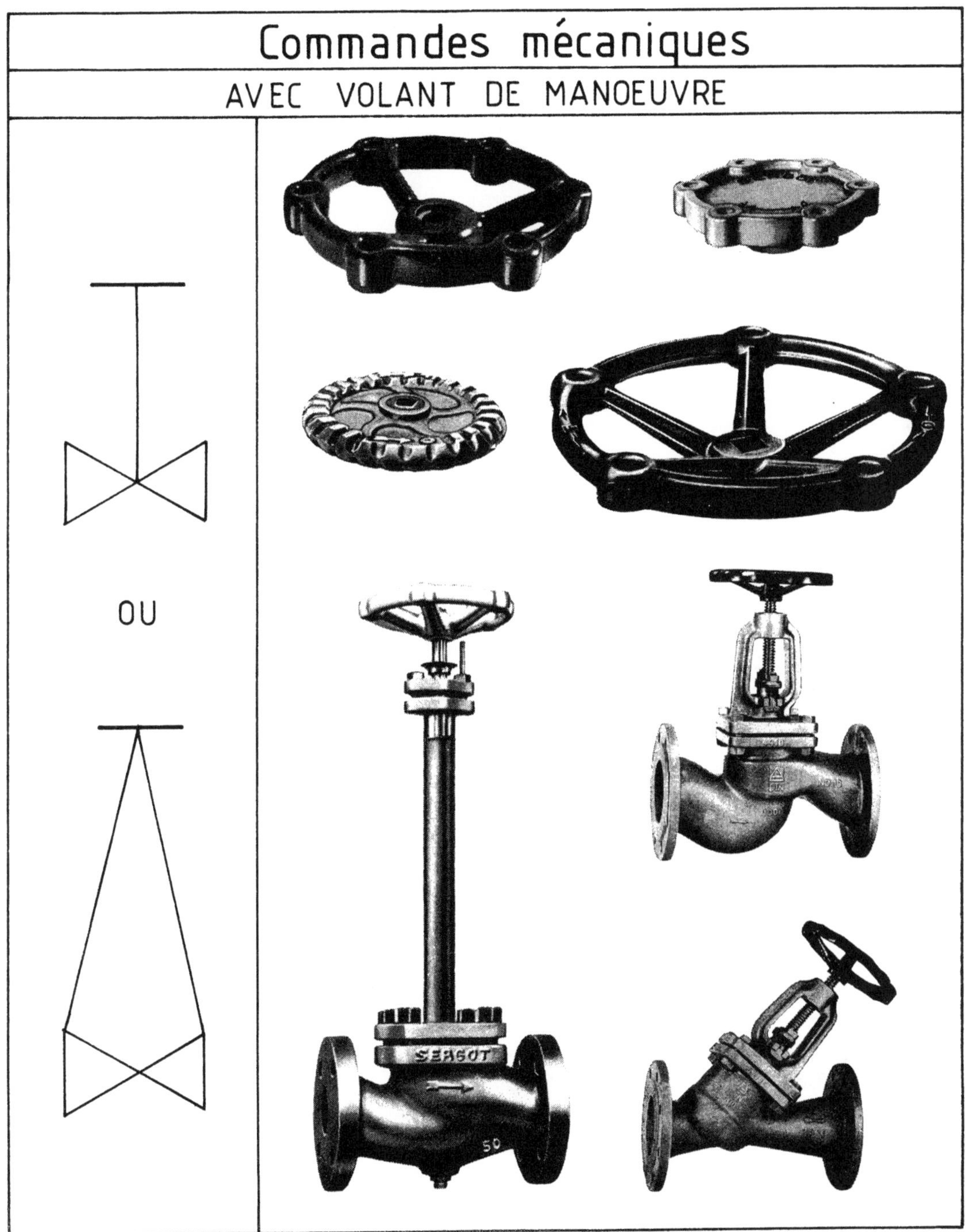

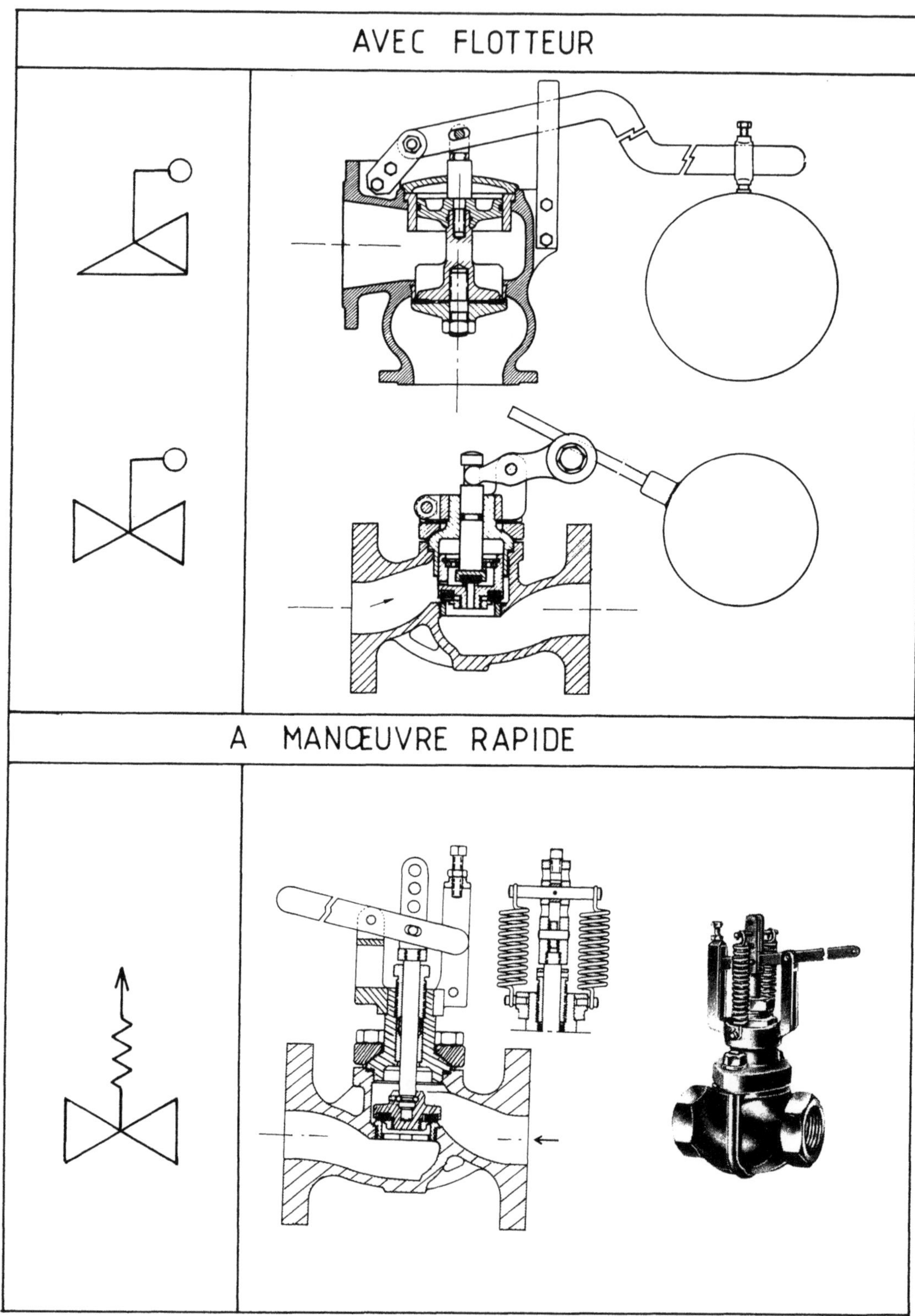
AVEC FLOTTEUR
A MANŒUVRE RAPIDE

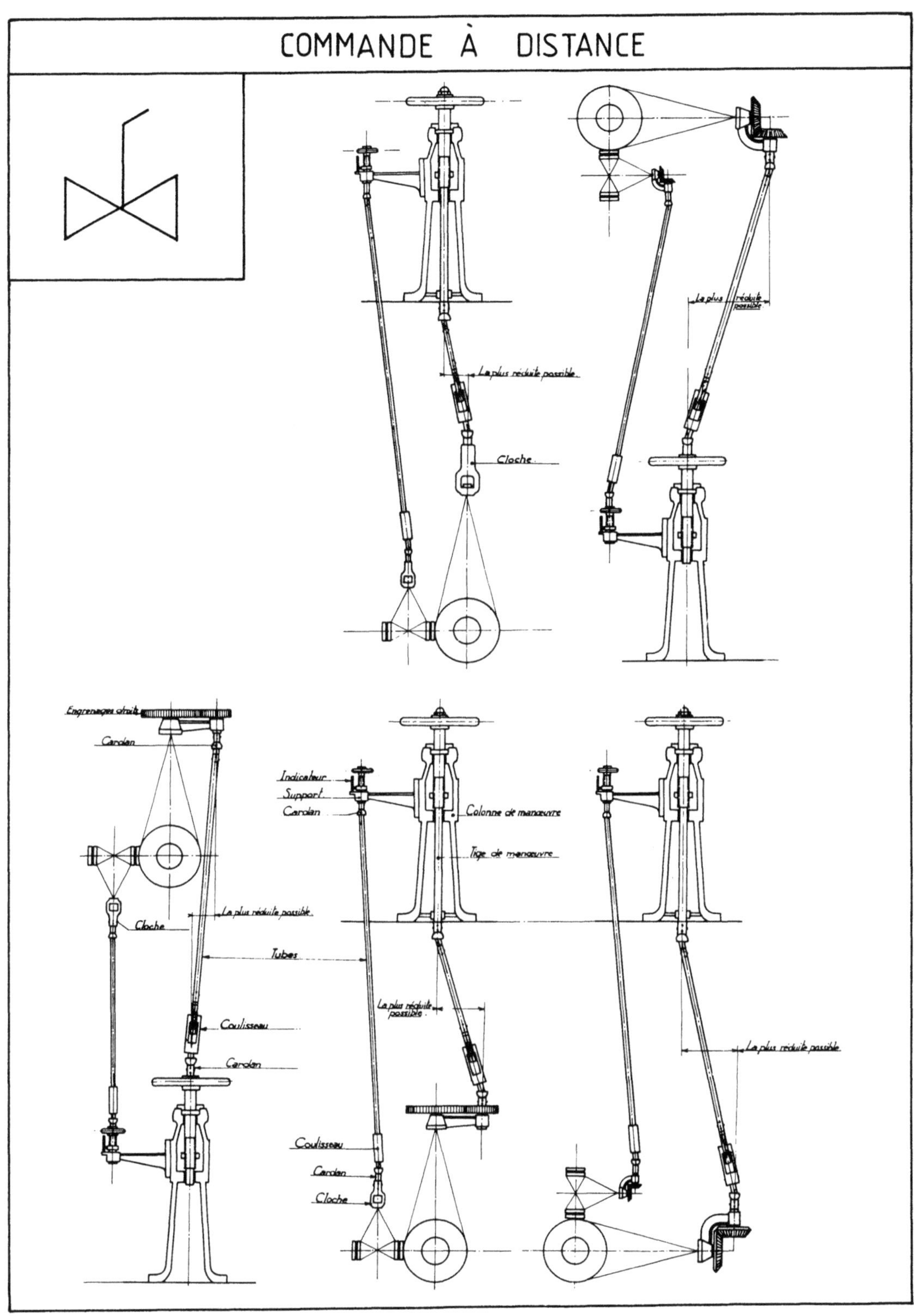
COMMANDE À DISTANCE
La plus réduite possible
Cloche
Engrenages droits
Cardan
Indicateur
Support
Cardan
Colonne de manœuvre
Tige de manœuvre
La plus réduite possible
Tubes
Coulisseau
Cardan
Cloche
La plus réduite possible
Coulisseau
Cardan
Cloche
La plus réduite possible

ACCESSOIRES POUR COMMANDE MÉCANIQUE

Pignons coniques	Pignons droits	Volant à empreintes

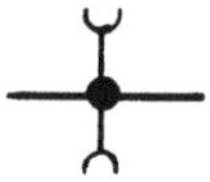

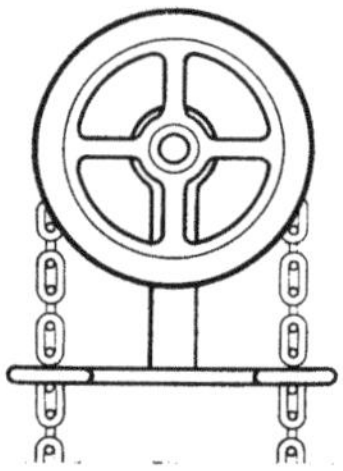

Pignons coniques

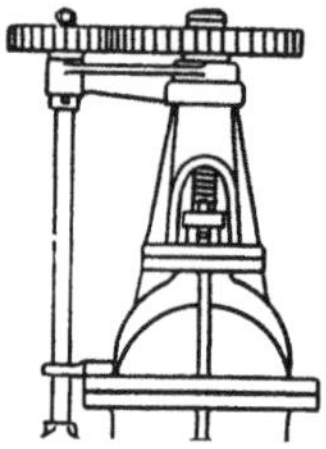

1 départ	2 départs

Guide de tringlerie

E

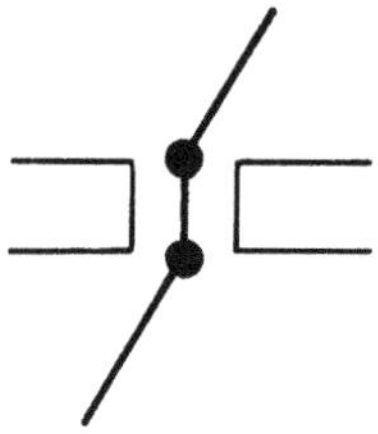

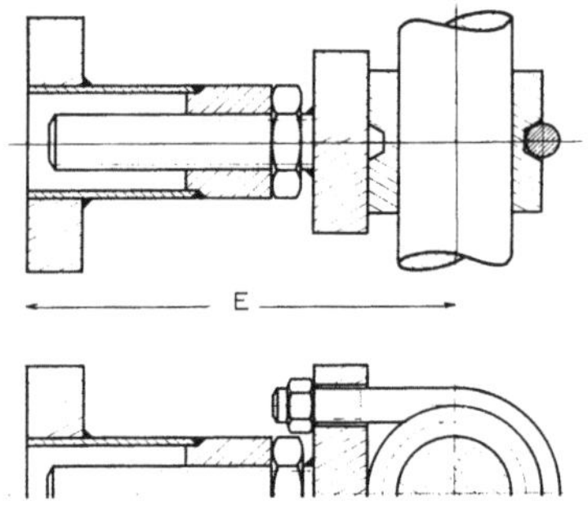

Colonne de manœuvre

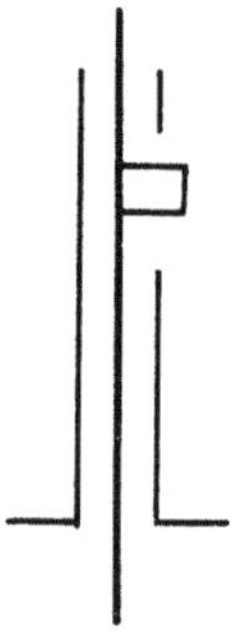

Coulisseau d'accouplement

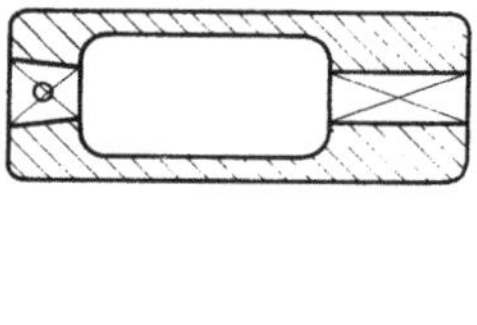

Cardan d'accouplement

COMMANDE ASSERVIE

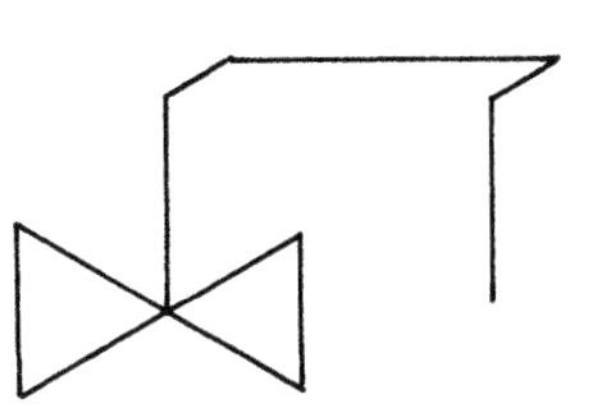

Vanne dont la commande est asservie par un autre appareil situé dans le même circuit.

ROBINET COMMANDÉ PAR UN ROBINET A FLOTTEUR

La partie supérieure du piston communique par une petite tuyauterie avec un robinet à flotteur (1)

de faible orifice dont l'ouverture provoque la décompression au-dessus du piston. Celui-ci ayant une surface supérieure à celle du clapet, se soulève et provoque l'ouverture du robinet (2)

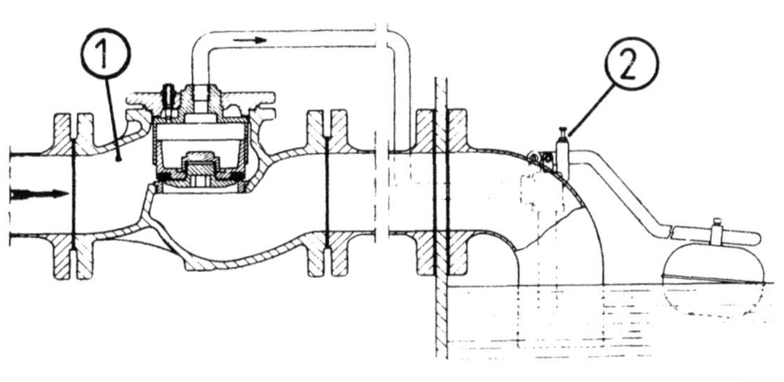

ROBINET COMMANDÉ PAR UN ROBINET À SOUPAPE

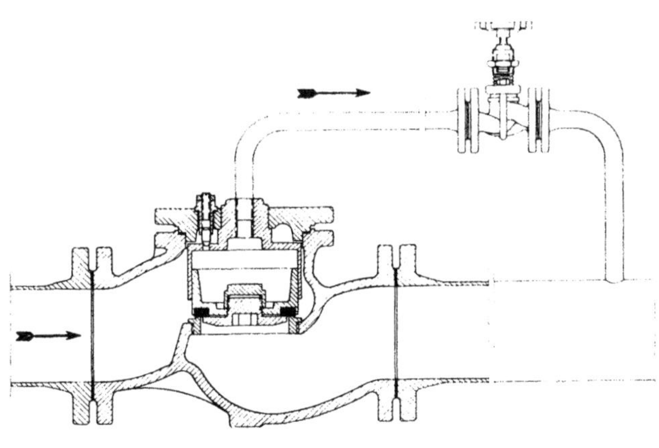

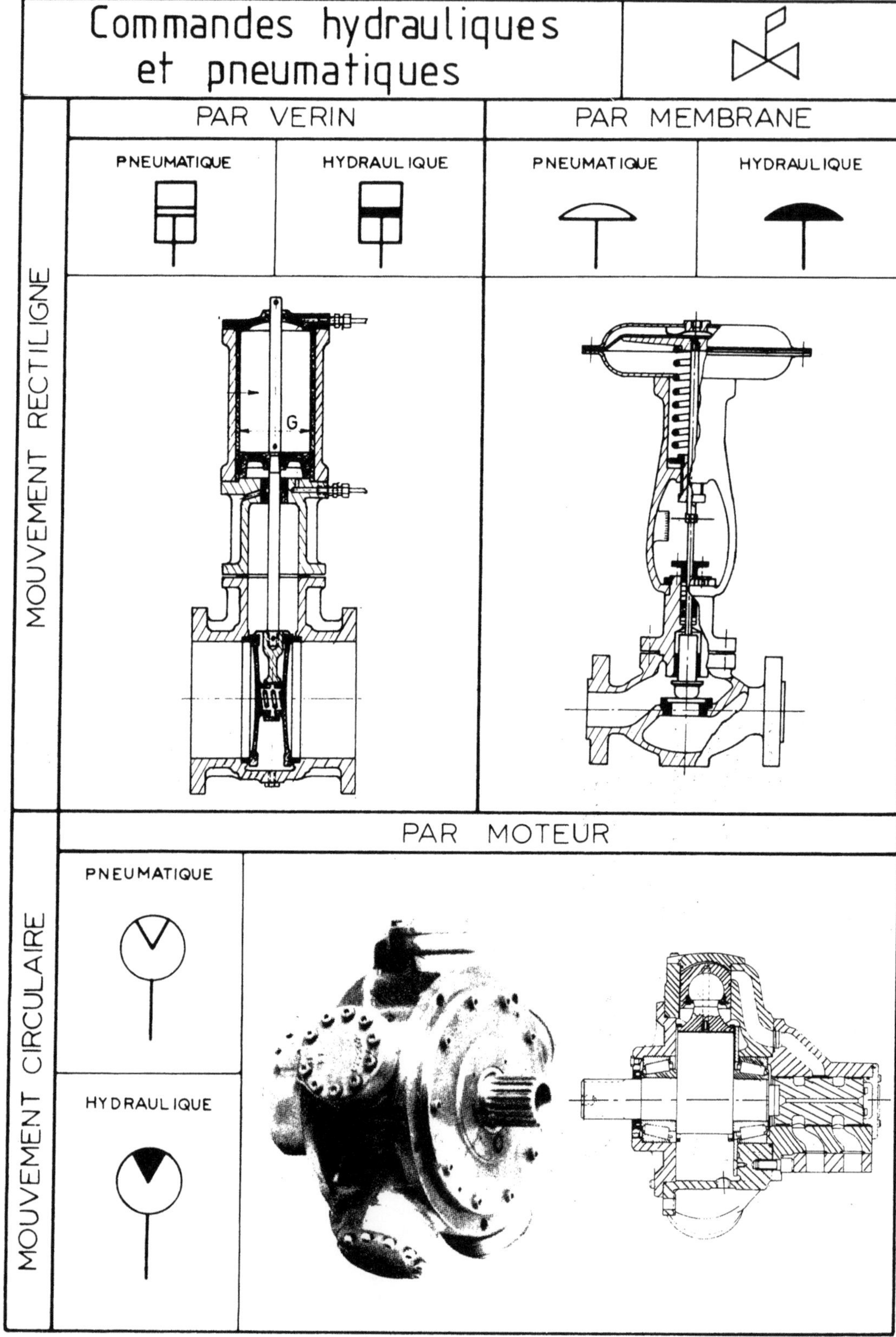

Commandes hydrauliques et pneumatiques
PAR VERIN
PAR MEMBRANE
PNEUMATIQUE
HYDRAULIQUE
PNEUMATIQUE
HYDRAULIQUE
MOUVEMENT RECTILIGNE
G
PAR MOTEUR
PNEUMATIQUE
HYDRAULIQUE
MOUVEMENT CIRCULAIRE

Commandes électriques

PAR ELECTRO·MAGNETISME

1 enroul ⁴

2 enroul ⁴

PAR MOTEUR

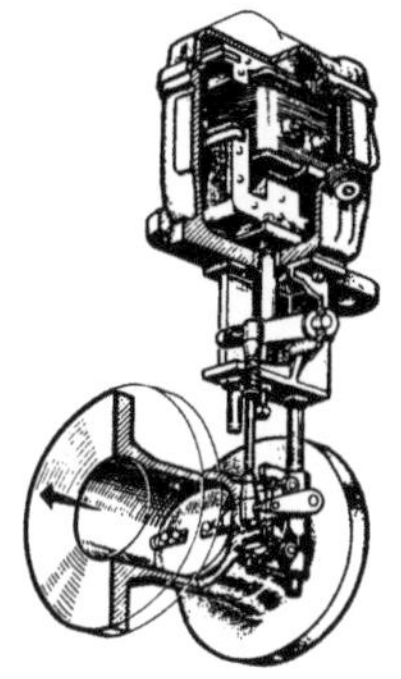

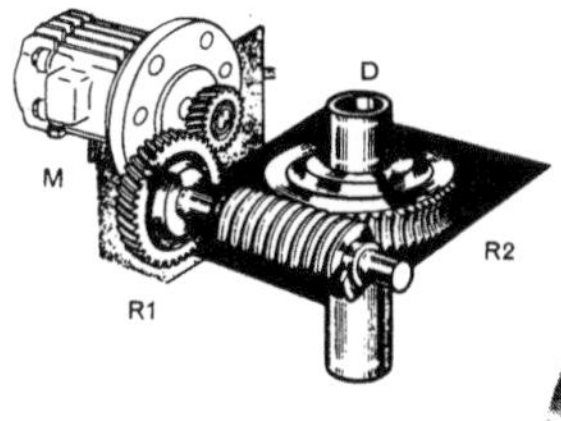

M

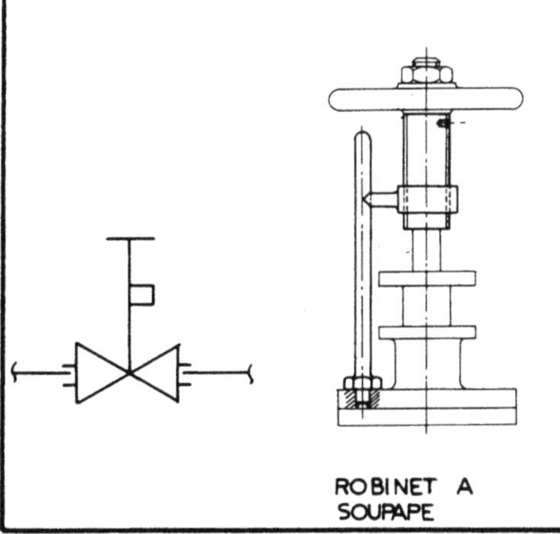

COMMANDE MANUELLE DE SECOURS

Commande manuelle de sécurité

Les robinets à commande pneumatique, hydraulique ou électrique sont équipés généralement d'une commande manuelle de secours. Utiliser le symbole T que l'on placera au-dessus de celui représentant le type de commande.

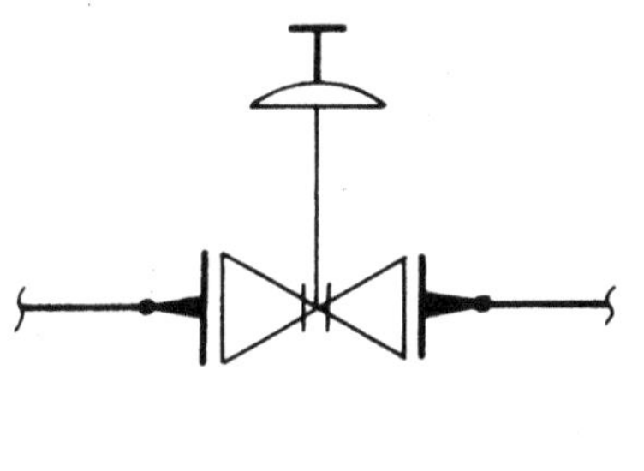

INDICATEUR DE POSITION

Le signe P pour l'indication d'un positionneur se place entre le symbole de base du robinet et celui du type de commande.

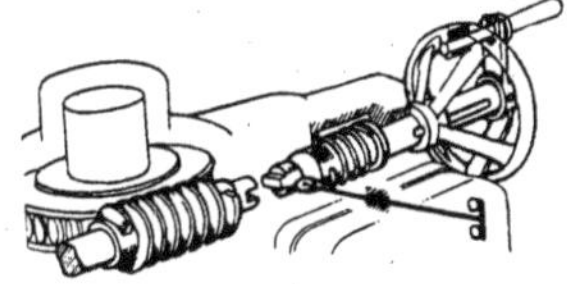

ROBINET A
SOUPAPE

9.2.2.5. Exemples d'utilisation des symboles

ROBINET-VANNE COMMANDE PAR VOLANT ASSEMBLAGE PAR BRIDES	ROBINET A SOUPAPE COMMANDE HYDRAULIQUE PAR MEMBRANE ASSEMBLAGE PAR BRIDES	ROBINET - VANNE COMMANDE PAR MOTEUR ELECTRIQUE AVEC COMMANDE DE SECOURS ASSEMBLAGE PAR BRIDES
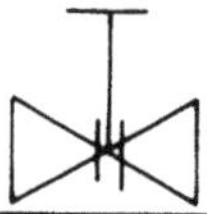		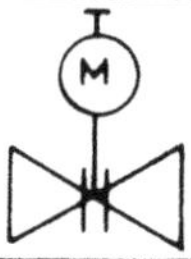
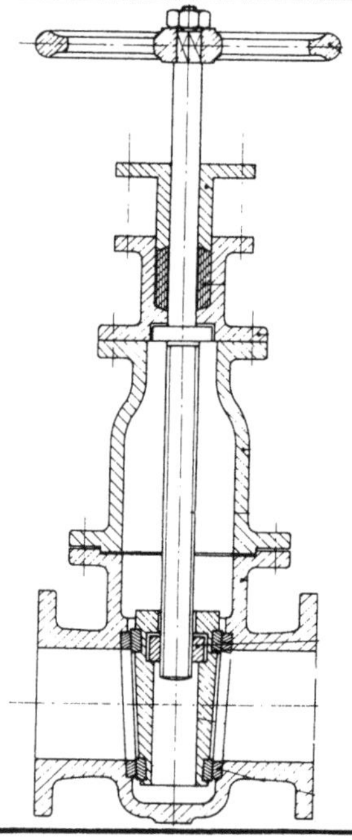	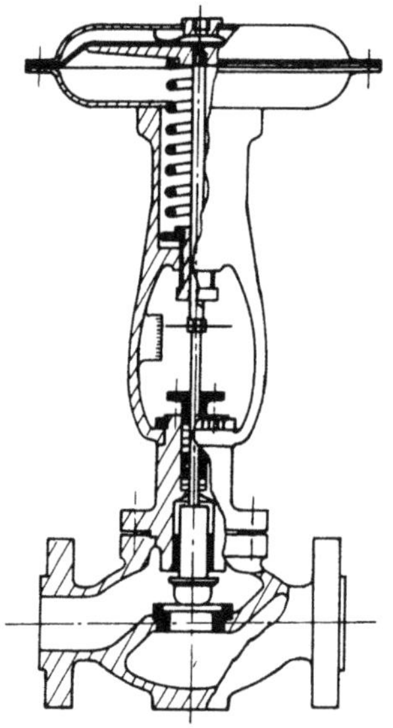	

ROBINET A SOUPAPE DROIT COMMANDE MECANIQUE PAR VOLANT DE MANOEUVRE ASSEMBLAGE PAR MANCHONS FILETÉS	ROBINET A SOUPAPE DROIT COMMANDE ELECTRIQUE PAR ELECTRO-MAGNETISME ASSEMBLAGE PAR MANCHONS FILETÉS
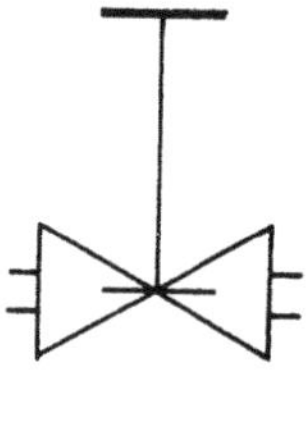 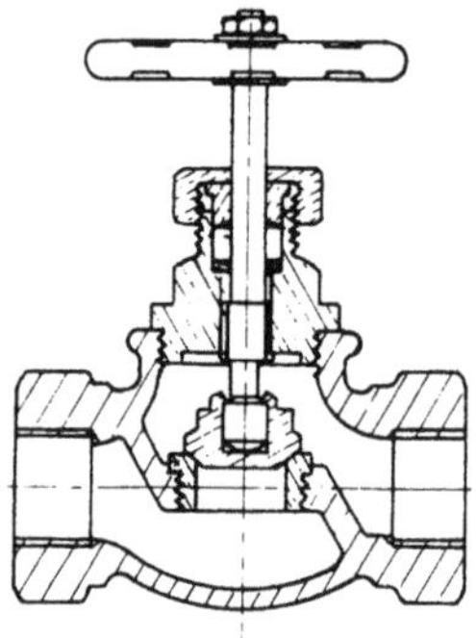	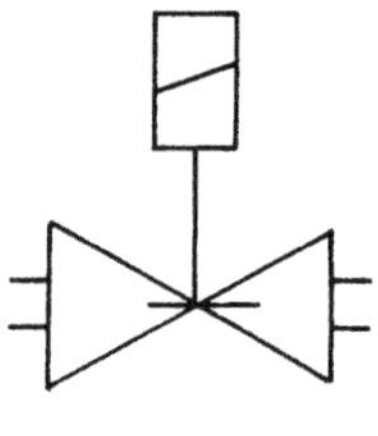 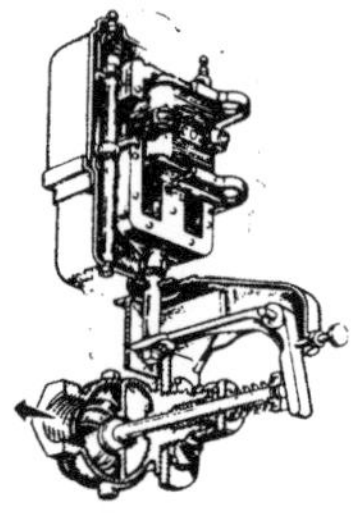

VANNE DE REGULATION TYPE "CAMFLEX" COMMANDE PNEUMATIQUE PAR MEMBRANE AVEC COMMANDE MANUELLE DE SECOURS

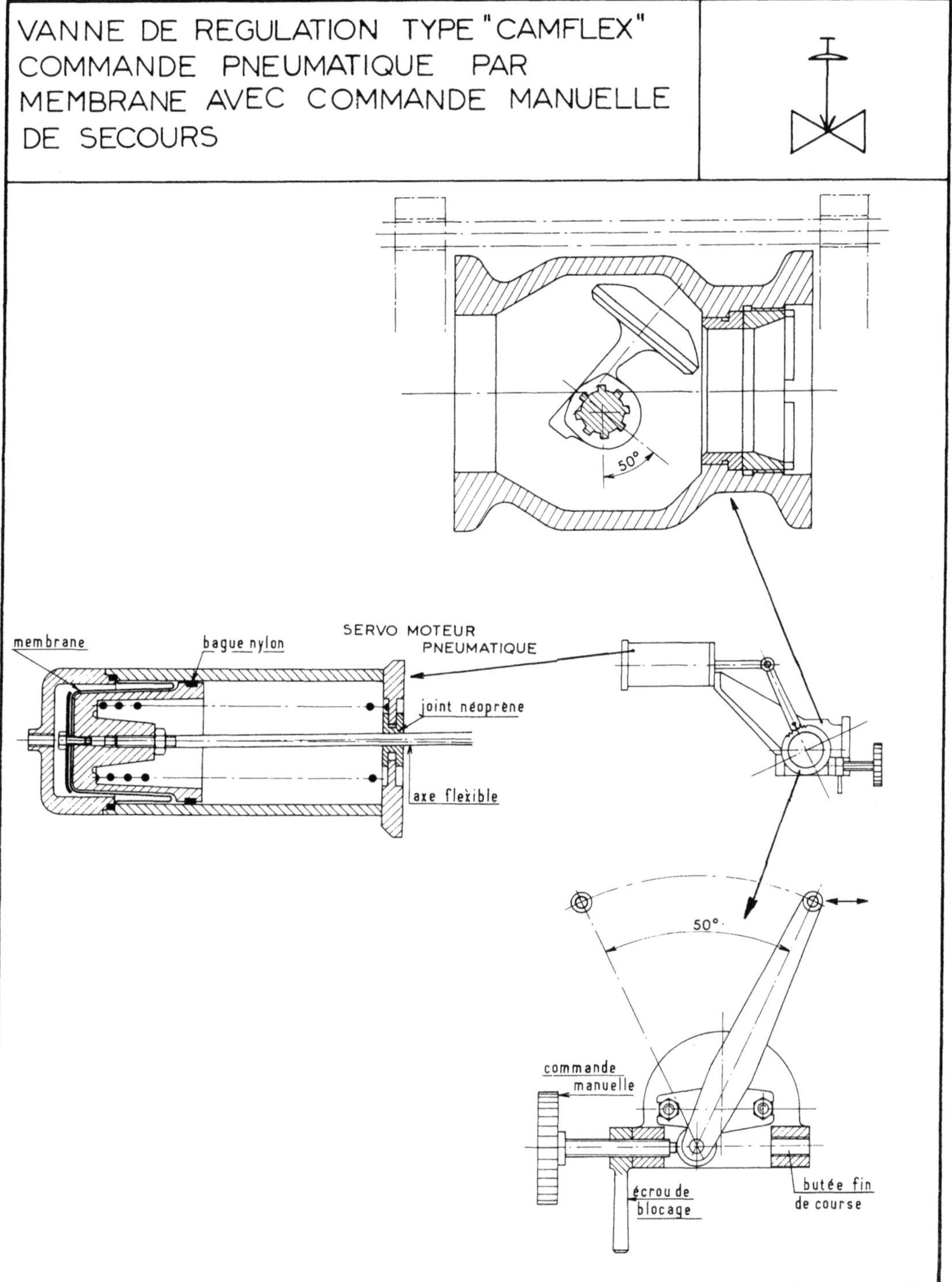

EXEMPLE D'UN ROBINET DE RÉGULATION :
Régulateur de température

Symbole

FONCTIONNEMENT

Action directe uniquement : Le corps de l'élément moteur ① sous l'action de la dilatation du liquide contenu dans la sonde de prise d'ambiance ②, agit sur le pilote ③ qui commande l'admission de vapeur sur le piston ④ d'où déplacement de ce dernier et de la soupape principale ⑤. La température désirée étant obtenue, le pilote ③ se ferme par l'inter- médiaire du corps de l'élément moteur ①, lui même influencé par la dilatation du liquide contenu dans la sonde ②, d'où fermeture de la soupape principale ⑤ par suite de la décompression de la chambre du piston ④ et action du ressort de soupape ⑥

EXEMPLES DE MONTAGE DU RÉGULATEUR DE TEMPÉRATURE

MONTAGE DU REGULATEUR DE TEMPERATURE

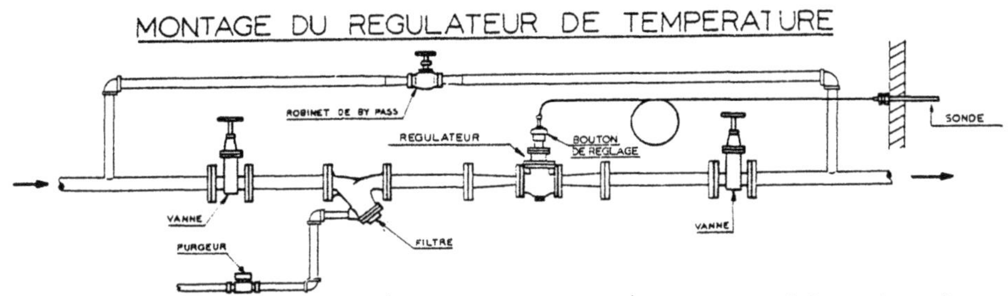

1 ____ Pour obtenir le meilleur fonctionnement du régulateur s'inspirer du schéma de montage ci-dessus. Appareil monté verticalement, bouton de réglage à la partie supérieure.

2° ____ Les diamètres des tuyauteries doivent être déterminés pour les pressions minima envisagées, les débits maxima et pour des vitesses admissibles. Généralement ces diamètres sont supérieurs aux orifices nominaux du régulateur.

3° ____ Dans tous les cas, un filtre à crépine doit précéder le régulateur; s'il y a lieu, l'eau condensée est à évacuer automatiquement par un purgeur thermodynamique ou à flotteur inversé ouvert.

4° ____ L'emplacement de la sonde doit être judicieusement choisi.

5° ____ Le montage du filiforme est à soigner particulièrement, sans torsions, sans efforts de traction ni coudes de faibles rayons.

ECHANGEUR

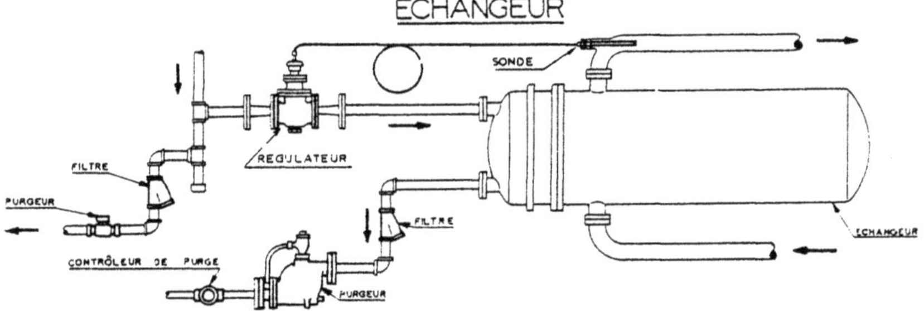

La soupape du régulateur est disposée sur la canalisation d'arrivée de vapeur, tandis que la sonde plonge dans la tuyauterie de départ d'eau chaude de l'échangeur. La constitution des échangeurs ne permet pas l'introduction de sondes à l'intérieur.

AMBIANCES GAZEUSES

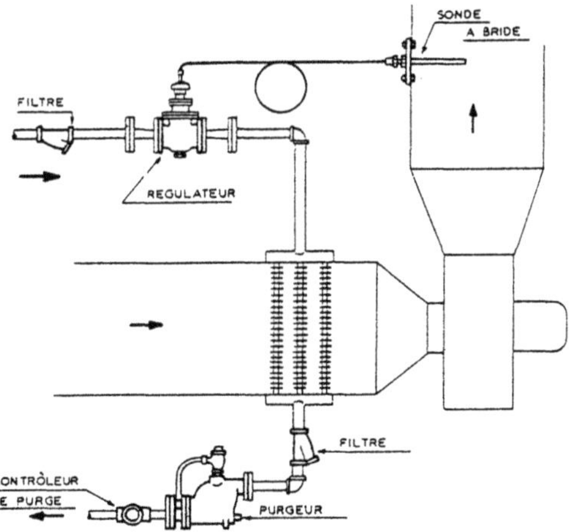

Pour la régulation de température d'ambiances gazeuses: aérothermes, étuves, séchoirs, ect... la sonde est montée sur bride.

9.2.3. Clapets

9.2.3.1. Symboles généraux

		droit	d'équerre
Symboles élémentaires	Clapet de non-retour	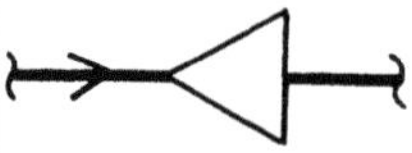	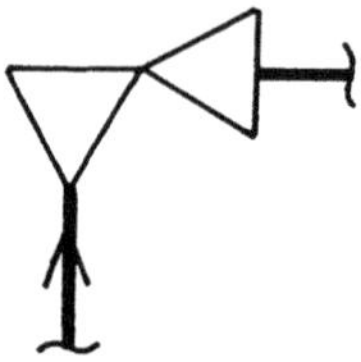
	Clapet d'arrêt	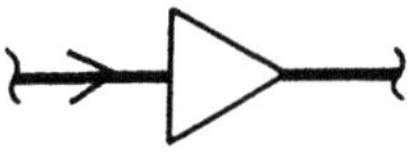	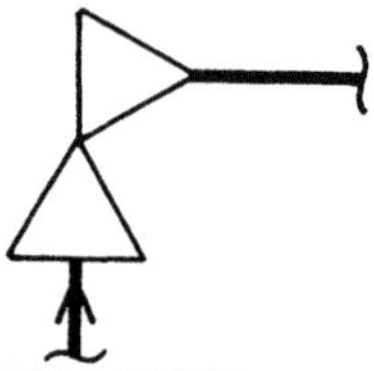
	Clapet d'arrêt à double effet	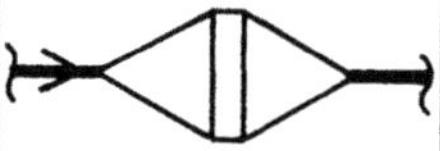	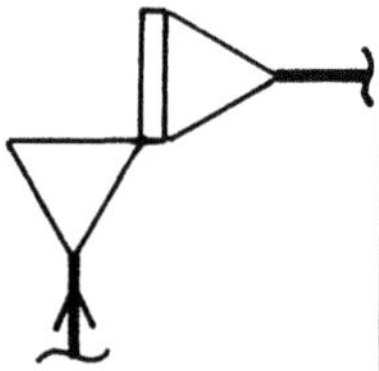
	Clapet d'arrêt et de non-retour	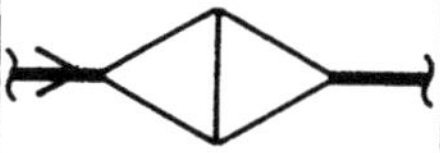	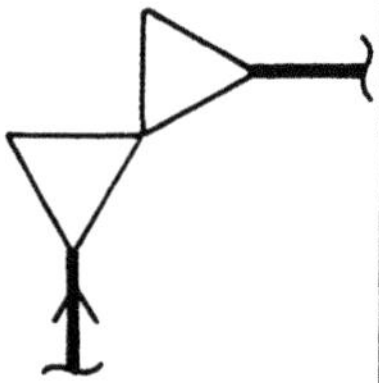
Symboles additionnels	Obturation	à soupape	
		à battant	 ou 
		à bille	
	Clapet avec crépine 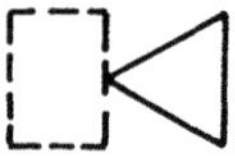		
	Blocage 		

9.2.3.2. Exemples de clapets

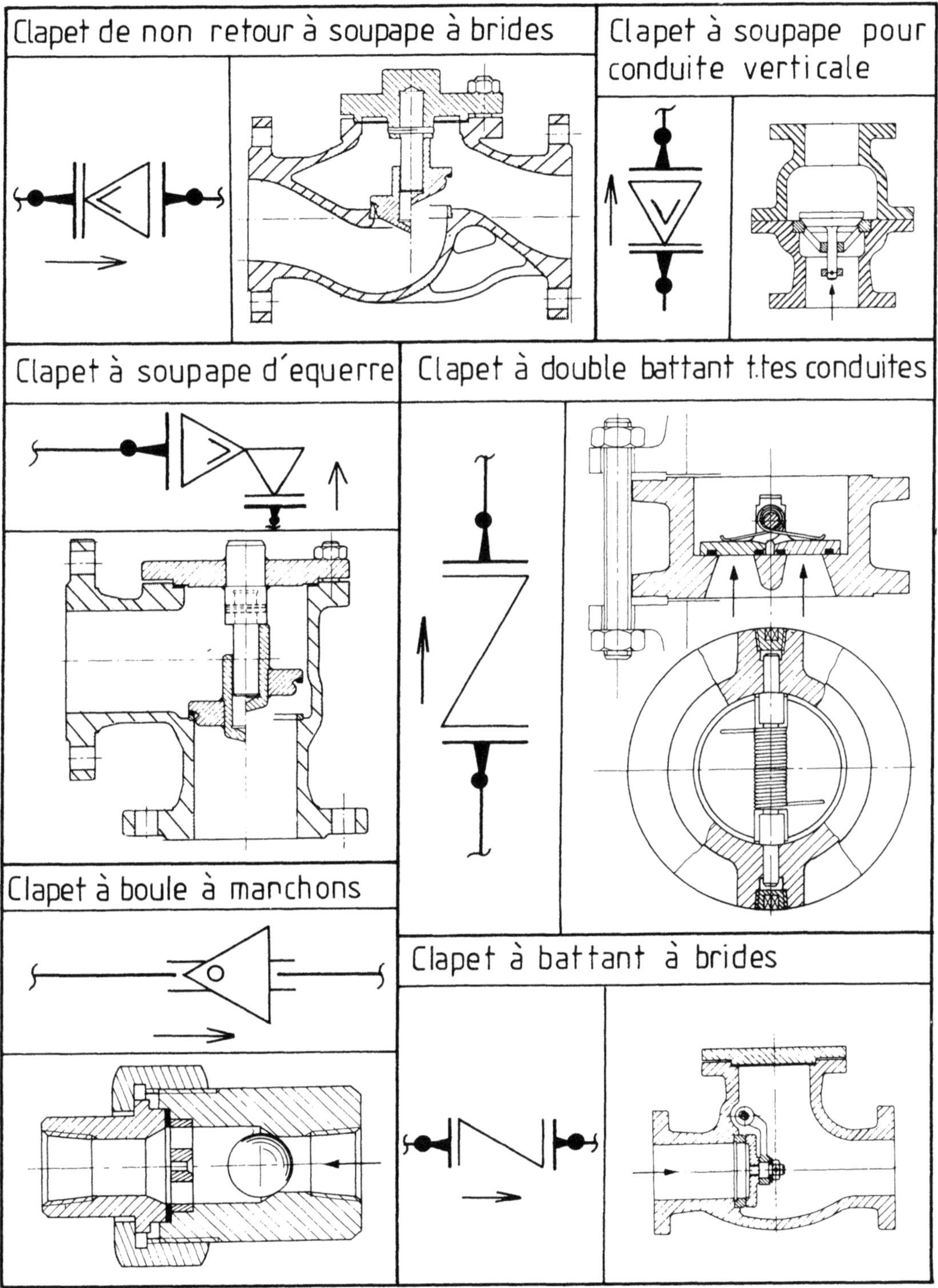

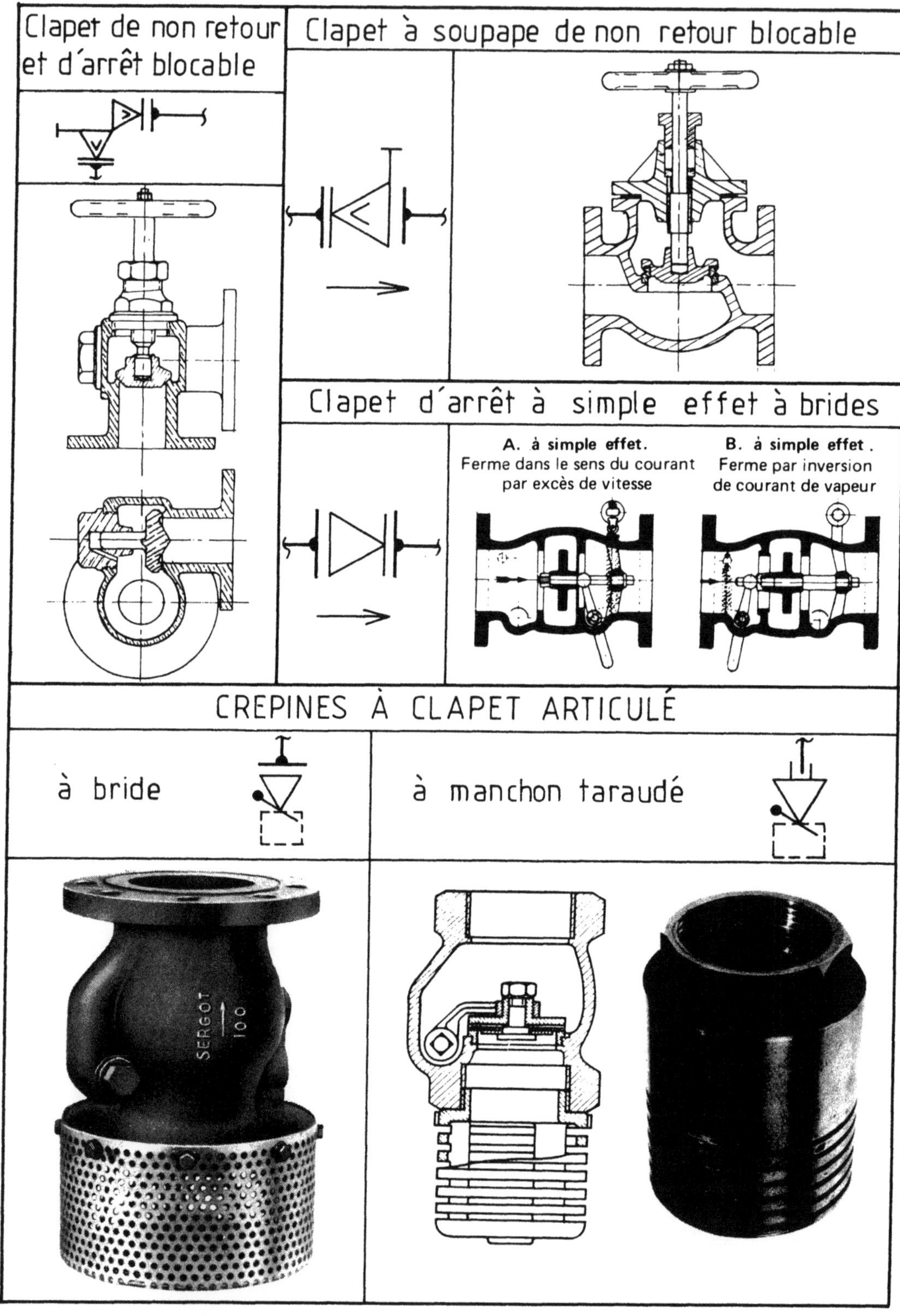
Clapet de non retour et d'arrêt blocable

Clapet à soupape de non retour blocable

Clapet d'arrêt à simple effet à brides

A. à simple effet.
Ferme dans le sens du courant par excès de vitesse

B. à simple effet.
Ferme par inversion de courant de vapeur

CREPINES À CLAPET ARTICULÉ

à bride

à manchon taraudé

SERGOT
100

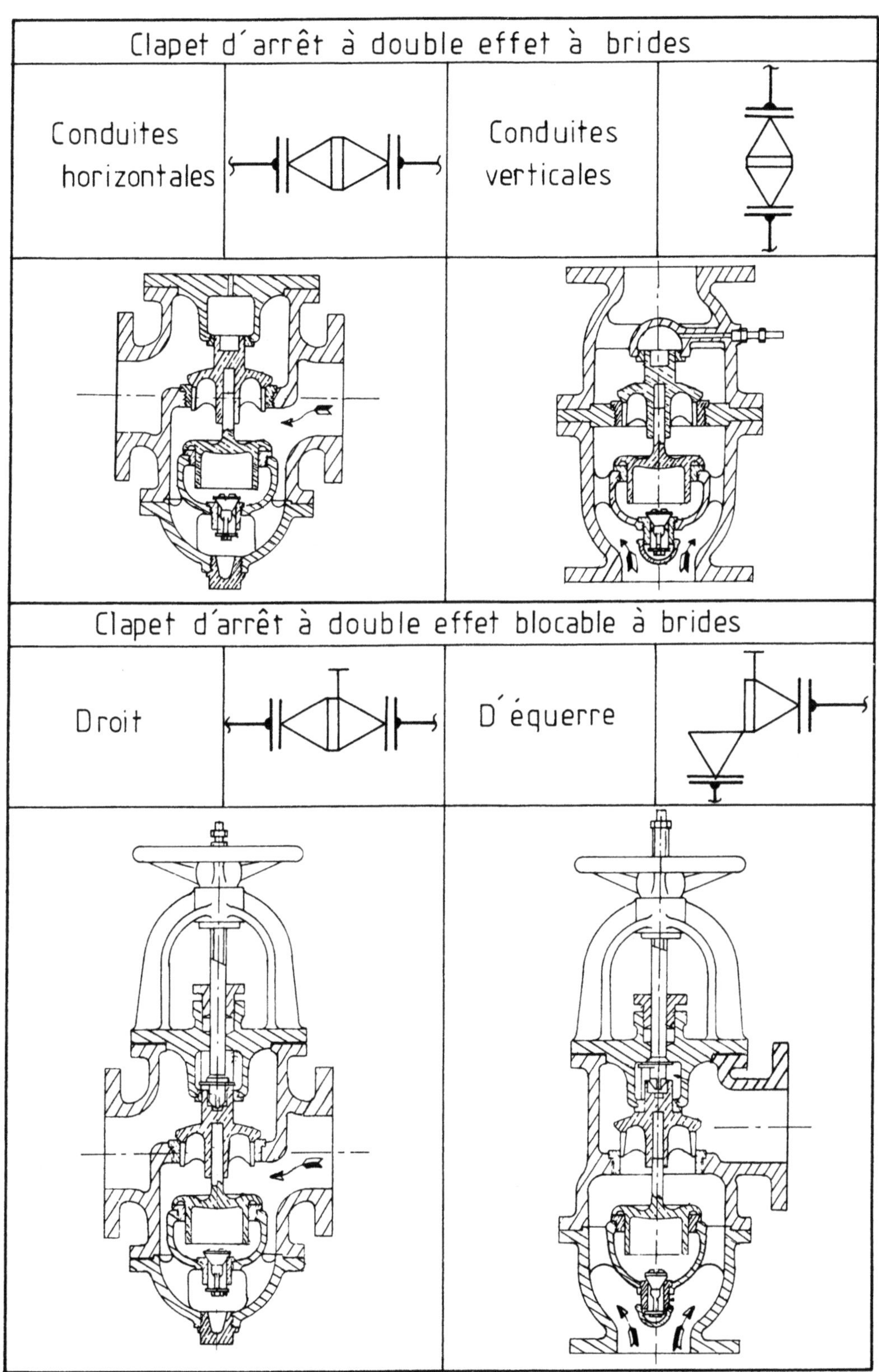
Clapet d'arrêt à double effet à brides
Conduites horizontales
Conduites verticales
Clapet d'arrêt à double effet blocable à brides
Droit
D'équerre

9.2.4. Soupapes de sûreté
9.2.4.1. Symboles généraux

Simple effet	à échappement libre	à contre poids	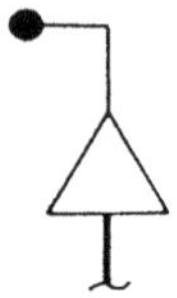
		à ressort	
	à échappement collecté	droit — à contrepoids	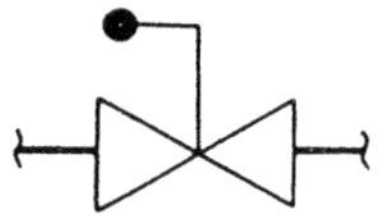
		droit — à ressort	
		d'équerre — à contrepoids	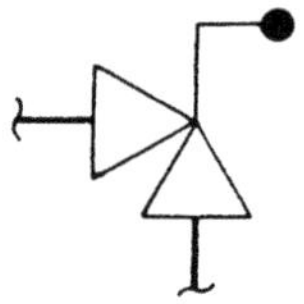
		d'équerre — à ressort	
Double effet		d'équerre — à contrepoids	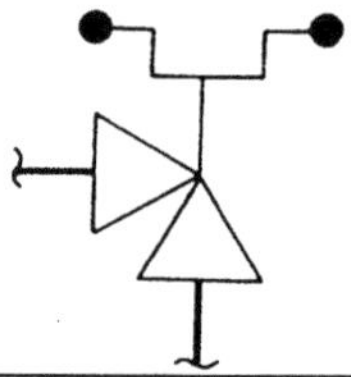
		d'équerre — à ressort	

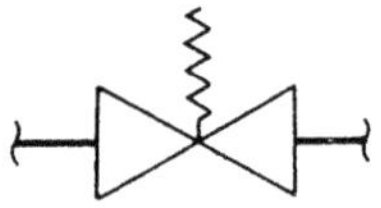

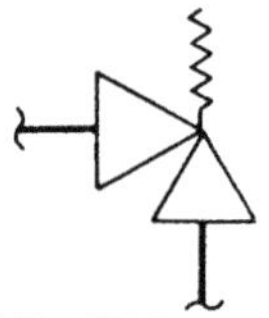

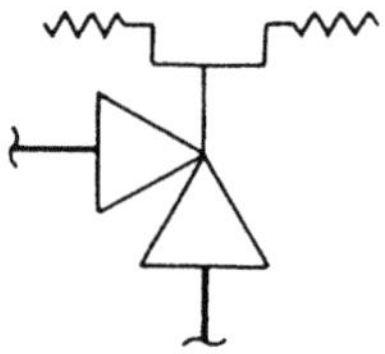

9.242. Exemples de soupapes

Simple effet à échappement progressif		
À CONTREPOIDS	À RESSORT	
	About fileté	À bride
Dégagement libre		
Dégagement latéral		

A simple effet pour conduites

	A CONTREPOIDS	A RESSORT
DROIT	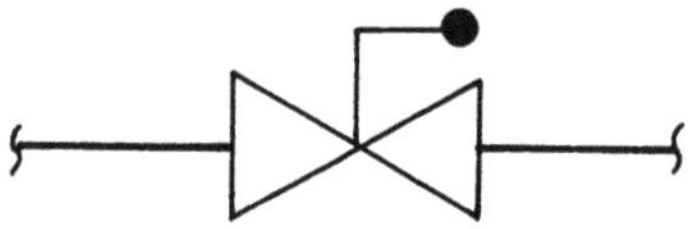	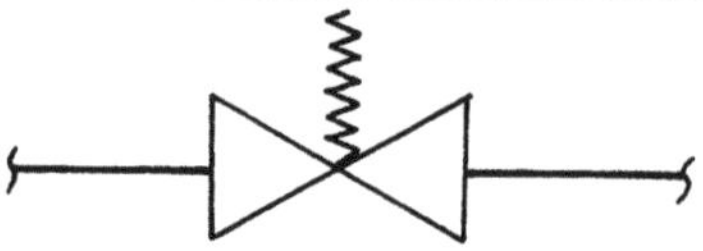
D'ÉQUERRE		

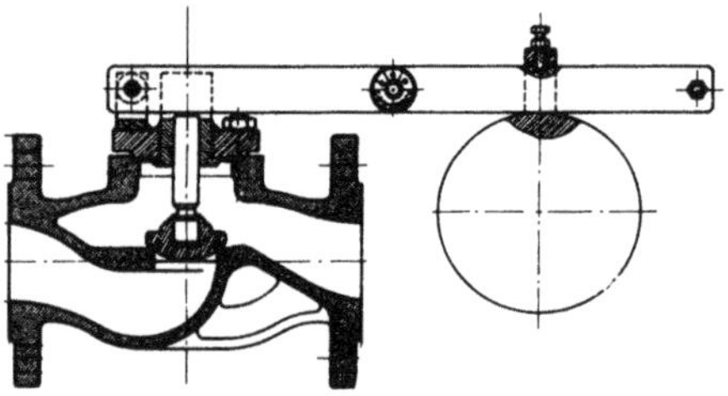

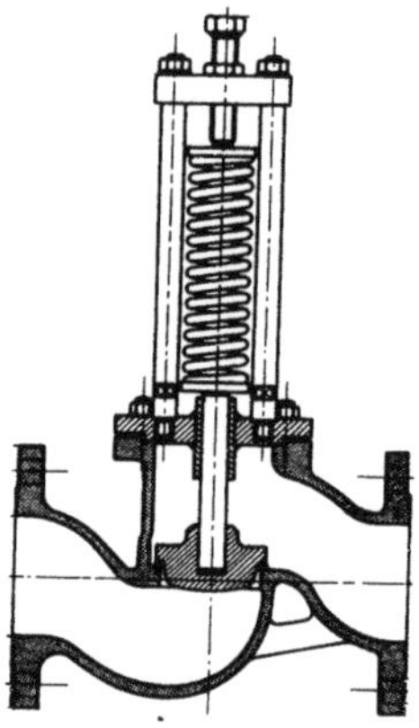

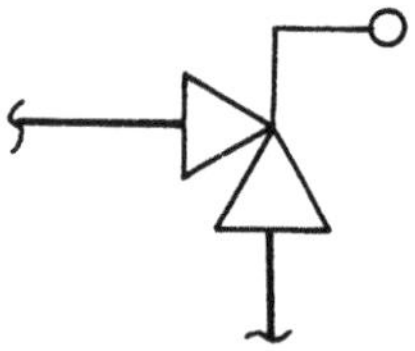

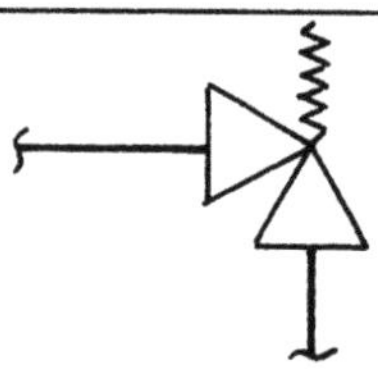

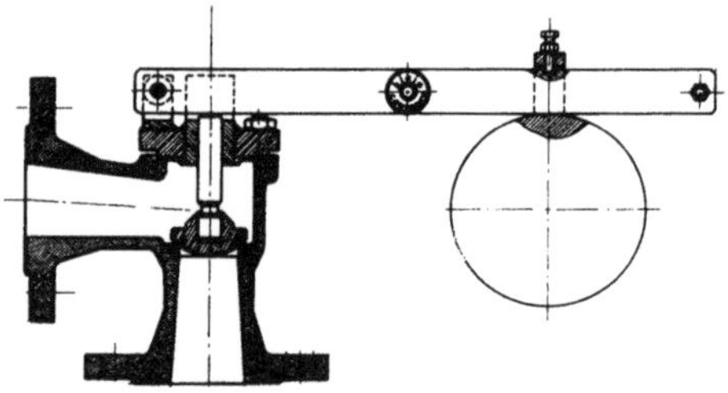

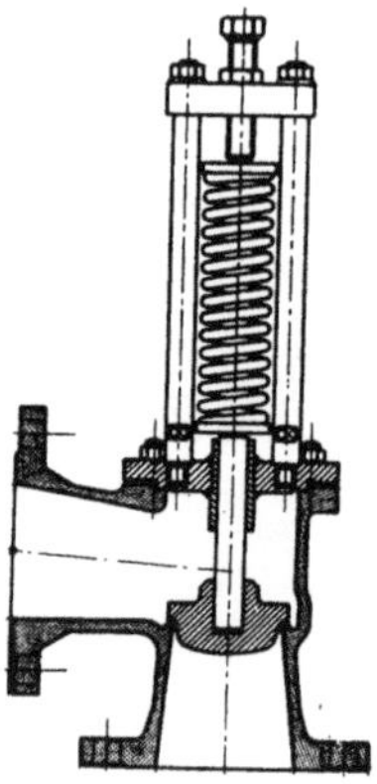

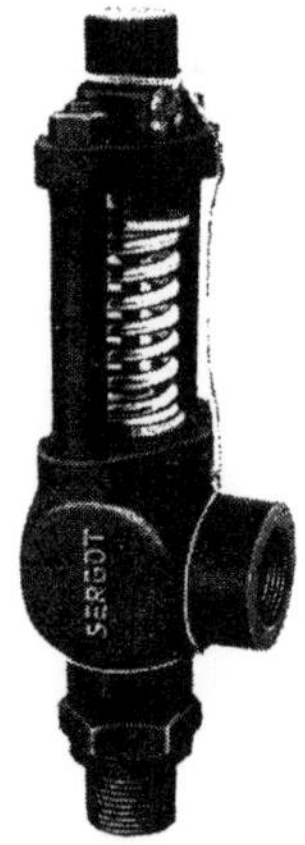

A DOUBLE EFFET

À CONTREPOIDS

À RESSORT

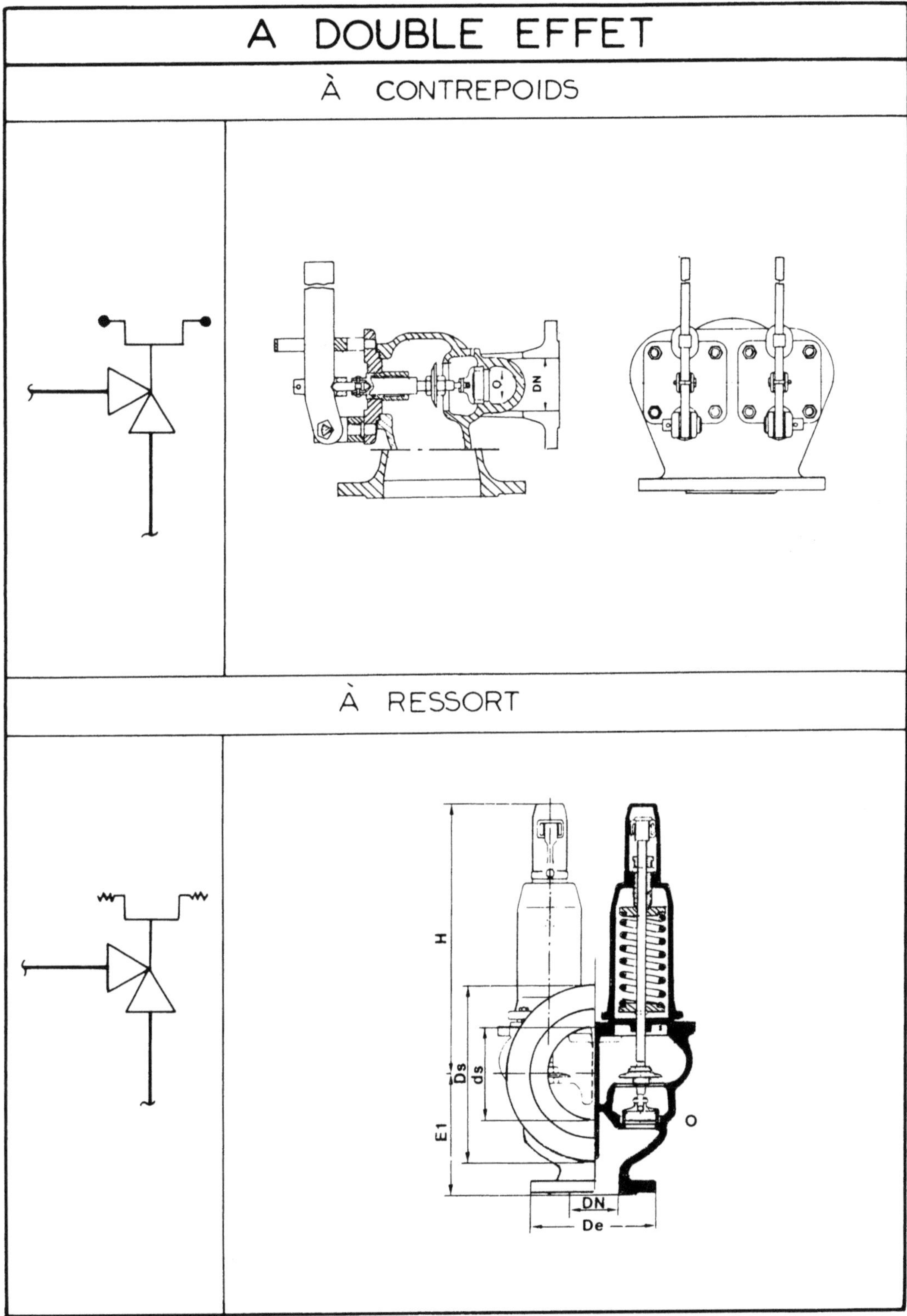

9.2.5. Détendeurs

9.2.5.1. Symboles généraux

Symboles de base (P6) indiquer, si nécessaire la pression détendue par la lettre P, suivie par la valeur de cette pression	droit	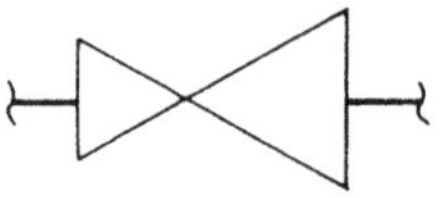 (P6)
	d'équerre	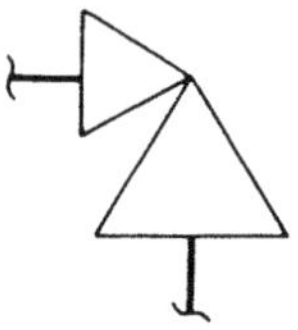 (P6)
avec manomètre sur le corps	droit	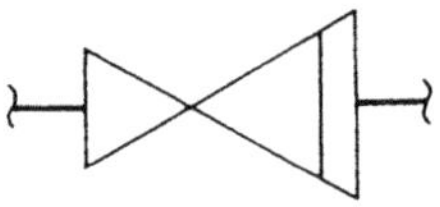
	d'équerre	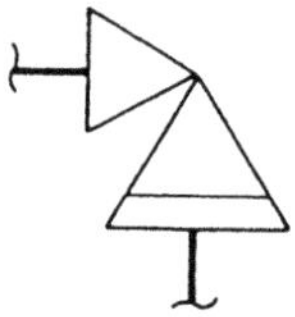
à membrane	droit	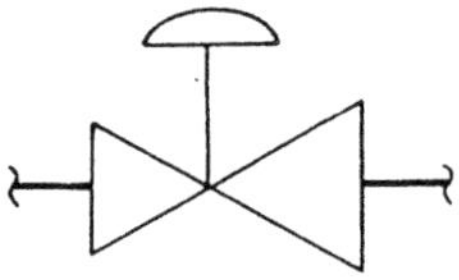
Régulateur	avec prise d'impulsion intérieure	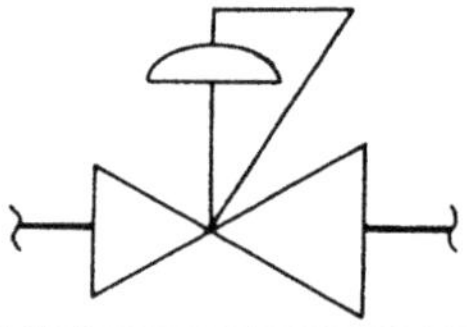
	avec prise d'impulsion sur la tuyauterie	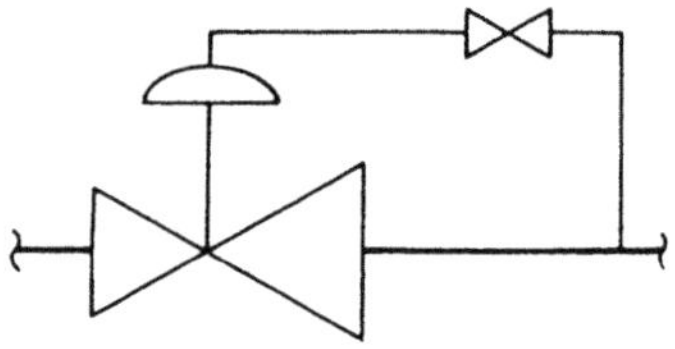
	à relais progressif	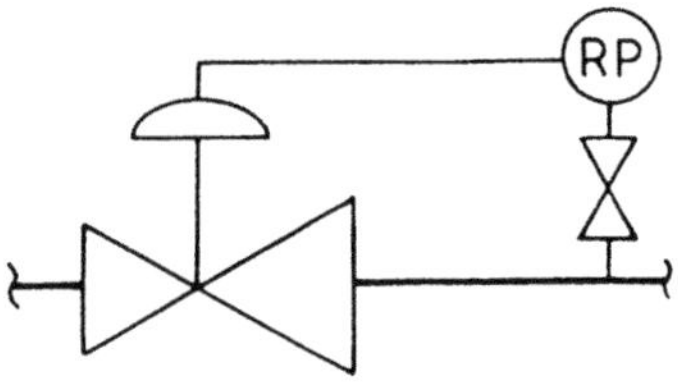

9.2.5.2. Exemples de détendeurs

PETITS DÉTENDEURS destinés à alimenter les transmetteurs pneumatiques

Avec manomètre

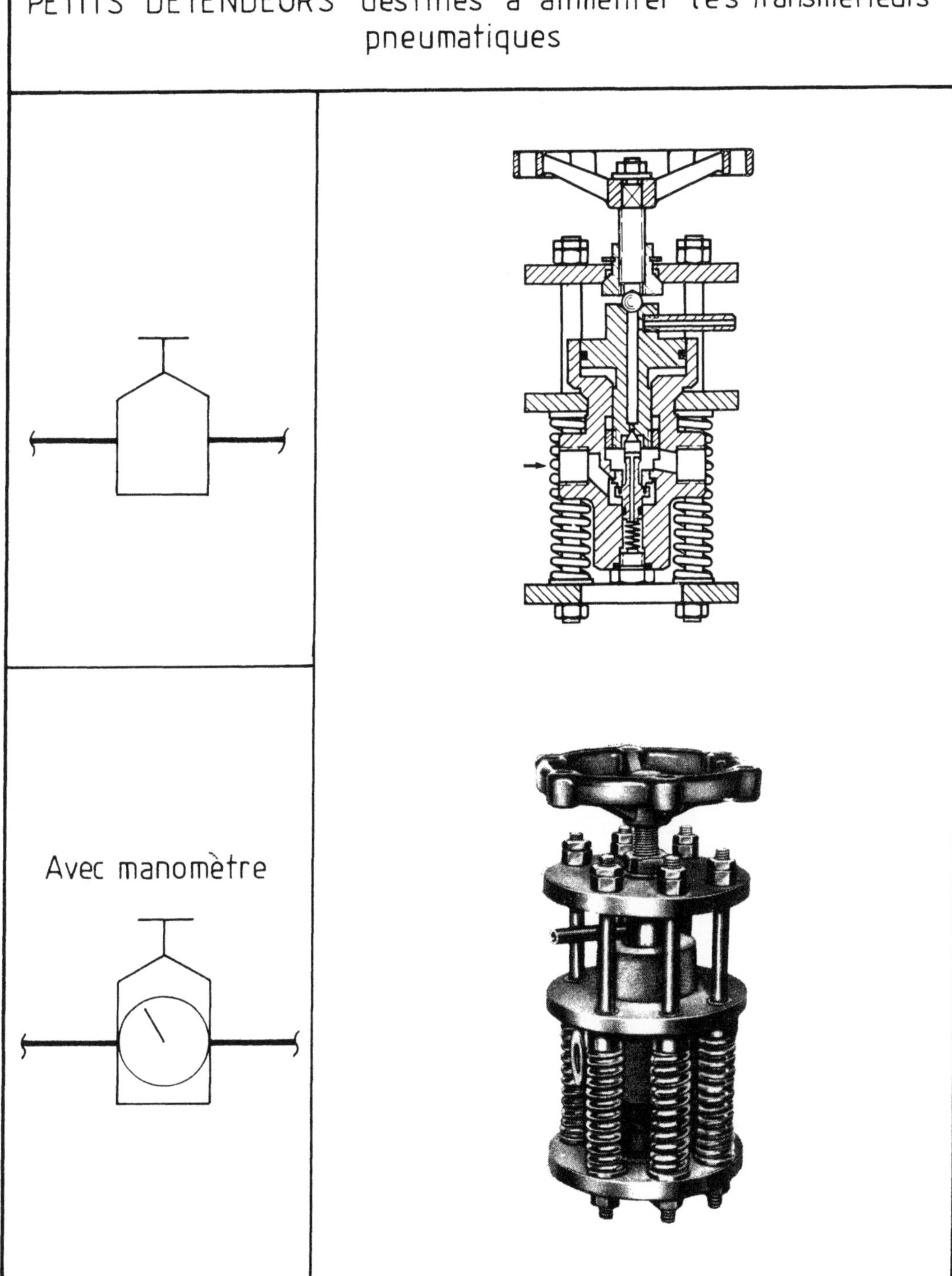

DÉTENDEURS À MEMBRANE

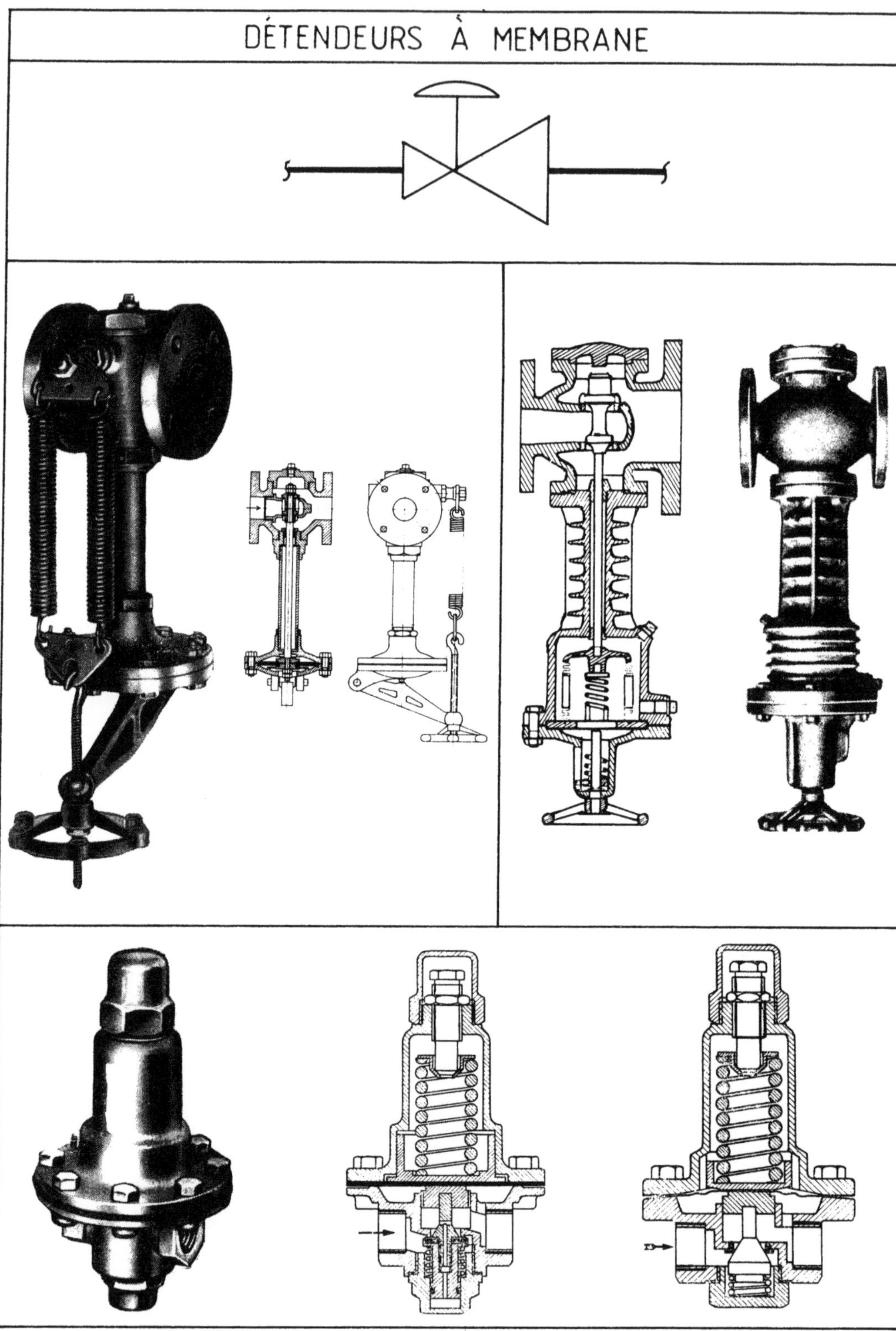

EXEMPLES DE MONTAGE DE DÉTENDEURS

Montage en détente directe

Compatible avec un seul détendeur, quand la vitesse d'écoulement est normale.

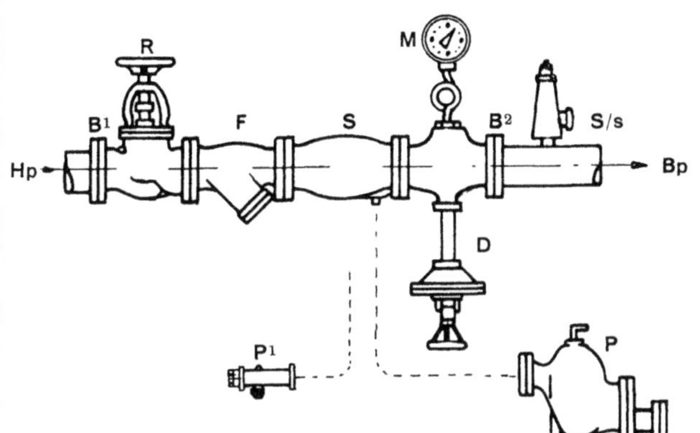

D   Détendeur

Amont

R   Robinet d'arrêt
F   Filtre à tamis
S   Séparateur en fonte
    (variante type acier)
P   Purgeur à tiroir et brides
    (variante P1 thermostatique)
B1 Contre-bride d'entrée

Aval

M   Manomètre, sur siphon et robinet
    de contrôle
S/s Soupape de sureté
B2 Contre-bride de sortie

Montage pour détente en cascade

Nécessaire lorsqu'il existe un trop grand écart de pression entre amont et aval. Permet d'obtenir une détente souple et précise, en évitant une trop grande vitesse d'écoulement, nuisible aux portées.

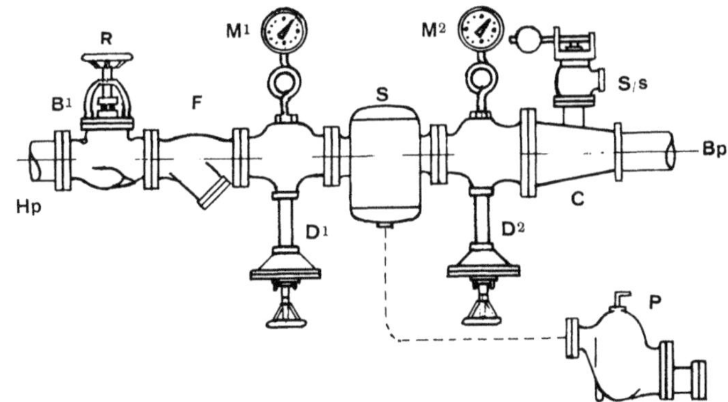

Amont

D1 Détendeur Hp
M1 Manomètre de contrôle
R   Robinet d'arrêt
F   Filtre à tamis
S   Séparateur acier
P   Purgeur à tiroir et contre-brides
B1 Contre-bride d'entrée

Aval

D2 Détendeur Bp, Orifices inégaux
M2 Manomètre Bp
C   Cône chaudronné
S/s Soupape de sûreté
B2

Montage en by-pass d'un poste de détente

Permet d'assurer un débit, lorsqu'il est nécessaire d'isoler le poste et même il est possible de régler provisoirement la détente par laminage avec le robinet de by-pass R3.

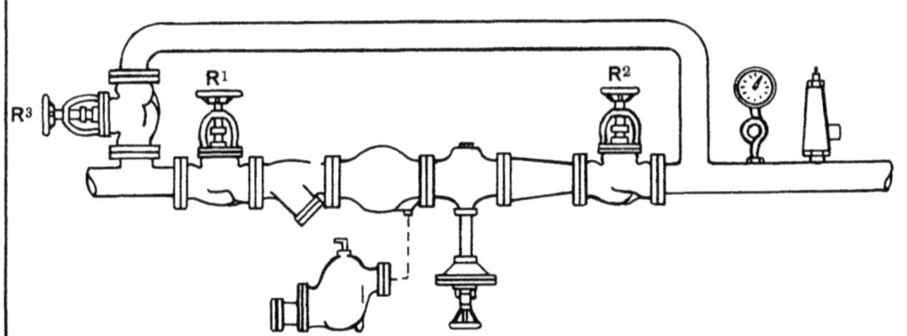

Pour " by-passer ", fermer les robinets **R1** et **R2**, ouvrir et régler avec le robinet **R3**.

Il est recommandé de prévoir l'orifice du robinet **R2** plus grand - ou d'utiliser une vanne, pour éviter une contre-pression côté aval.

DÉTENDEURS - RÉGULATEURS

avec prise d'impulsion intérieure

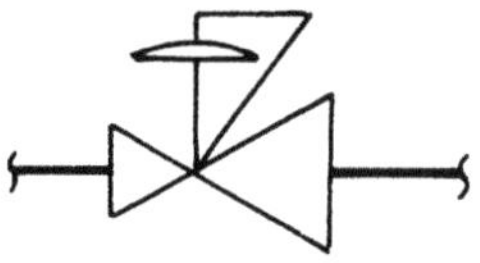

avec prise d'impulsion sur la tuyauterie

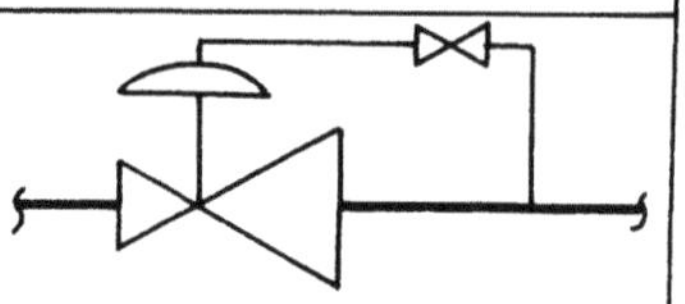

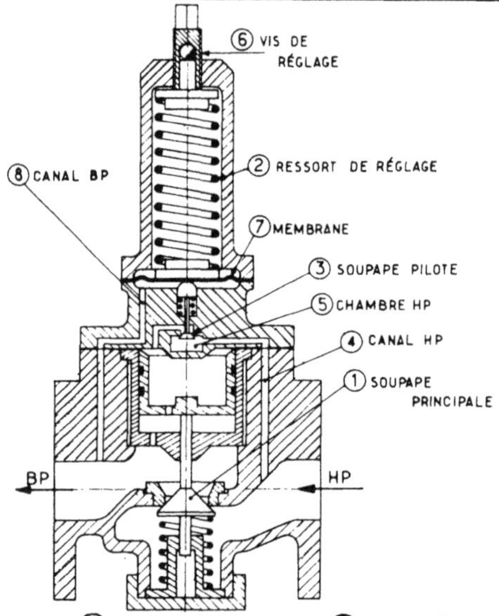

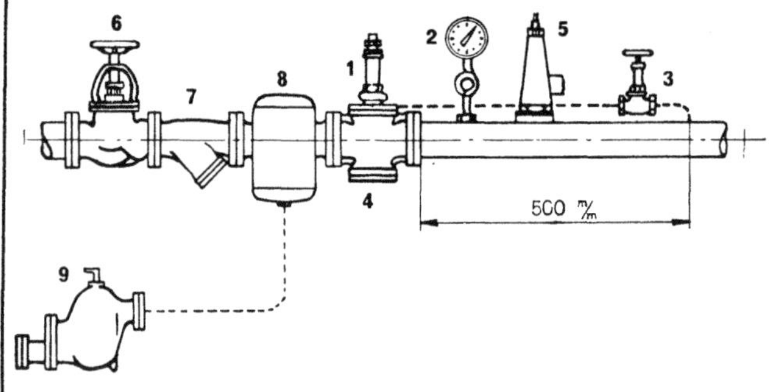

⑥ VIS DE RÉGLAGE
⑧ CANAL BP
② RESSORT DE RÉGLAGE
⑦ MEMBRANE
③ SOUPAPE PILOTE
⑤ CHAMBRE HP
④ CANAL HP
① SOUPAPE PRINCIPALE
BP
HP

Au repos, ① est fermée par son ressort, ② est détendu et maintient ③ ouverte par l'intermédiaire de ⑦.

Quand la vapeur HP arrive, elle passe dans le piston et ouvre ① d'une certaine quantité.

Si la pression côté BP devient trop élevée elle agit sur ⑦ en passant par ⑧ et ③ se referme, la pression décroît dans la chambre du piston et ① tend à se refermer...

... pour un réglage déterminé de ② il s'établit une position d'équilibre telle que ③ assure la poussée nécessaire sur le piston pour l'ouverture désirée de ①.

7
3
4
8
10
6
2
5
11
9
1

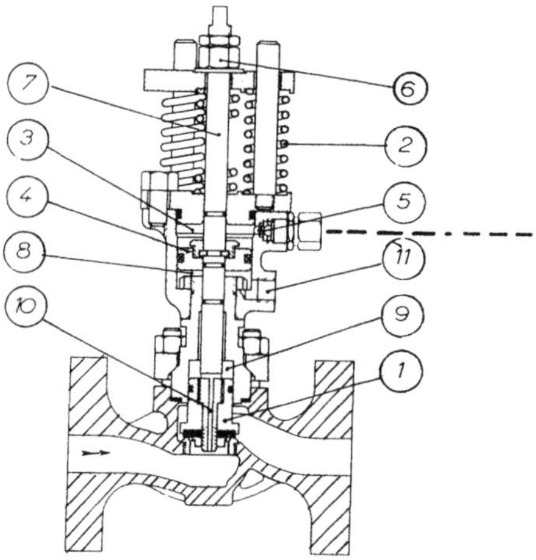

EXEMPLE DE MONTAGE

6
7
8
1
2
5
3
4
9
500 m/m

1 Détendeur-régulateur
2 Manomètre de contrôle aval
3 Prise de pression aval à prévoir en 1/4" munie d'un robinet interrupteur
4 Orifice de purge, prévoir robinet de 8/13
5 Soupape de sûreté (de types divers)
6 Robinet d'arrêt amont
7 Filtre (absolument nécessaire)
8 Séparateur sécheur de vapeur
9 Purgeur d'eau automatique

DÉTENDEUR- RÉGULATEUR À RELAIS PROGRESSIF (RP)

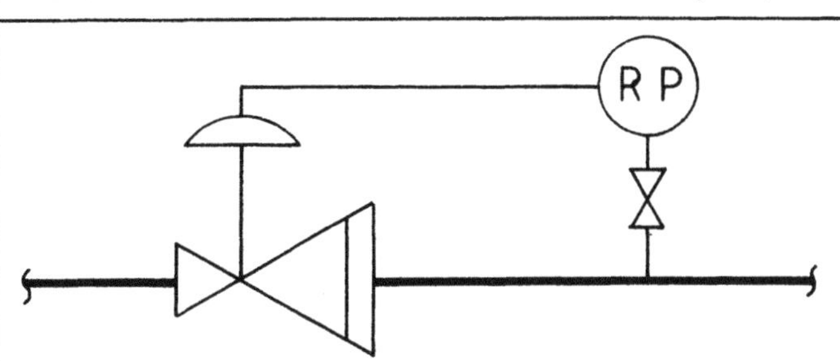

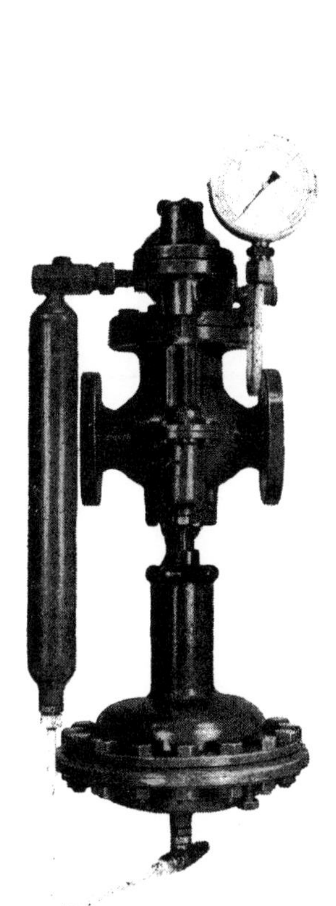

Fonctionnement

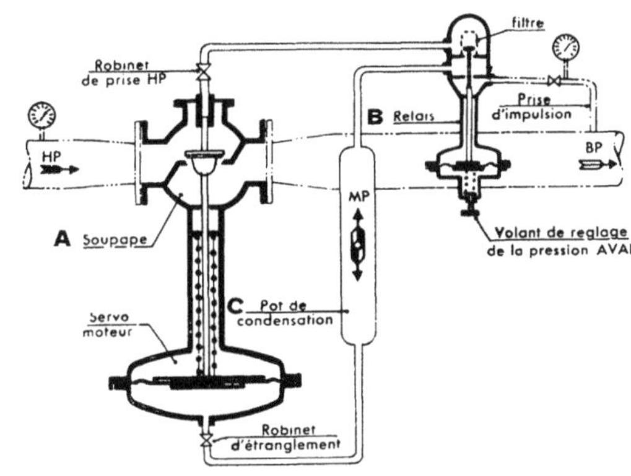

A Soupape soumise à un servo-moteur à membrane asservi au relais.

B Relais contenant un clapet-pilote mu par une membrane s'équilibrant sur la pression aval et ressort de réglage.

C Pot de condensation et de relais pour détente en cascade.

Le fluide HP puisé en amont sur la soupape, est amené dans le relais, y est filtré, se détend une première fois au passage libre entre le clapet pilote et son siège, puis une deuxième fois à travers l'orifice étranglé et est évacué en aval par la prise d'impulsion.

La pression entre pilote et étranglement dépend de la position du clapet, solidaire de la membrane soumise aux variations de la pression de réglage BP. Si celle-ci augmente, le ressort de réglage se comprime et le clapet-pilote tend à fermer ; la pression MP décroît sous la membrane du servo-moteur de la soupape. Inversement si la BP diminue, le ressort augmente l'ouverture du pilote, la MP augmente sous le servo-moteur. Le clapet solidaire se module à l'ouverture convenable.

Exemple de montage

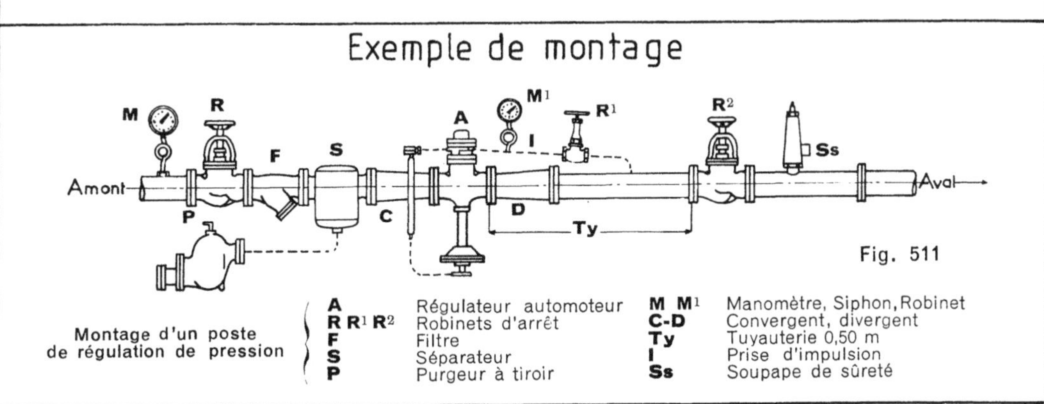

Fig. 511

A	Régulateur automoteur	**M M¹**	Manomètre, Siphon, Robinet
R R¹ R²	Robinets d'arrêt	**C-D**	Convergent, divergent
F	Filtre	**Ty**	Tuyauterie 0,50 m
S	Séparateur	**I**	Prise d'impulsion
P	Purgeur à tiroir	**Ss**	Soupape de sûreté

Montage d'un poste de régulation de pression

9.2.6. Purgeurs automatiques
9.2.6.1. Symboles généraux

à cloche ou à flotteur	sans filtre	
	avec filtre incorporé	
Thermo-dynamique	sans filtre	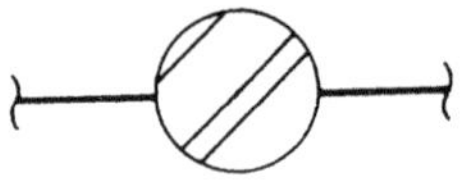
	avec filtre incorporé	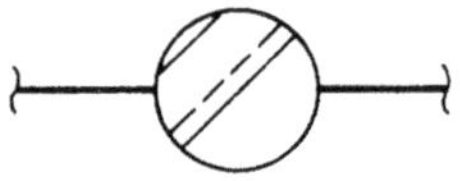
Thermo-statique	sans filtre	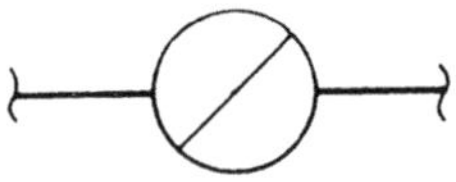
	avec filtre incorporé	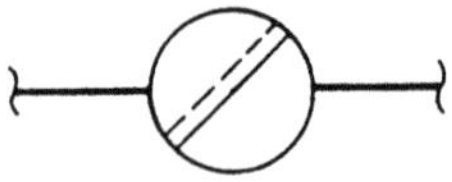
Autres types	sans filtre	
	avec filtre incorporé	

9.262. Exemples de purgeurs

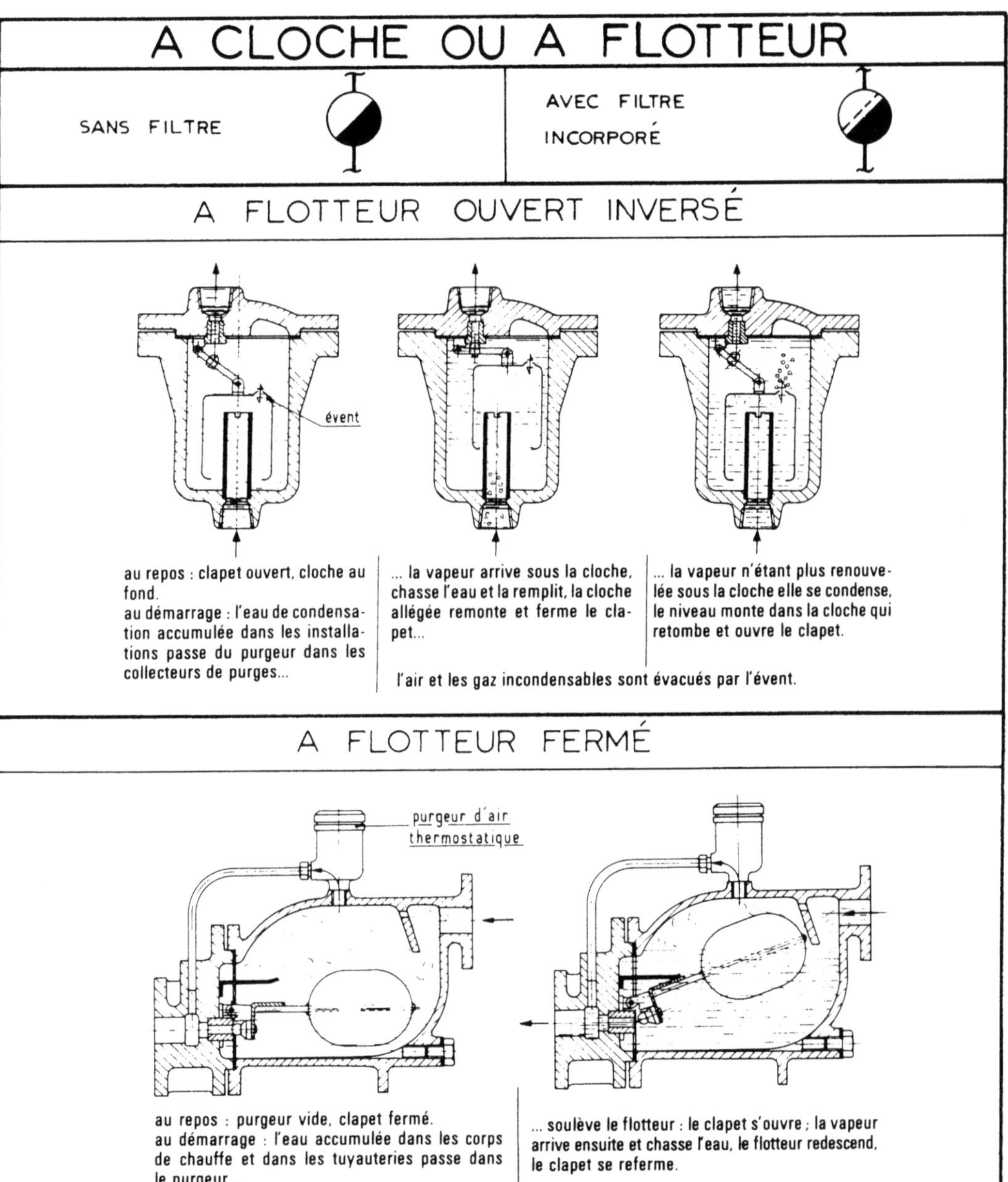

THERMO – DYNAMIQUE

| SANS FILTRE |  | AVEC FILTRE INCORPORÉ |  |

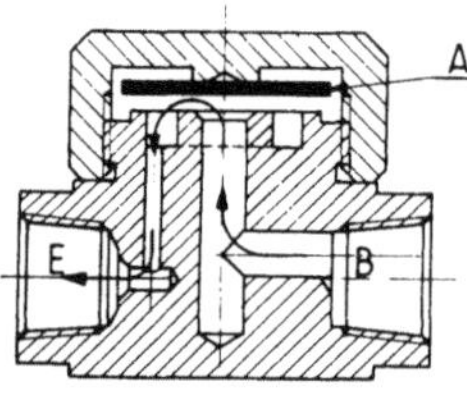

L'eau et l'air arrivent par B soulèvent le disque A et s'échappent par E ; la vapeur succède et sa grande vitesse crée sous le disque une dépression locale...

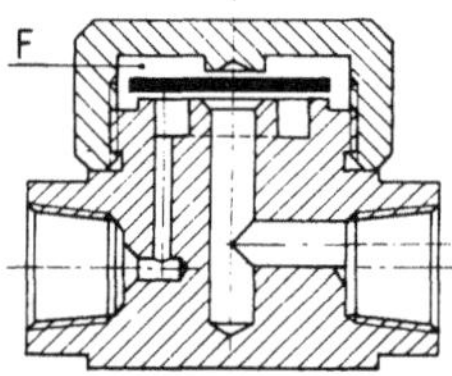

... pendant que la pression s'élève dans la chambre F...

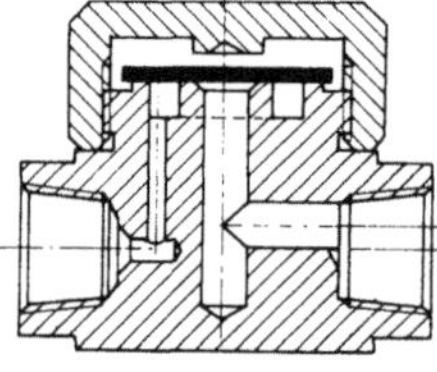

... le disque retombe ; la pression décroît dans F par suite de la condensation, le disque va se soulever à nouveau...

THERMO -STATIQUE A BILAME

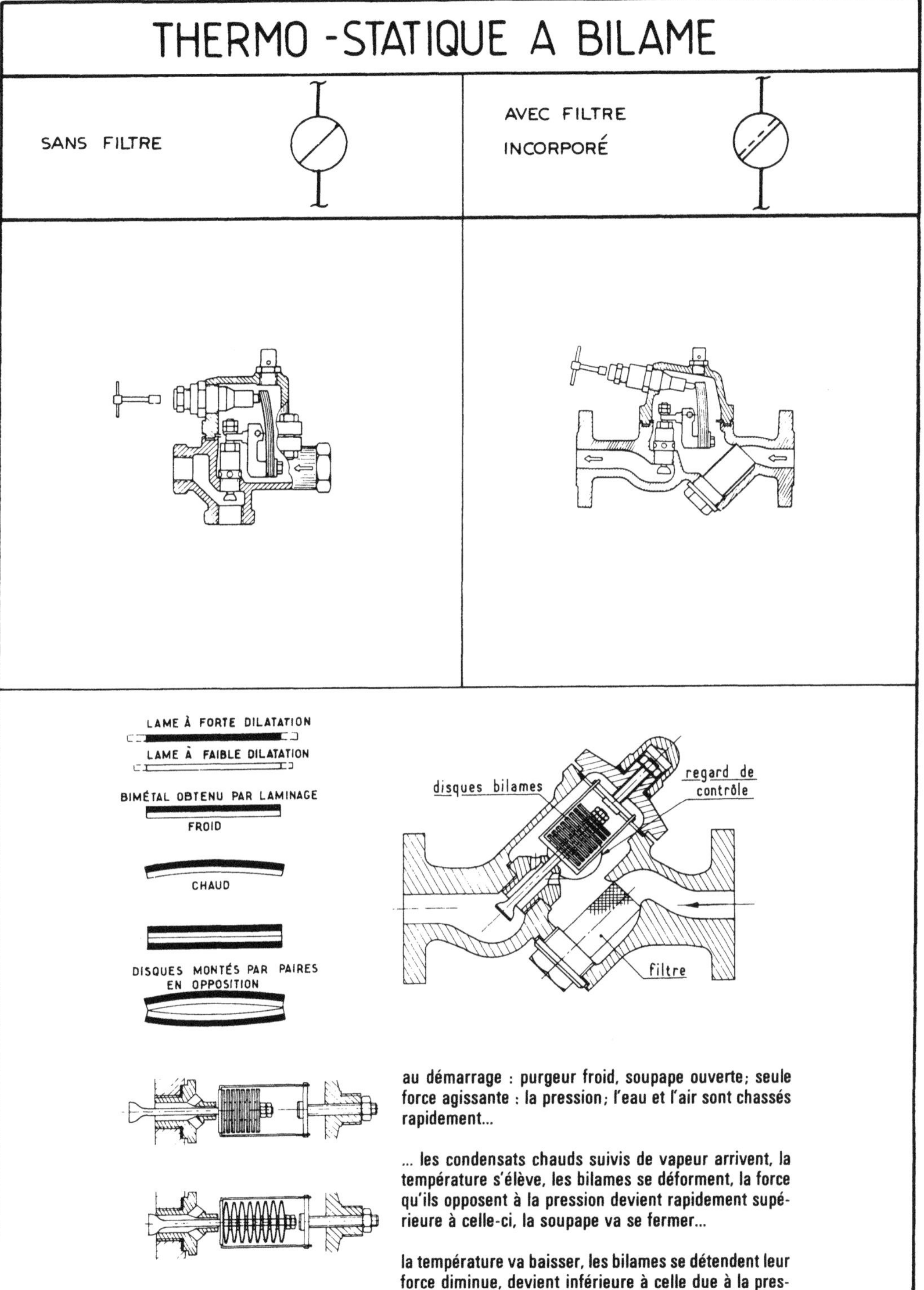

au démarrage : purgeur froid, soupape ouverte; seule force agissante : la pression; l'eau et l'air sont chassés rapidement...

... les condensats chauds suivis de vapeur arrivent, la température s'élève, les bilames se déforment, la force qu'ils opposent à la pression devient rapidement supérieure à celle-ci, la soupape va se fermer...

la température va baisser, les bilames se détendent leur force diminue, devient inférieure à celle due à la pression : la soupape va se rouvrir...

THERMO - STATIQUE

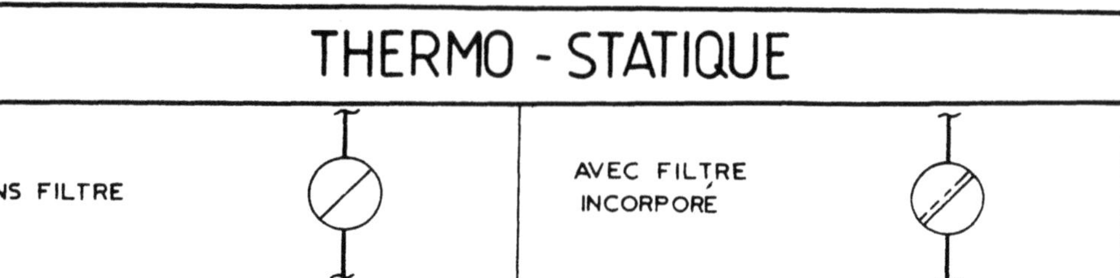

| SANS FILTRE | | AVEC FILTRE INCORPORÉ | |

A SOUFFLET

D'ÉQUERRE

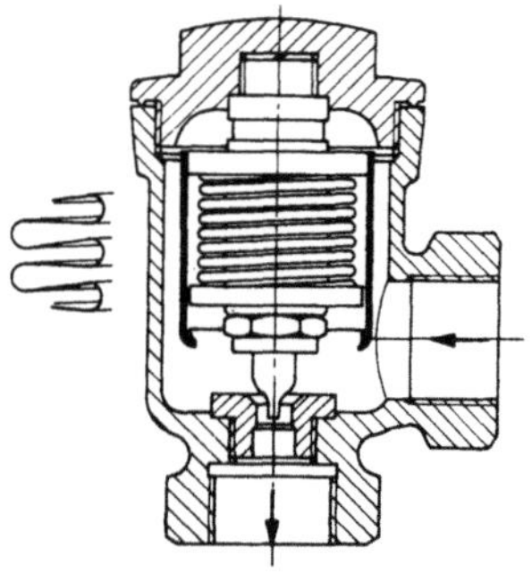

DROIT

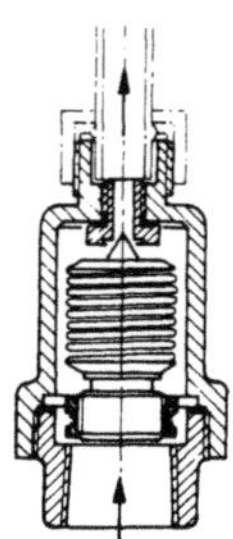

au repos : purgeur ouvert.

au démarrage : l'eau de condensation poussée par la vapeur remplit le purgeur et s'écoule. A mesure que les condensats s'échauffent le thermostat ferme la soupape. Quand la vapeur arrive la soupape se ferme complètement.

La vapeur contenue dans le purgeur se condense, le refroidissement provoque l'ouverture de la soupape.

AVEC LIQUIDE A HAUT
COEFFICIENT DE DILATATION

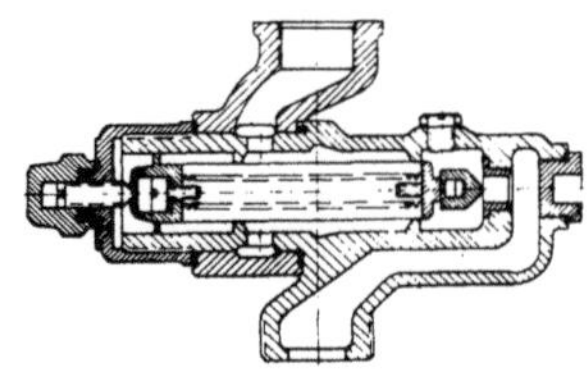

Une cartouche thermostatique remplie d'un liquide à haut coefficient de dilatation, agit progressivement sur la soupape. Sous l'action des différences de température entre la vapeur et l'eau condensée, celle-ci s'écoule au fur et à mesure de sa déformation, sans perte de vapeur.

AUTRES TYPES DE PURGEURS

| SANS FILTRE |  | AVEC FILTRE INCORPORÉ |  |

A IMPULSION

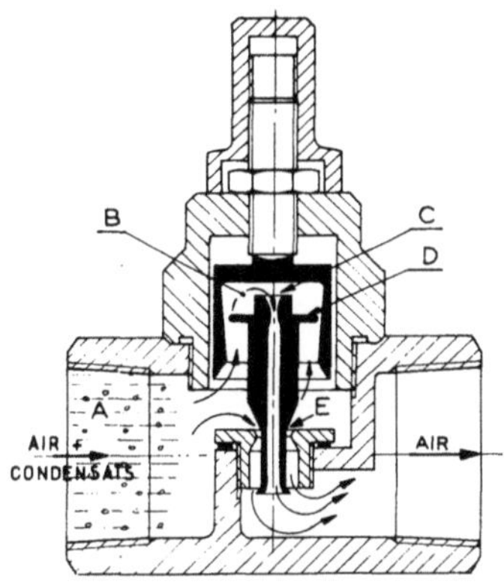

au démarrage : l'air et les condensats poussés par la vapeur arrivent au purgeur, la pression en A augmente, elle reste basse en B.
Le clapet s'ouvre, l'air et les condensats s'écoulent par l'orifice principal E, une petite quantité passe en B.

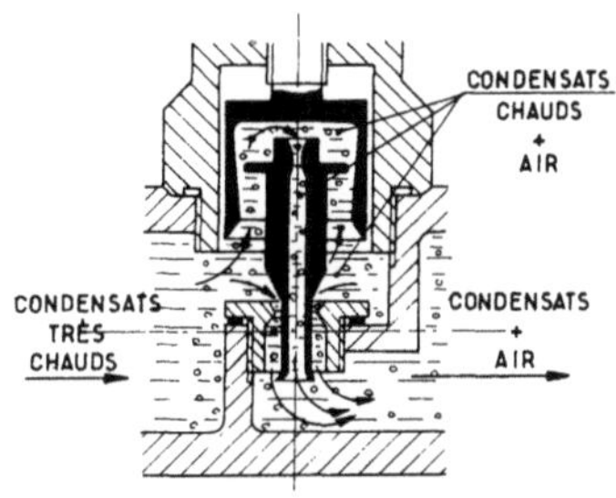

... les condensats et l'air traversent le purgeur suivis de condensats très chauds, la température s'élève, la pression en A est élevée, elle est encore basse en B ; le clapet est ouvert...

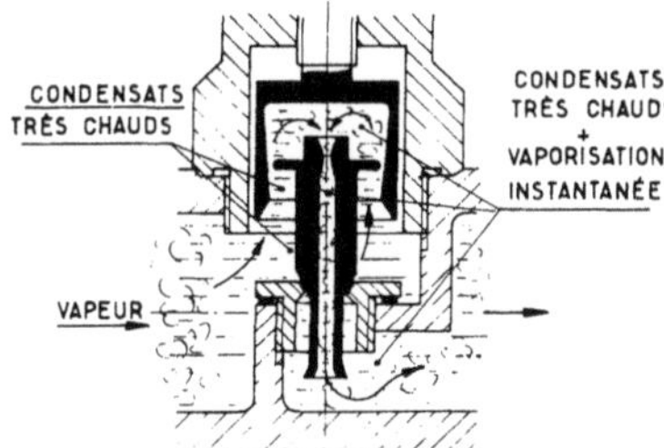

... les condensats très chauds sont suivis de vapeur vive, la pression en A est élevée, la pression en B augmente par suite de la vaporisation instantanée provoquée dans cette zone par l'élévation de la température et par l'insuffisance de l'orifice C,
le clapet se ferme...

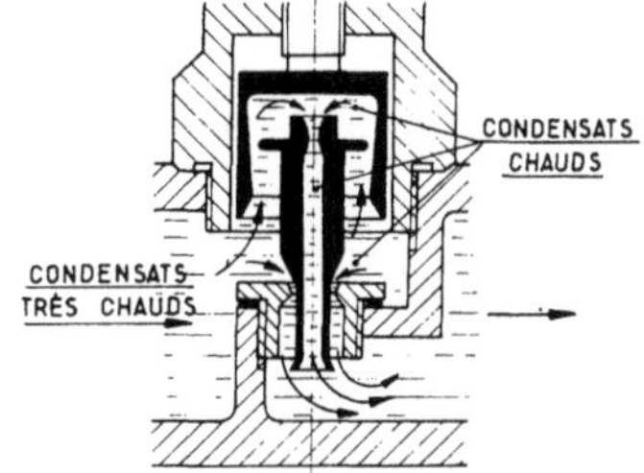

... l'écoulement continue par C, la température baisse très légèrement, il n'y a plus de vaporisation en B où la pression diminue, la pression en A est élevée,
le clapet s'ouvre à nouveau...

9.3. ACCESSOIRES DE TUYAUTERIE
9.3.1.   Symboles généraux

Eléments compensateurs de dilatation	Lyre			
	Joint glissant			
	Compensateur à soufflet ondulé	à action axiale	déformable	
			rigide	
		à articulation angulaire	simple	
			double	

Filtre		Garde hydraulique fermée		
Séparateur		Obturateur	simple	
			éclipsable	
Crépine simple				
Absorbeur		Orifice calibré		
Silencieux		Disque de rupture		
Anti bélier		Event	en mise à l'air	
Siphon			avec robinet	
Garde hydraulique ouverte			avec bouchon fileté sur demi manchon soudé	

9.3.2. Eléments compensateurs de dilatation

LYRE

La lyre qui est généralement considérée comme une particularité de parcours est rarement désignée par un symbole sauf quand elle est un élément manufacturé représenté ci-contre.

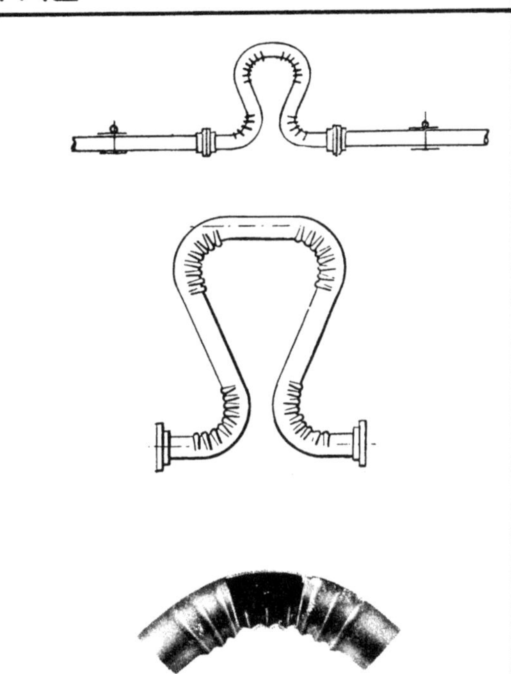

Nota:

La présence sur un circuit d'une lyre ou d'un compensateur de dilatation nécessite, dans la plupart des cas, la mise en tension du tronçon considéré.

Cette mise sous tension est réalisée sur un assemblage (soudage par aboutage, brides, etc.) exactement situé et elle est désignée par les lettres MT (Mise en Tension) suivies de la valeur exprimée en millimètre. L'orientation de la flèche définit le tronçon concerné.

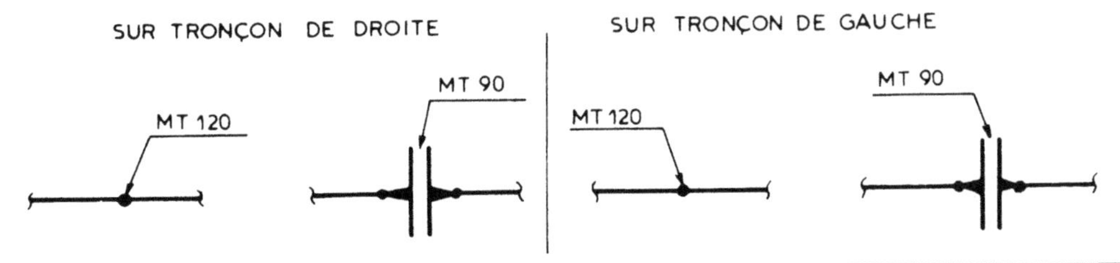

COMPENSATEUR A SOUFFLET ONDULÉ

A ACTION AXIALE	A ARTICULATION ANGULAIRE
RIGIDE	SIMPLE

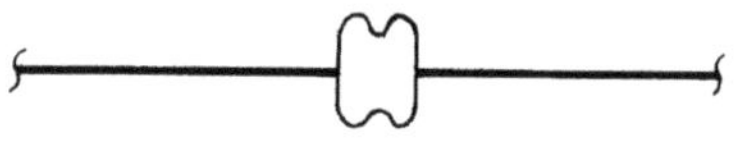

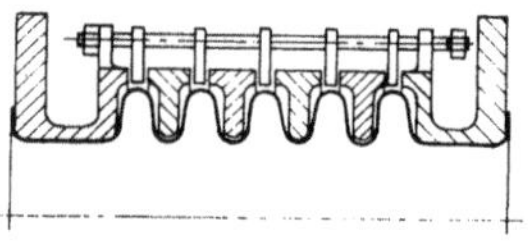

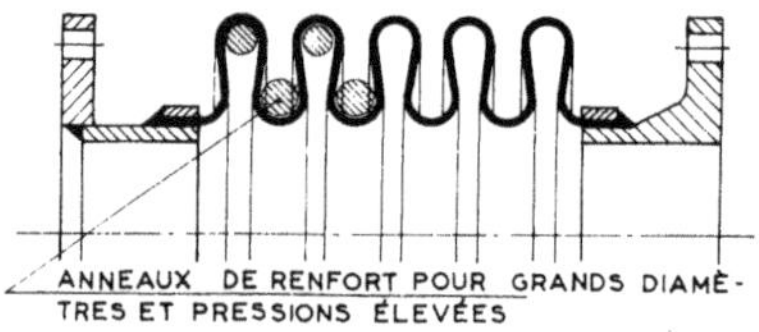

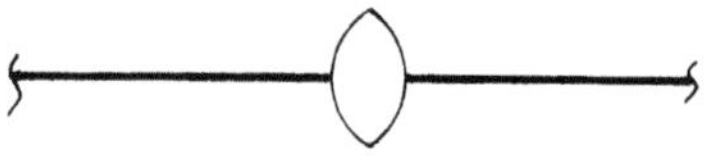

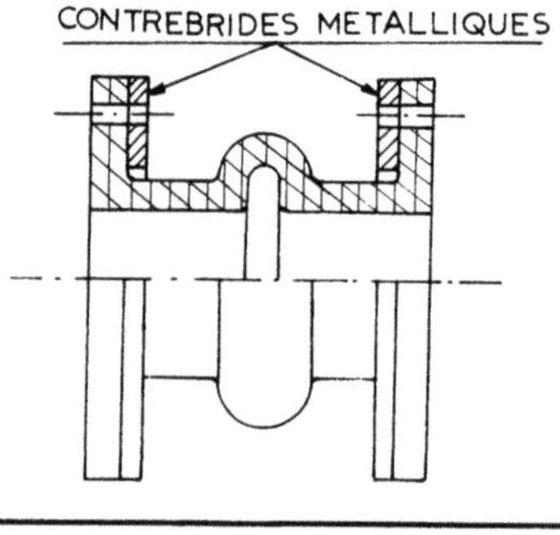

ANNEAUX DE RENFORT POUR GRANDS DIAMÈ-
TRES ET PRESSIONS ÉLEVÉES

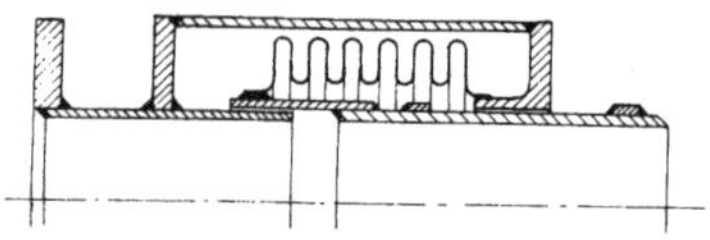

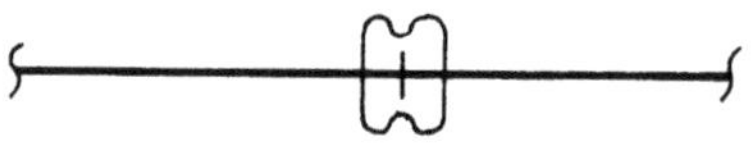

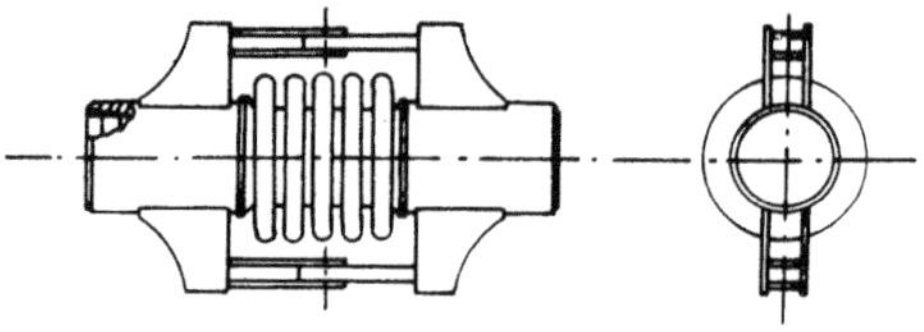

DOUBLE

DEFORMABLE

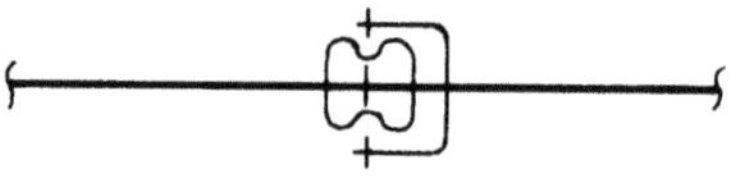

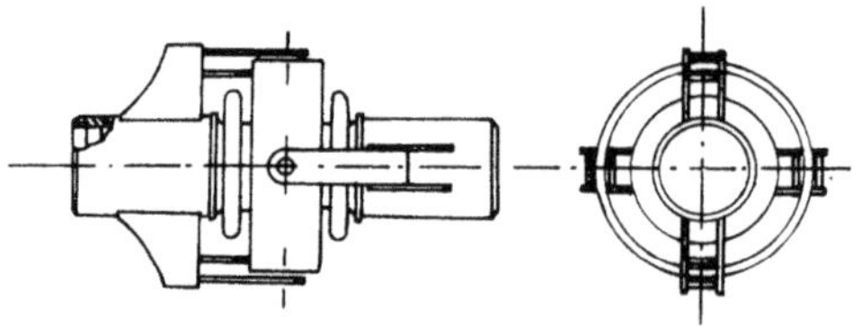

JOINT GLISSANT

CONTREBRIDES METALLIQUES

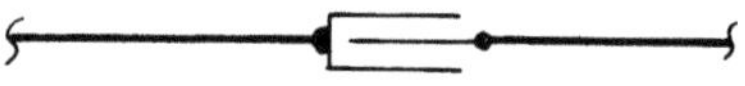

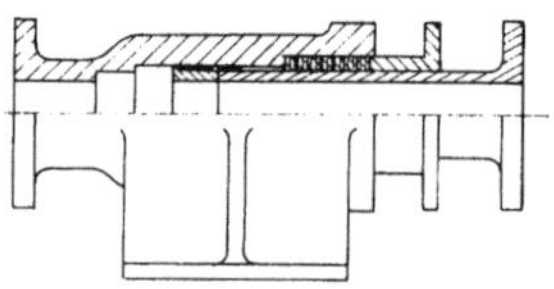

9.3.2.1. Exemples d'utilisation

Compensateurs à soufflet ondulé		
à manchons taraudés	à souder en bout	à brides

9.3.3. Filtres

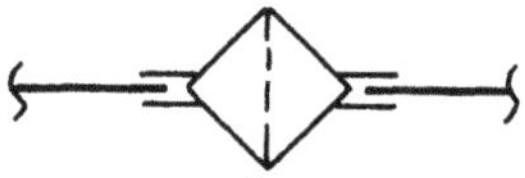

	FILTRES À TAMIS	

Filtre incliné

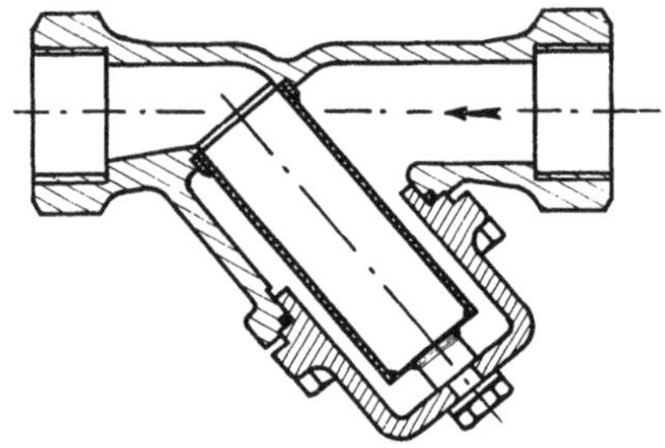

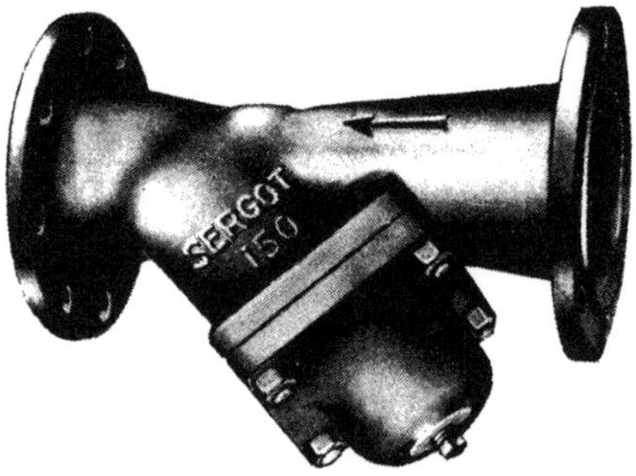

Filtre droit

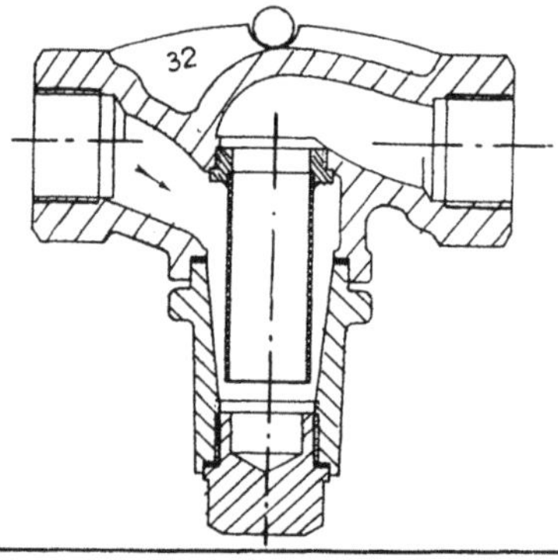

FILTRE À BOUGIE FILTRANTE

L'air s'épure d'abord en gros sur les parois par chicanage, puis traverse un cylindre en céramique poreuse où il achève de se débarrasser de ses impuretés les plus ténues (10 microns).

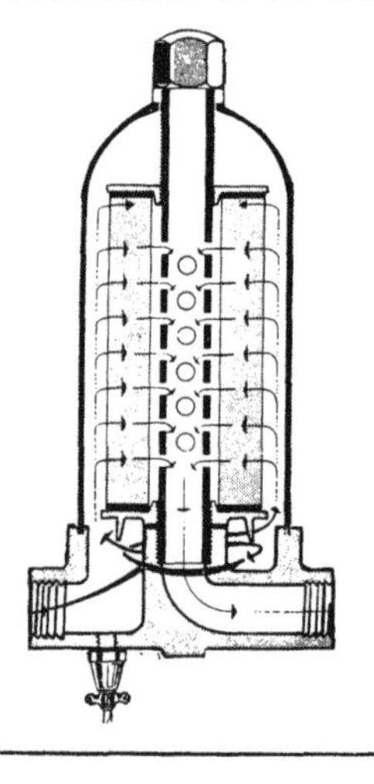

9. 34. Séparateurs

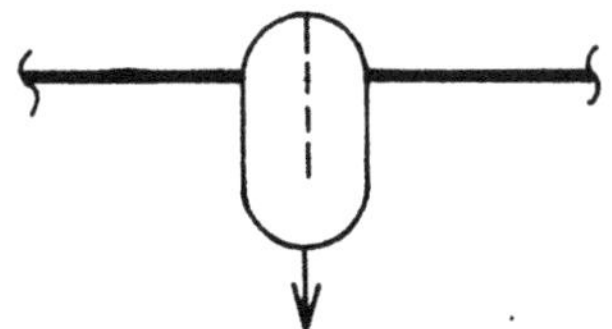

<table>
<tr><td colspan="3" align="center">SÉPARATEURS D'EAU, pour vapeur et air</td></tr>
<tr><td rowspan="2"></td><td colspan="2" align="center">avec filtre incorporé</td></tr>
<tr><td align="center">à manchons taraudés</td><td align="center">à brides</td></tr>
<tr><td>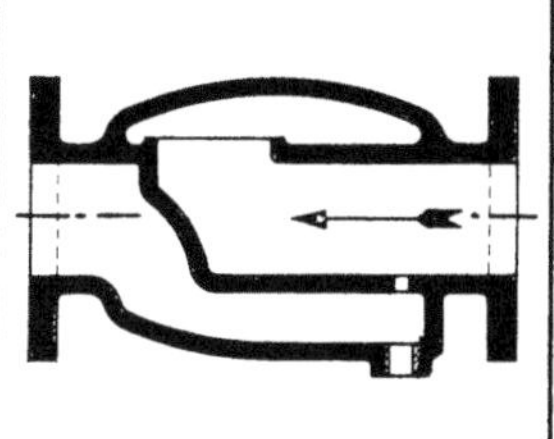
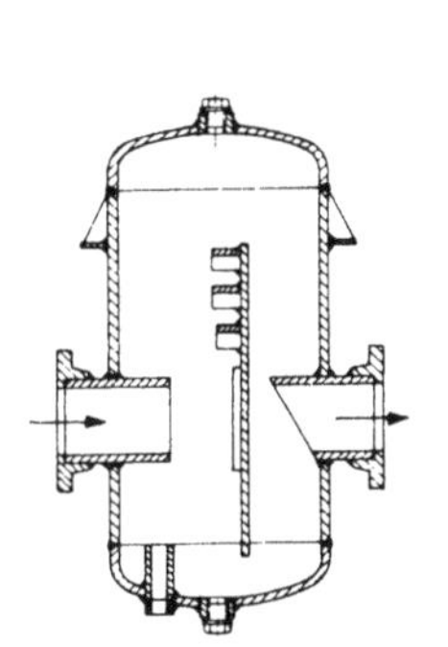</td><td>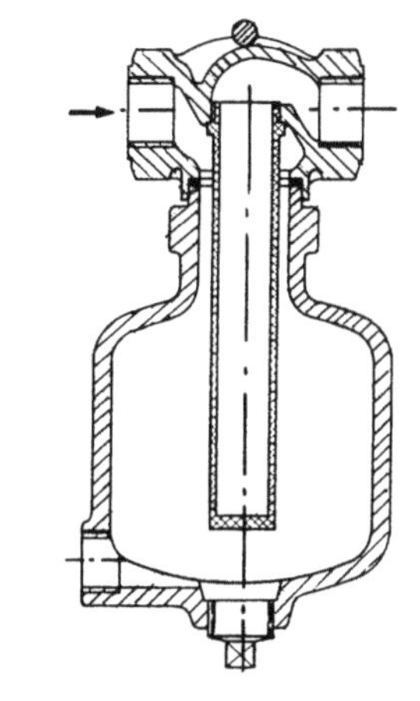</td><td></td></tr>
</table>

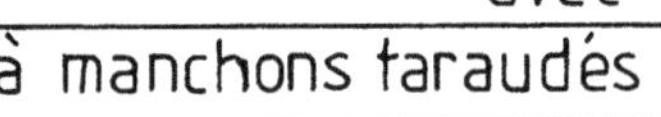
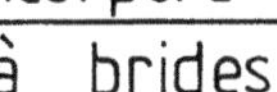

<table>
<tr><td colspan="2" align="center">DÉSHUILEURS − SÉCHEURS, pour vapeur et air</td></tr>
<tr><td align="center">type hélico- centrifuge</td><td align="center">type à lamelles</td></tr>
<tr><td>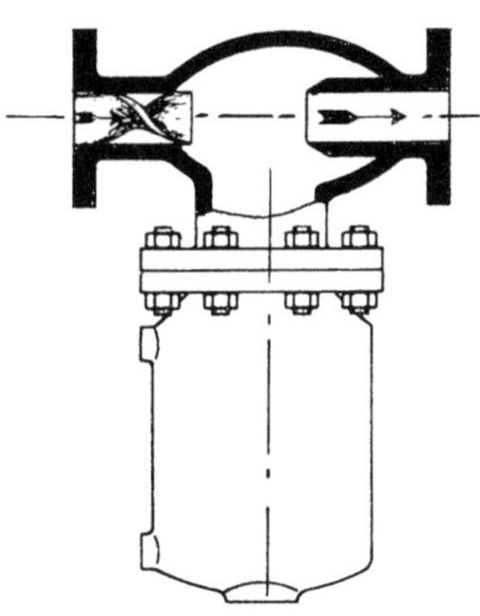</td><td>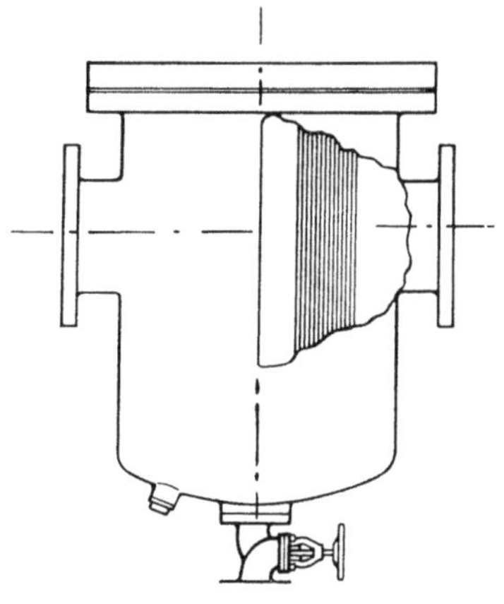</td></tr>
<tr><td>Le fluide sous pression est "tourbillonné", les goutte-lettes sont projetées sur les parois.</td><td>Le fluide traverse une chicane de lamelles où les goutte-lettes se déposent.</td></tr>
</table>

9.3.5. Accessoires divers

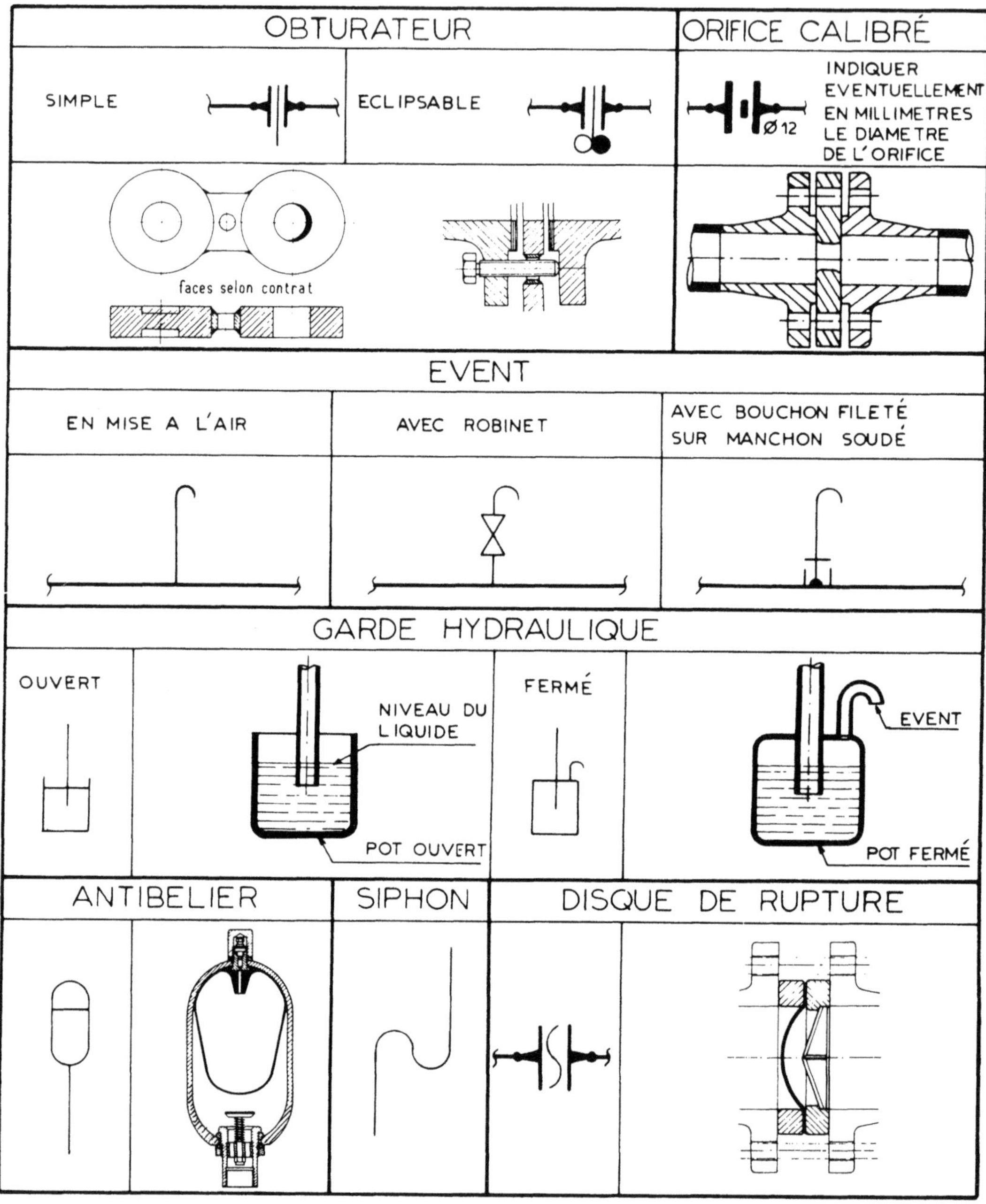

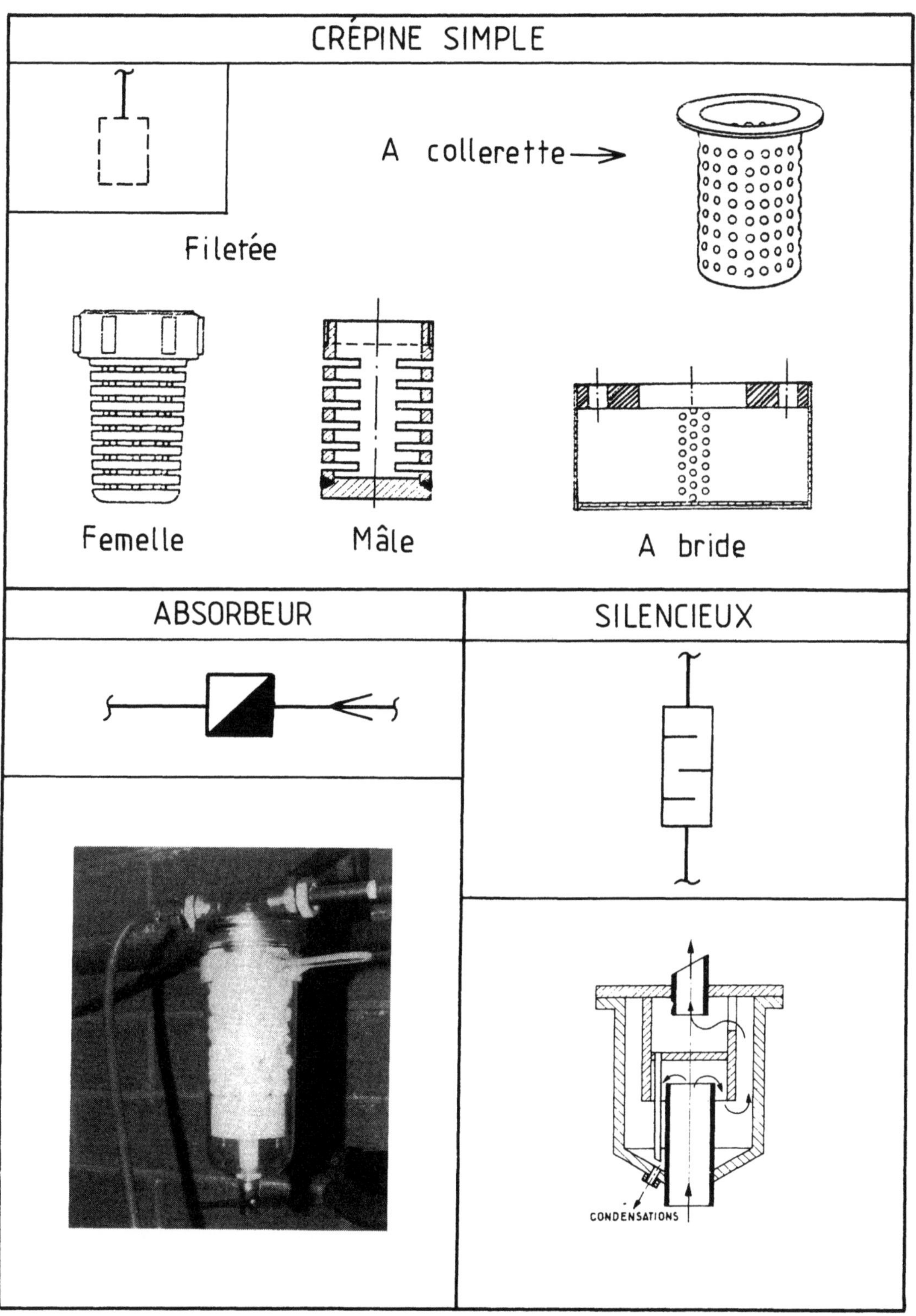
CRÉPINE SIMPLE
A collerette
Filetée
Femelle
Mâle
A bride
ABSORBEUR
SILENCIEUX
CONDENSATIONS

9.4. INSTRUMENTS DE MESURE ET DE CONTRÔLE

9.4.1. Symboles généraux

PRESSION			
Manomètre simple	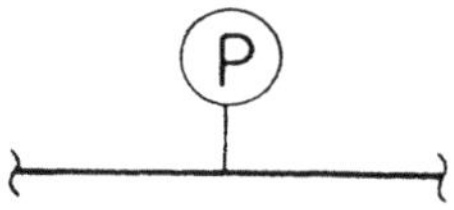	Manomètre avec siphon	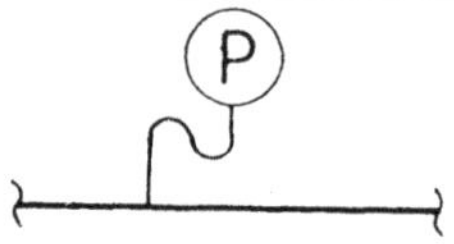
Manomètre avec amortisseur	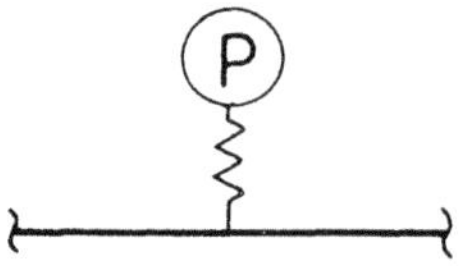	Manomètre avec séparateur	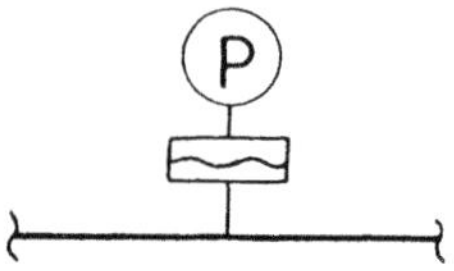

TEMPÉRATURE			
Thermomètre simple	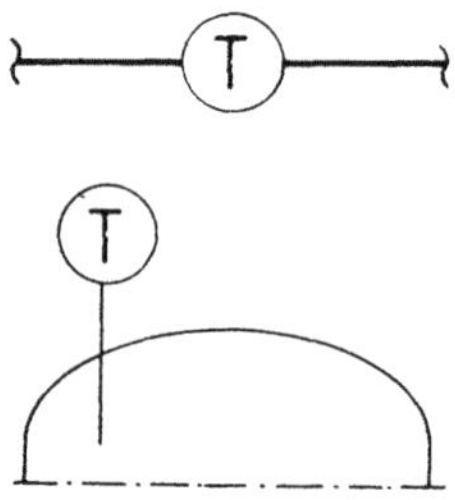	Thermomètre à dilatation	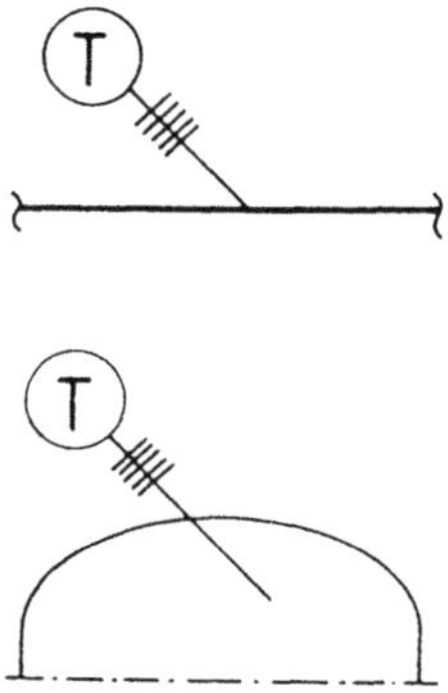

Sonde		
Sonde	à couple thermo-électrique	
	à résistance	

DÉBIT			
Compteur simple	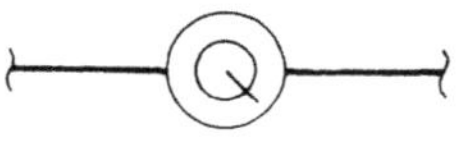	Débimètre à flotteur	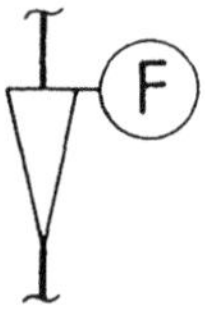
Compteur à palette simple	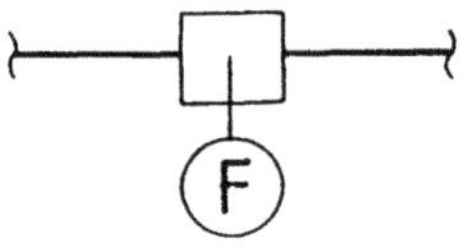	Compteur à turbine simple	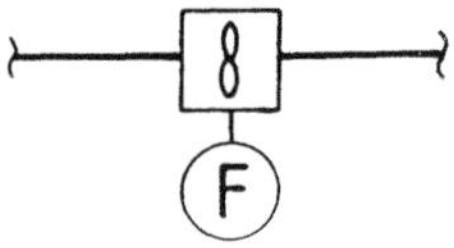

DÉBIT	
Diaphragme avec prise sur les brides	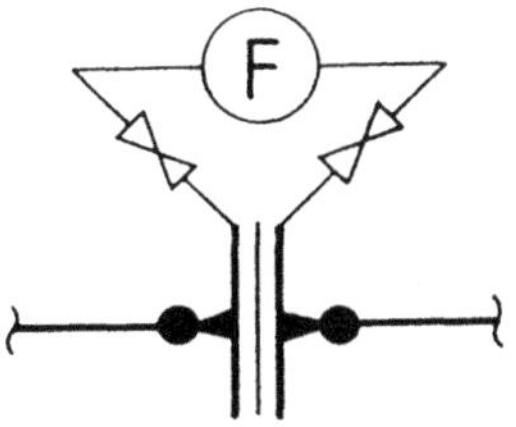
Diaphragme avec prise sur la tuyauterie	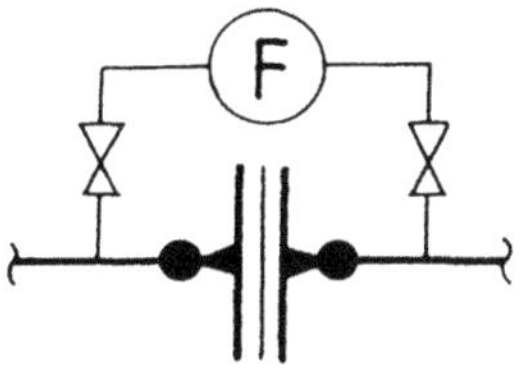
Tube de venturi simple	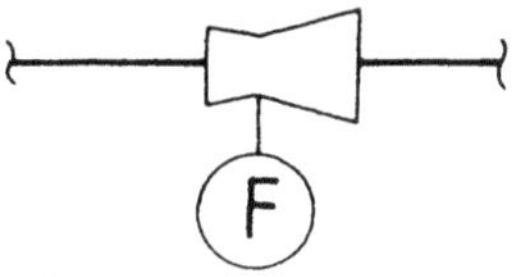

CONTRÔLEURS		
de circulation	regard d'écoulement à vitre d'observation	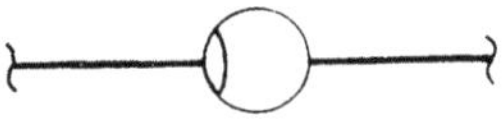
	indicateur d'écoulement à voyant	
de niveau		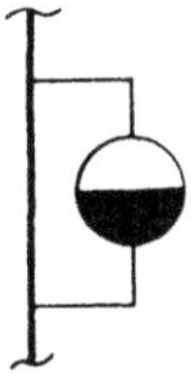

9.42. Exemples d'instruments

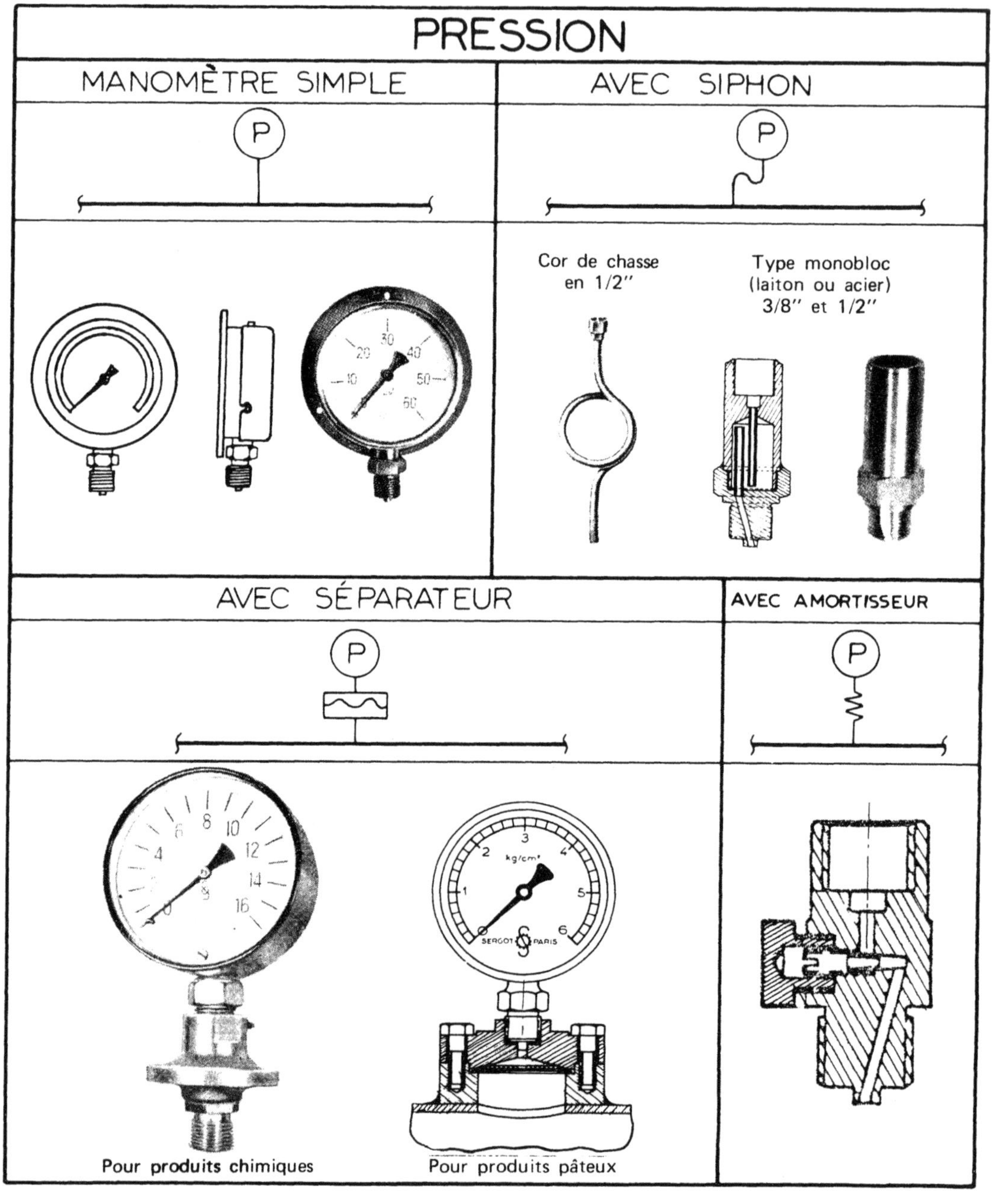
PRESSION
MANOMÈTRE SIMPLE
AVEC SIPHON
P
Cor de chasse en 1/2"
Type monobloc (laiton ou acier) 3/8" et 1/2"
AVEC SÉPARATEUR
AVEC AMORTISSEUR
kg/cm²
SERGOT PARIS
Pour produits chimiques
Pour produits pâteux

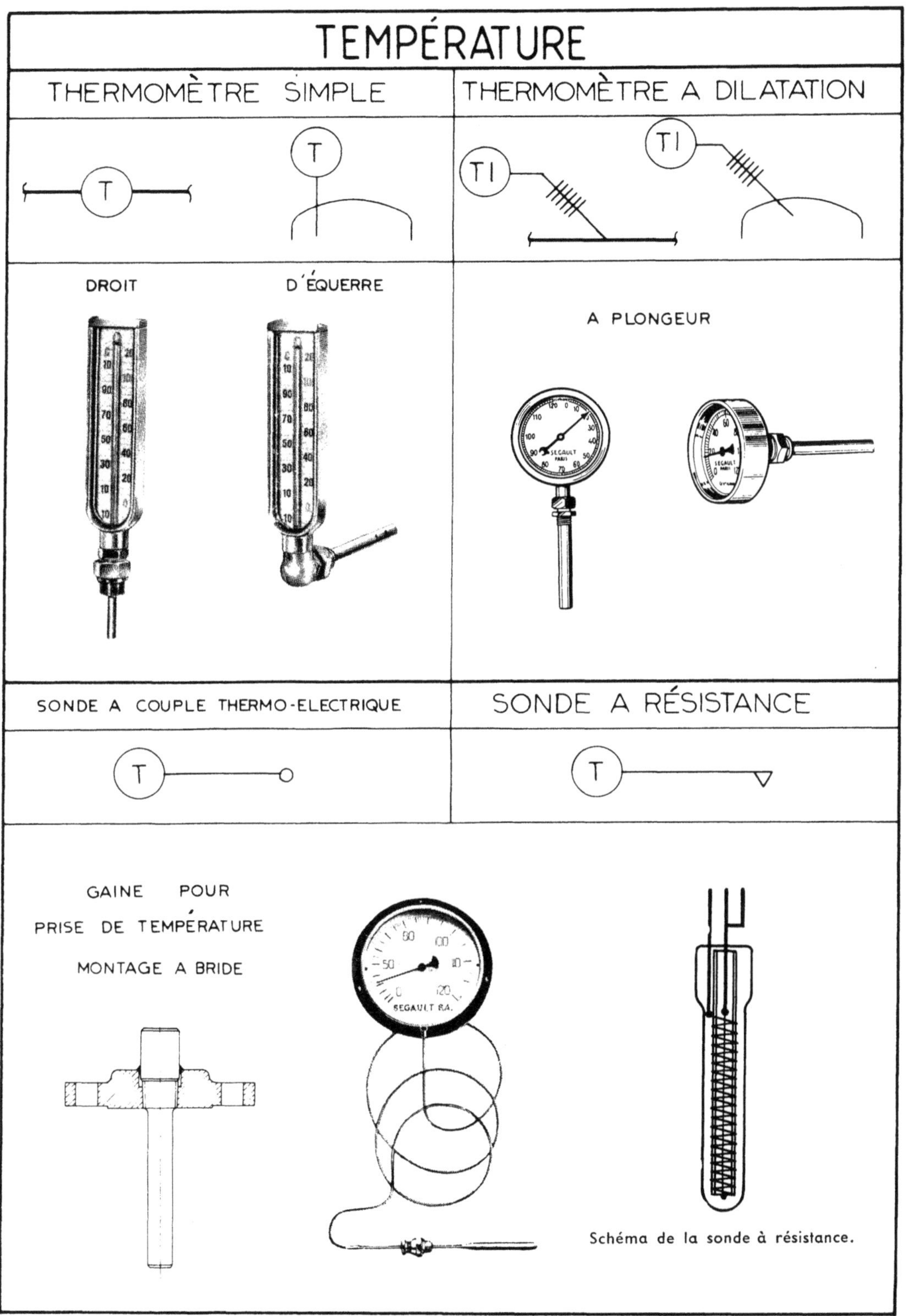
TEMPÉRATURE
THERMOMÈTRE SIMPLE
THERMOMÈTRE A DILATATION
T
T
TI
TI
DROIT
D'ÉQUERRE
A PLONGEUR
SONDE A COUPLE THERMO-ELECTRIQUE
SONDE A RÉSISTANCE
T
T
GAINE POUR
PRISE DE TEMPÉRATURE
MONTAGE A BRIDE
Schéma de la sonde à résistance.

DÉBIT
COMPTEUR SIMPLE
DEBIMÉTRE A FLOTTEUR
Q
F
A LECTURE DIRECTE
SORTIE
ENTREE
A PALETTE SIMPLE
F
A TURBINE SIMPLE
8
F

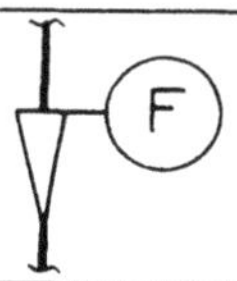

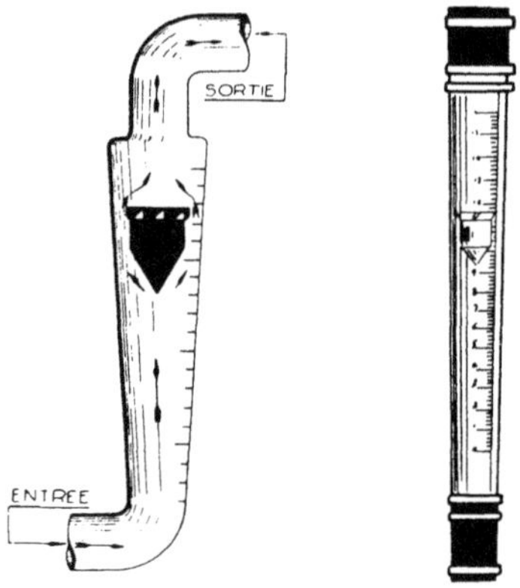

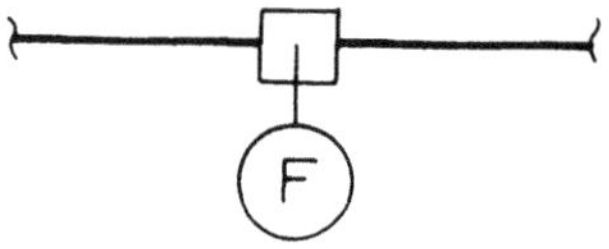

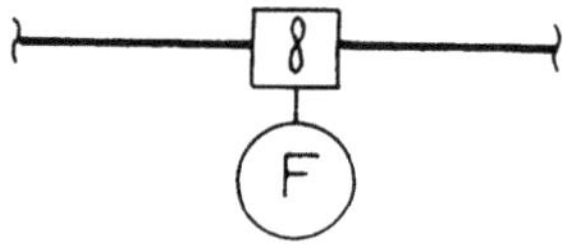

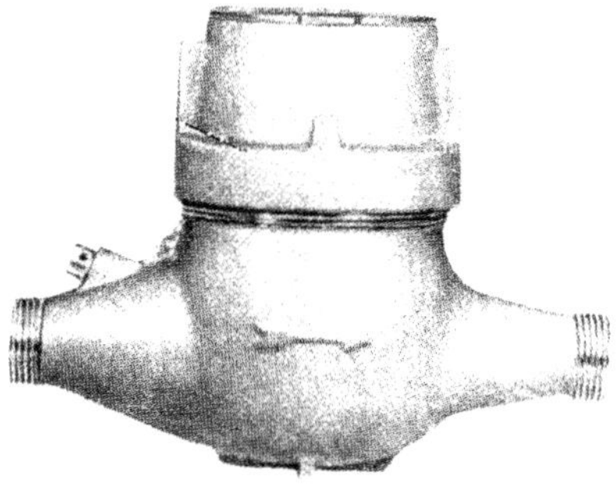

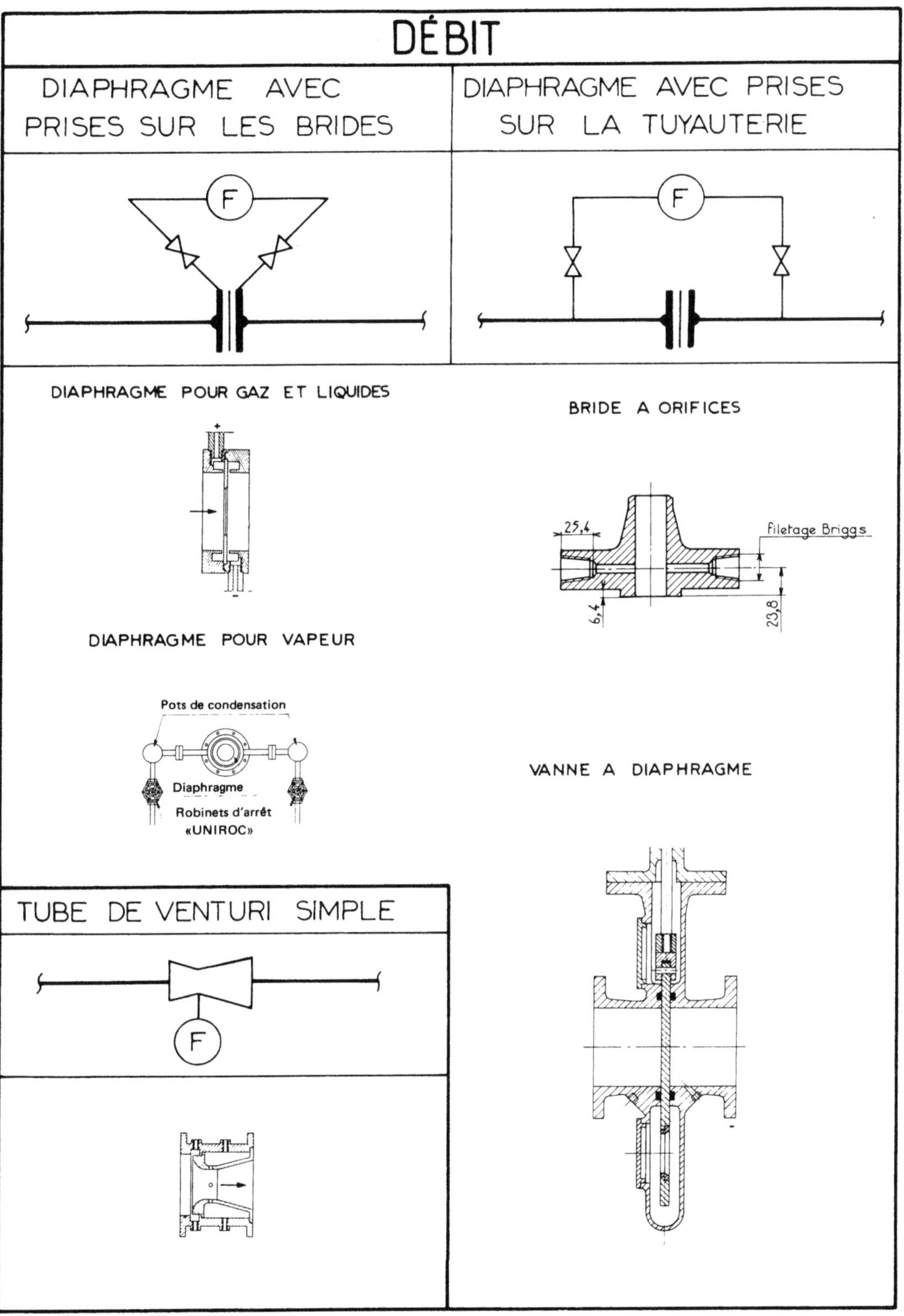

DÉBIT
DIAPHRAGME AVEC PRISES SUR LES BRIDES
DIAPHRAGME AVEC PRISES SUR LA TUYAUTERIE
F
F
DIAPHRAGME POUR GAZ ET LIQUIDES
BRIDE A ORIFICES
25,4
6,4
23,8
filetage Briggs
DIAPHRAGME POUR VAPEUR
Pots de condensation
Diaphragme
Robinets d'arrêt
«UNIROC»
VANNE A DIAPHRAGME
TUBE DE VENTURI SIMPLE
F

CONTRÔLEURS DE CIRCULATION

INDICATEUR D ÉCOULEMENT A VOYANT

A DEVERSOIR ET PALETTE INDICATRICE
MODÈLE A BRIDE

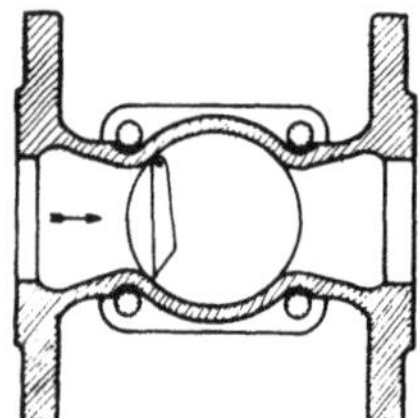

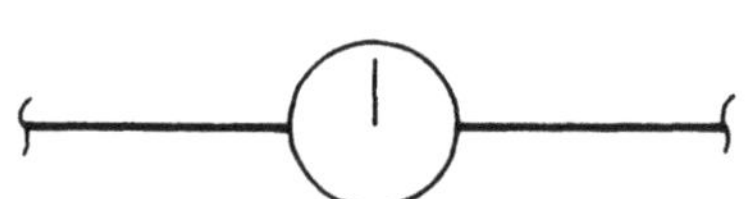

A DOUBLE GLACE "PYREX" ET MOULINET
RILSAN

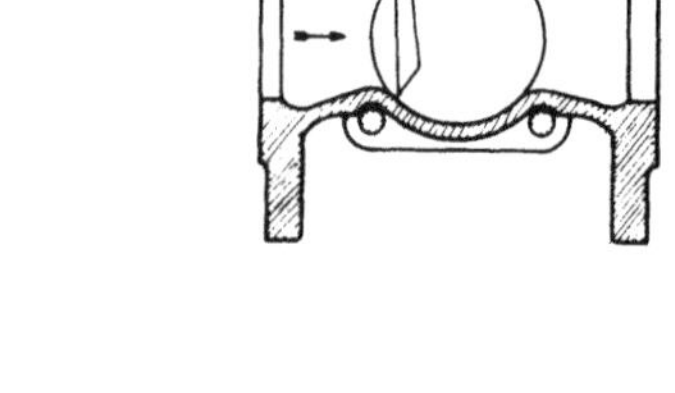

1. Débit proportionné à la grosseur du jet.
2. Débit nul, conduite aval engorgée.
3. Débit selon inclinaison, mais conduite engorgée.
4. Débit nul, conduite amont vide.
5. Débit de gaz ou vapeur, conduite vide de liquide.

REGARD D'ÉCOULEMENT A VITRE D'OBSERVATION

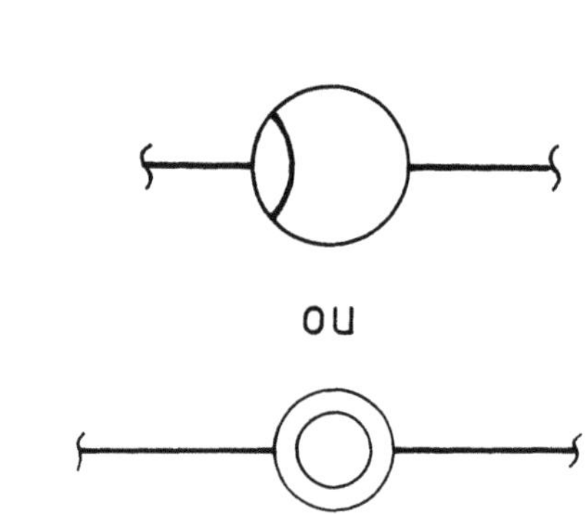

OU

MODÈLE A MANCHONS TARAUDÉS

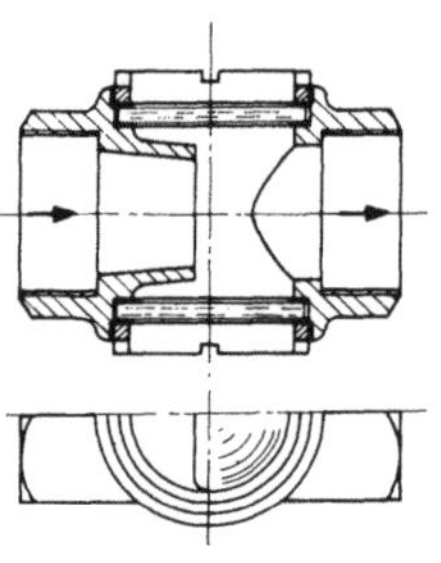

CONTRÔLEURS DE NIVEAU

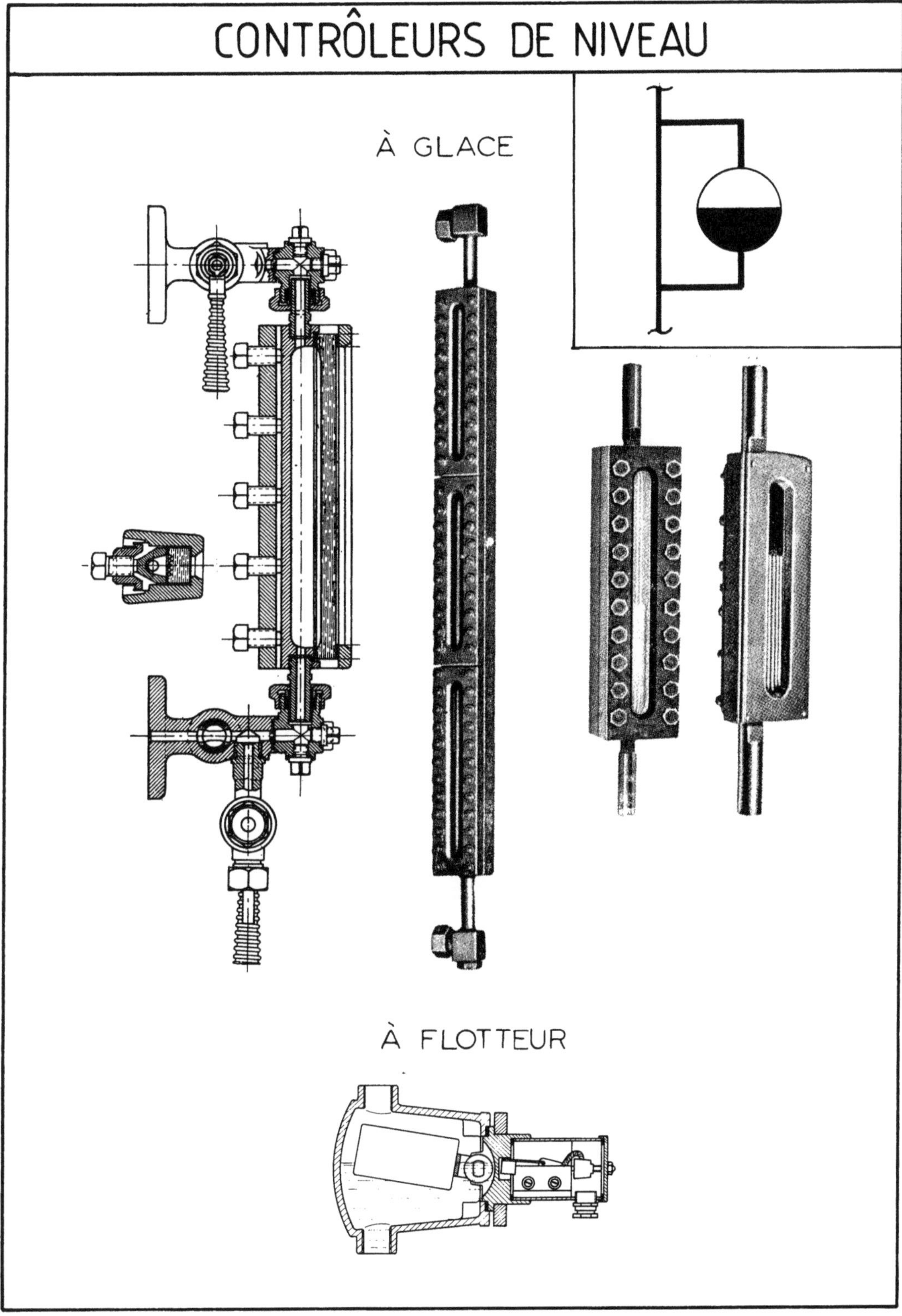

9.5. APPAREILS A DÉPLACER DES FLUIDES

9.5.1. Symboles généraux

S/Chap	Dénomination	Symboles	Pages
9.5.2.	POMPES		152
9.5.3.	POMPES À VIDE		162
9.5.4.	COMPRESSEURS		163
	VENTILATEURS		
9.5.5.	APPAREILS A JET		172

9.5.1.1. Symboles de raccordement

Les raccordements des appareils à déplacer les fluides sont identiques à ceux employés en robinetterie.

9.5.1.2. Exemples :

	POMPES	APPAREILS A JET
A FILETAGES	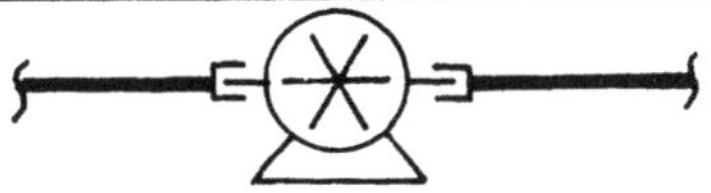	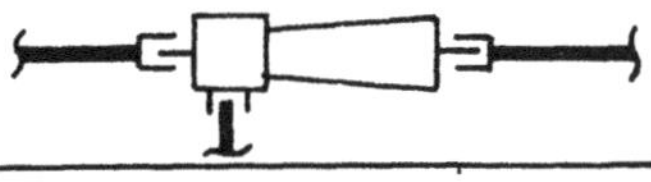

A BRIDES	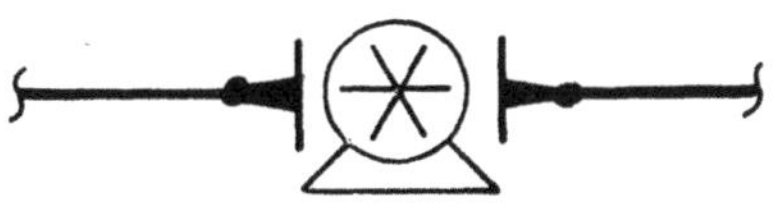	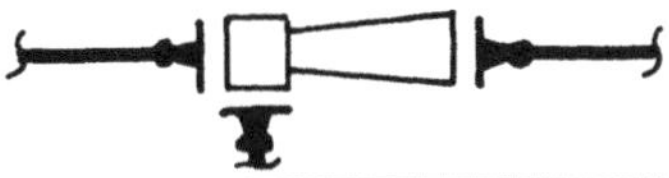
		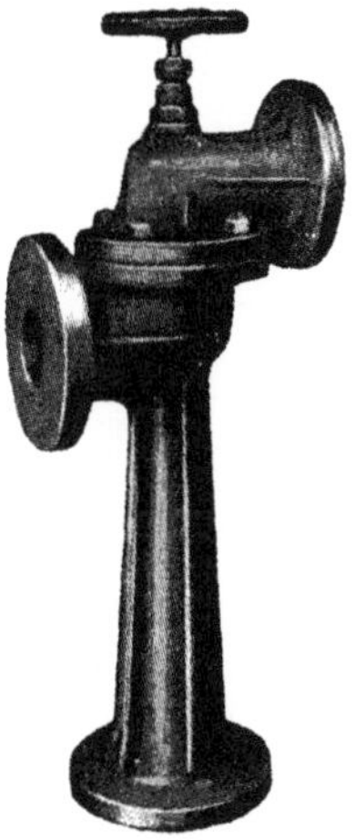

9.5.2. Pompes

ROTATIVES	Centrifuge	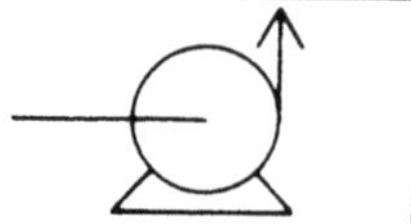
	Centrifuge verticale immergée	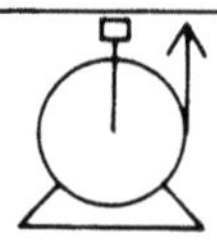
	Volumétrique à palettes	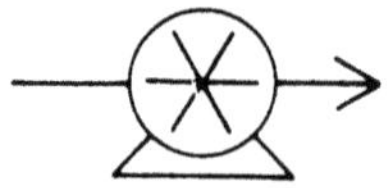
	Volumétrique à engrenages	
	Volumétrique à déformation	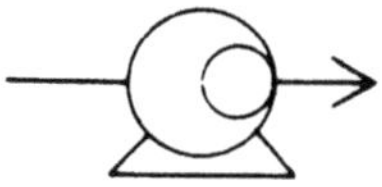
	Volumétrique autres types	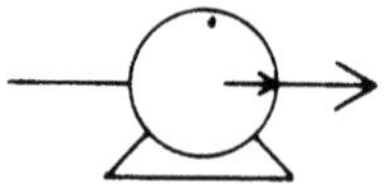
ALTERNATIVES	A piston	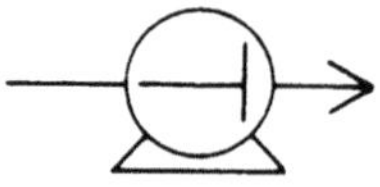
	A membrane	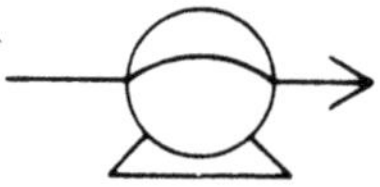
	Pompe doseuse	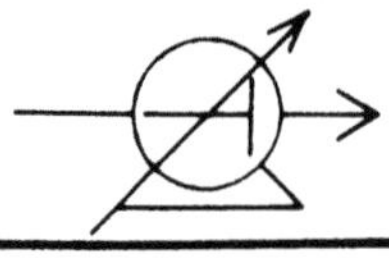

SANS PRESSE-GARNITURE	Avec moteur à rotor noyé	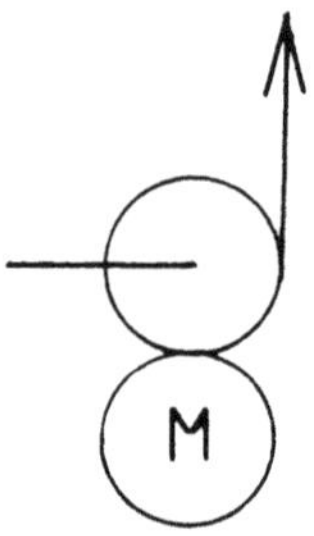

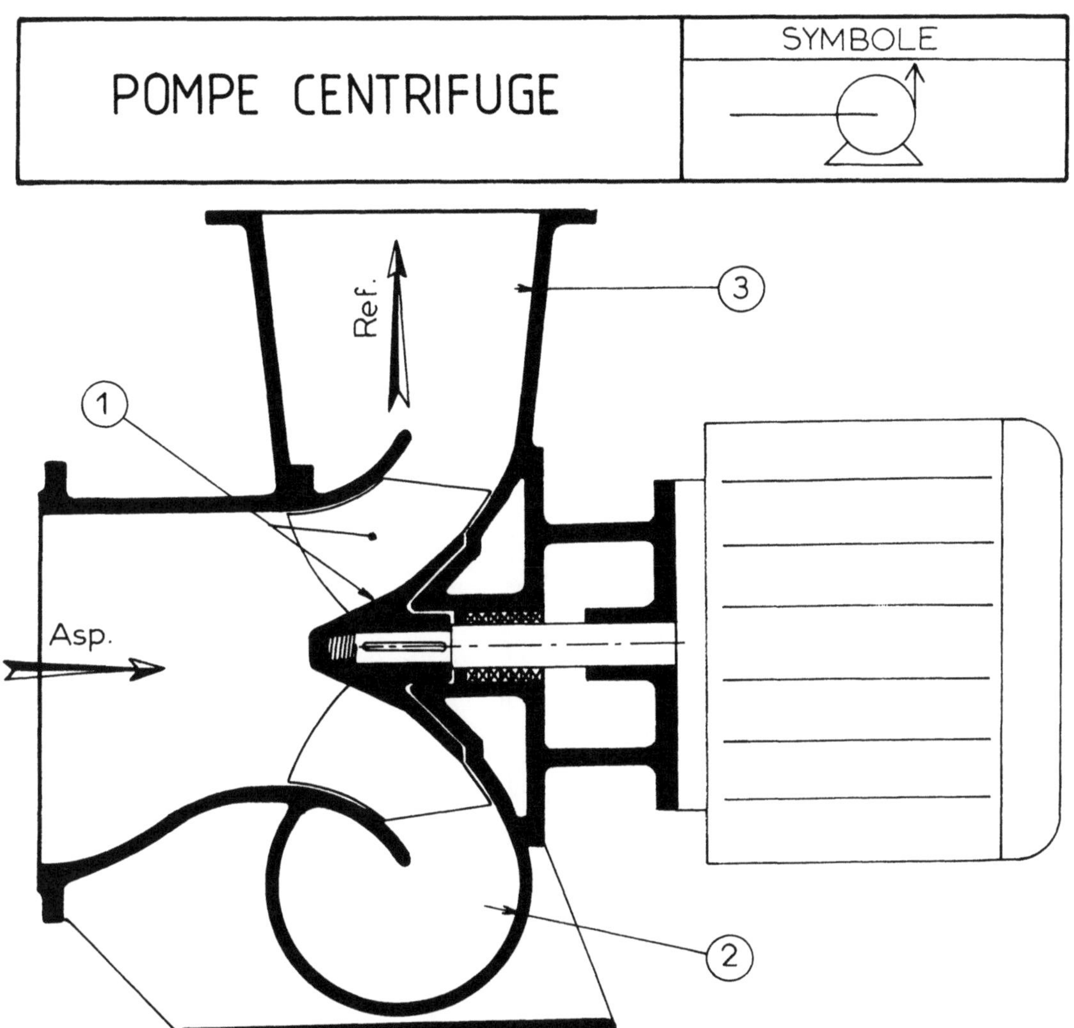

Principe de fonctionnement

Une pompe est dite «centrifuge» lorsqu'un disque muni d'ailettes① (appelé rotor ou turbine) tournant à l'intérieur d'un carter rempli de liquide, projette celui-ci vers la périphérie du carter par la force centrifuge.

Le carter② formant un anneau torique de section variable (dit volute) reçoit ce liquide qui s'évacue par une tubulure③ placée tangentiellement à la volute.

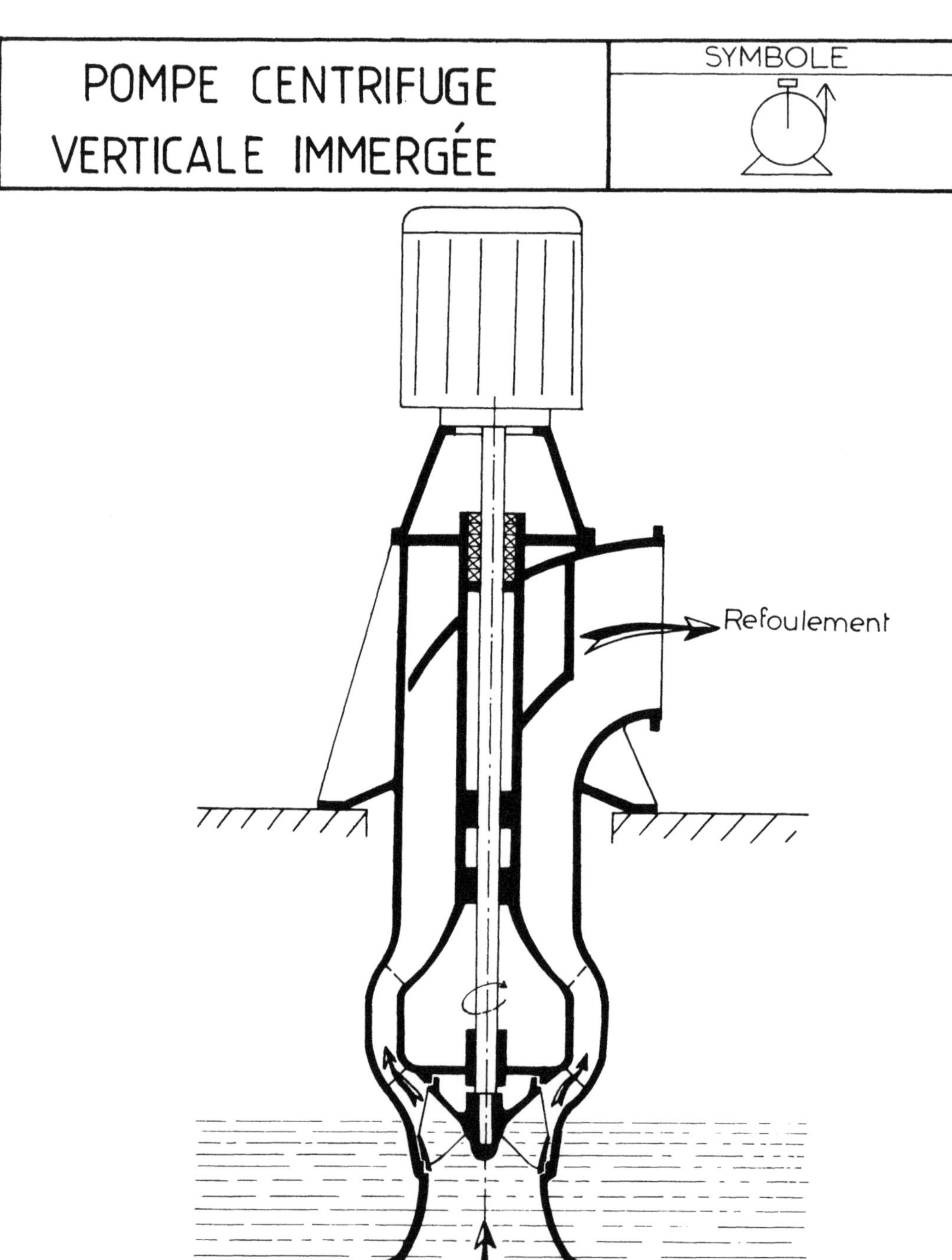
POMPE CENTRIFUGE
VERTICALE IMMERGÉE
SYMBOLE
Refoulement
Asp.

<table>
<tr><td>

POMPE VOLUMETRIQUE
A PALETTES

</td><td>

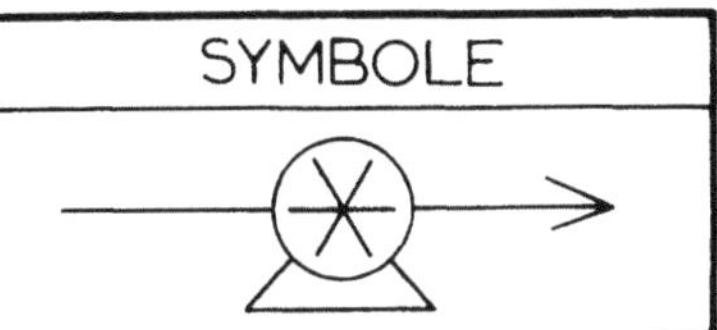

</td></tr>
</table>

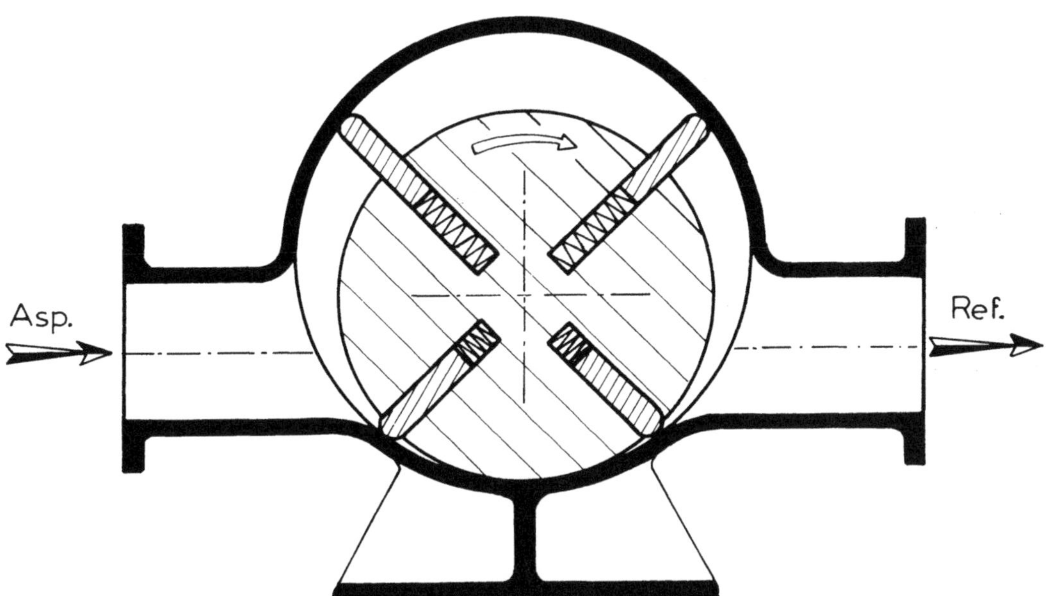

Définition d'une pompe volumétrique.

Une pompe est dite «volumétrique» lorsqu'à chaque déplacement des organes mobiles (piston, rotor + ailettes, vis, etc.) correspond un certain volume de liquide débité.

Principe de fonctionnement d'une pompe à ailettes.

Le rotor est composé d'un axe rainuré dans lequel sont montées des ailettes coulissantes.

Ce rotor monté excentré dans le carter permet d'obtenir des alvéoles de capacité différente. La capacité de ces alvéoles croît lorsqu'elles sont en communication avec l'orifice d'aspiration et décroît lorsqu'elles arrivent près de l'orifice de refoulement.

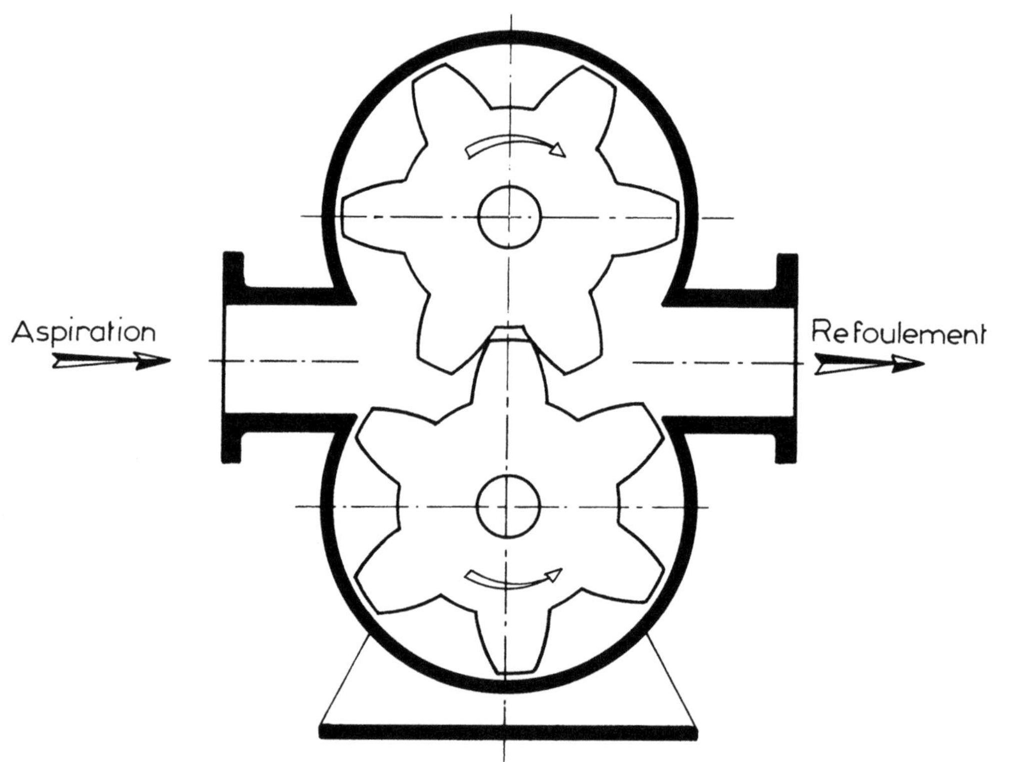

Principe de fonctionnement.

Les deux pignons sont entraînés en rotation et tournent en sens inverse.

Lors du passage à l'orifce d'aspiration, les dents des deux pignons emprisonnent le liquide et le transportent jusqu'à l'orifice de refoulement.

Le liquide est refoulé lors de l'engrènement et lorsque les dents se séparent, l'entre-dents devient libre et le liquide est aspiré.

<table>
<tr><td>

POMPE ROTATIVE
A DÉFORMATION

</td><td>

SYMBOLE

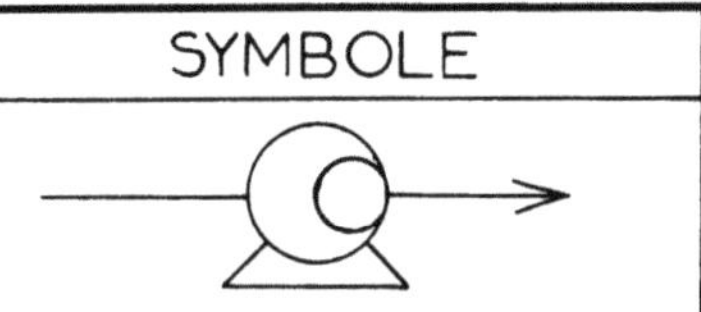

</td></tr>
</table>

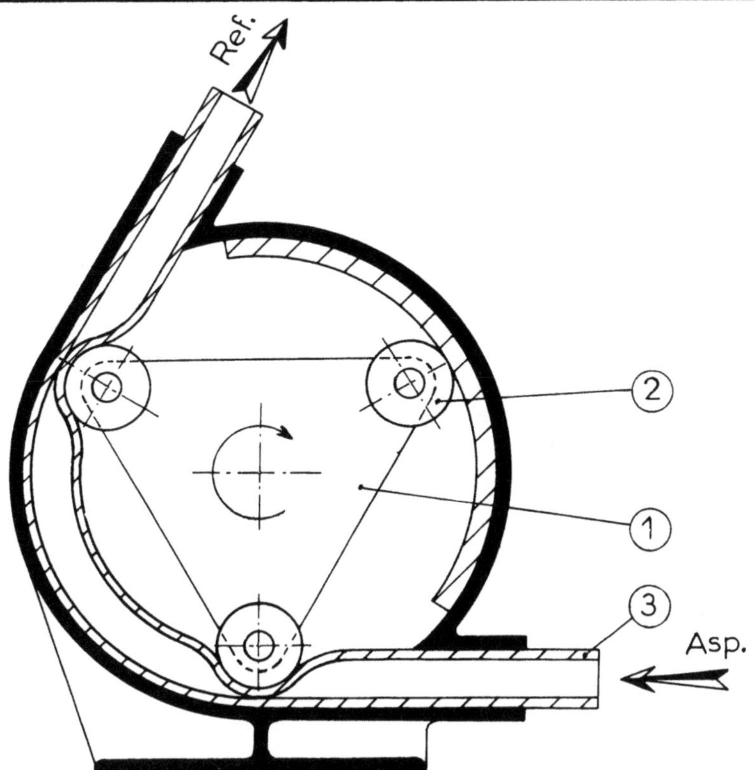

Principe de fonctionnement.

Un rotor ① , entraîné en rotation, se compose d'un plateau sur lequel sont montés trois galets libres en rotation

Dans leur rotation, les galets ② attaquent successivement le tube ③ qu'ils aplatissent. Le liquide se trouve aspiré à l'extrémité attaquée dont le volume croît. A l'extrémité opposée, le volume décroît et le liquide est refoulé.

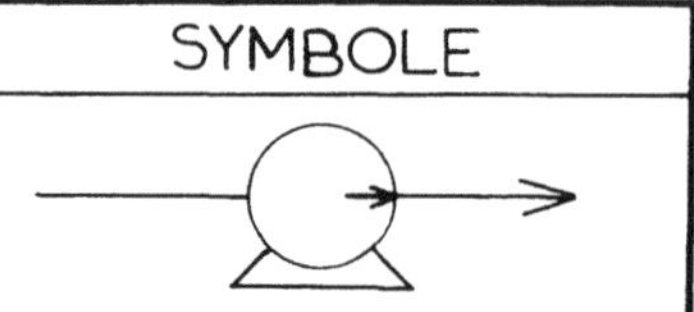

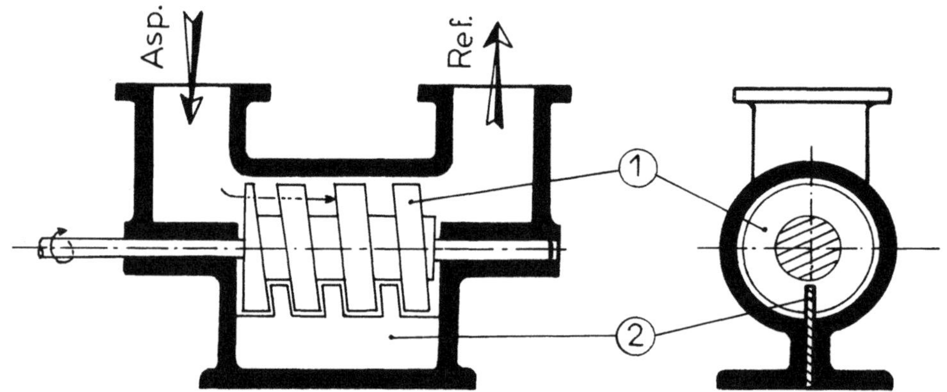

Principe de fonctionnement.

Cette pompe dérive directement de la vis d'Archimède.

La vis ① tourne dans le carter (Stator). Une cloison plane ② ajutée dans une rainure du carter, s'appuie sur l'axe. La vis la traverse suivant des rainures équidistantes. Le liquide compris entre deux spires de la vis est enfermé d'une part par le carter et d'autre part par la cloison et la vis. Ce liquide est obligé d'avancer lorsque la vis tourne dans le sens convenable.

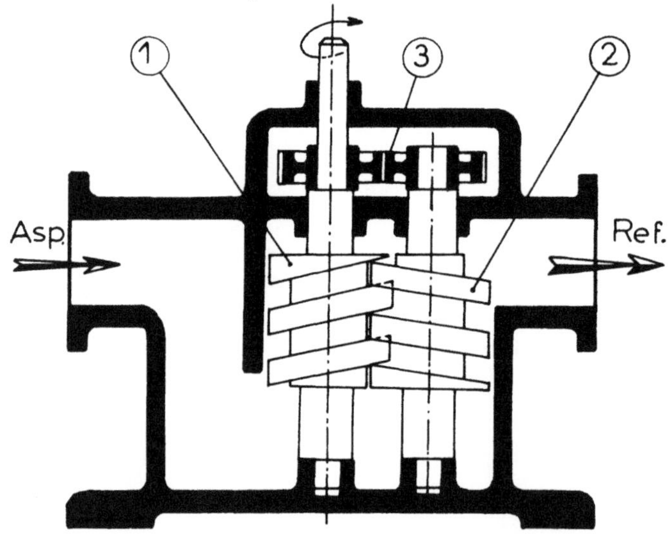

Principe de fonctionnement.

Deux vis à pas contraires ① et ② dont les filets s'interpénètrent tournent en sens inverse dans un carter, grâce au couple d'engrenages ③ .

Une capacité close se forme sur chaque rainure hélicoïdale entre : 2 spires, le carter, le noyau de la vis et l'autre filet.

Cette capacité monte lorsque les vis tournent. Elle se remplit à la partie inférieure où elle plonge dans le liquide, qu'elle refoule à la partie supérieure.

<table>
<tr><td>

POMPE ALTERNATIVE A PISTON

</td><td>

SYMBOLE
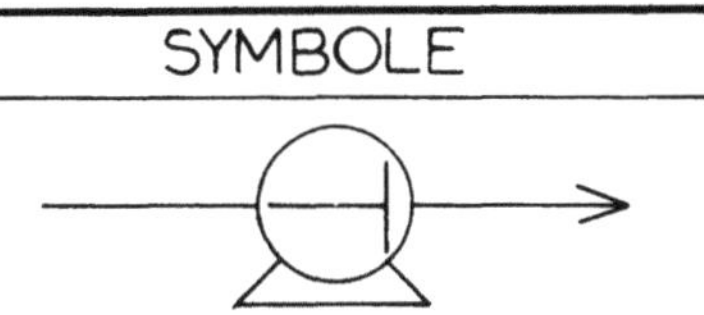

</td></tr>
</table>

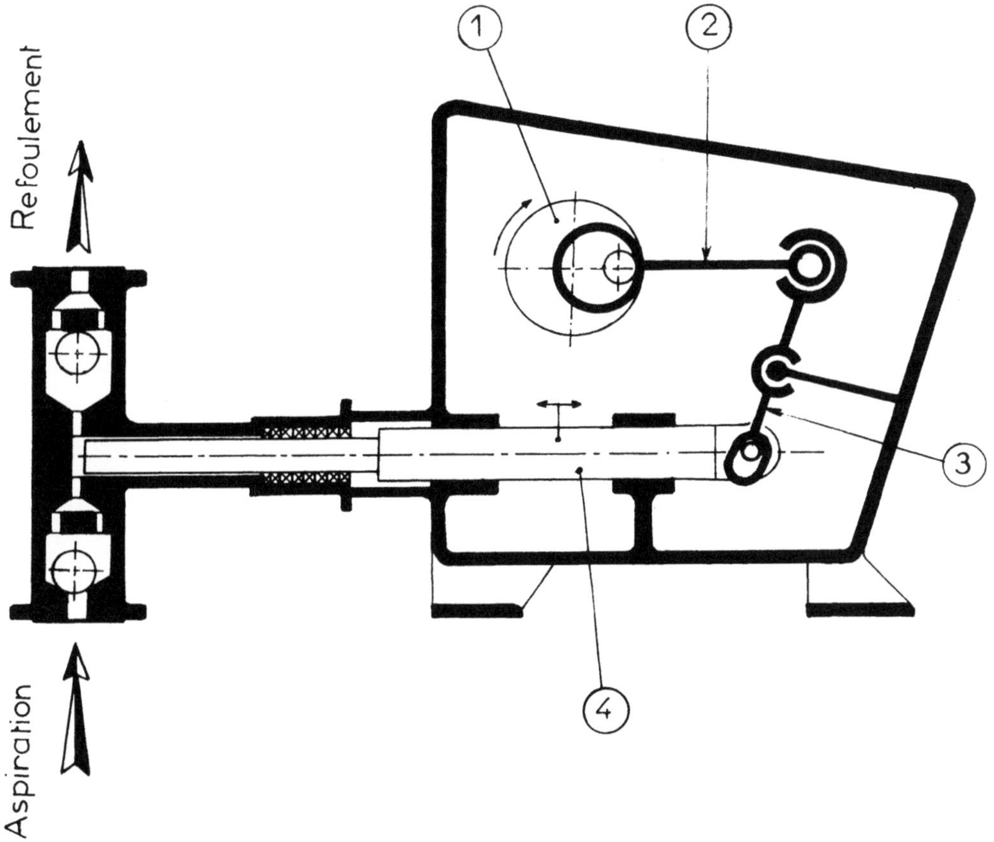

Principe de fonctionnement.

Un disque ① sur lequel est monté un maneton excentré, est entraîné en rotation. Le maneton actionne la bielette ② qui fait osciller la biellette articulée ③ . Cette oscillation donne à la tige-piston ④ un mouvement alternatif qui, par un jeu de clapets, permet d'aspirer et de refouler le liquide.

POMPE ALTERNATIVE A MEMBRANE

SYMBOLE

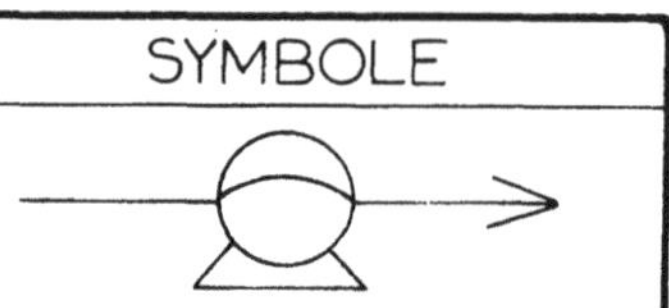

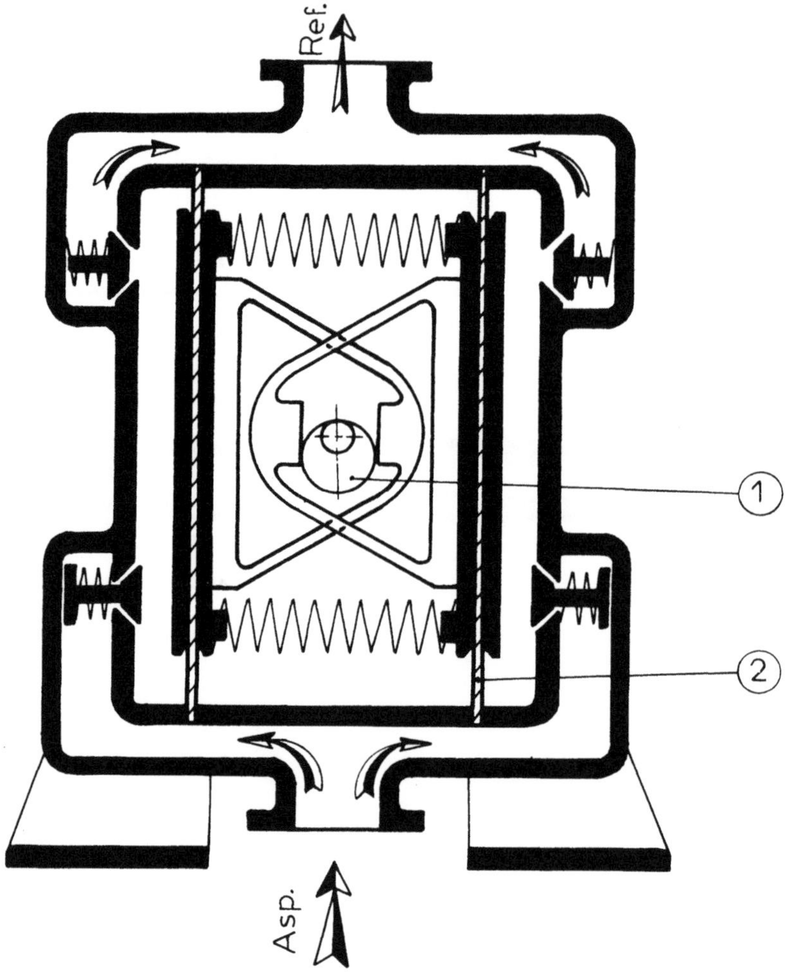

Principe de fonctionnement.

Le schéma représente une pompe à membrane à double effet.

Un disque excentré ① est entraîné en rotation. En tournant, ce disque déplace alternativement deux ensembles montés sur les membranes ② maintenues dans le carter. Le déplacement de la membrane est faible et la vitesse de rotation élevée. Par un jeu de clapets le liquide est aspiré et refoulé.

<table>
<tr><td>

POMPE DOSEUSE

</td><td>

SYMBOLE
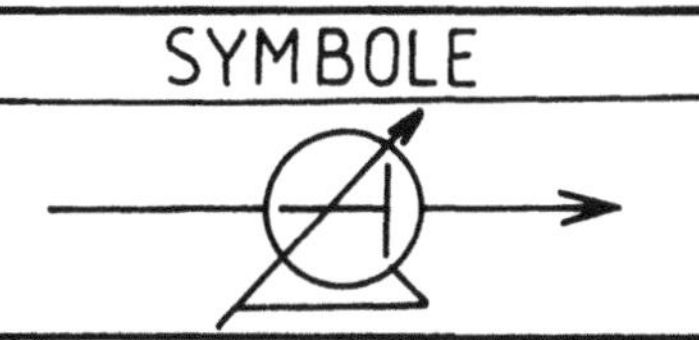

</td></tr>
</table>

Pompe doseuse
à piston avec
moto - variateur et
servo-moteur
pneumatique

Pompe doseuse
à membrane avec
moteur à air
comprimé

Pompe doseuse
à soufflet avec
2 têtes en verre
au borosilicate

9.5.3. Pompes à vide

DENOMINATION	SYMBOLE	OBSERVATIONS
A anneau liquide	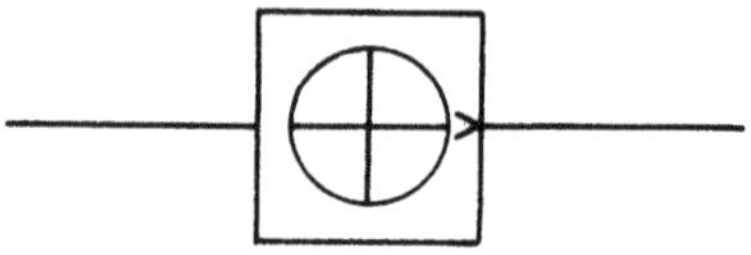	**Un cercle : 1 étage** **2 cercles : plusieurs étages**
Dépresseur à mobile tournant	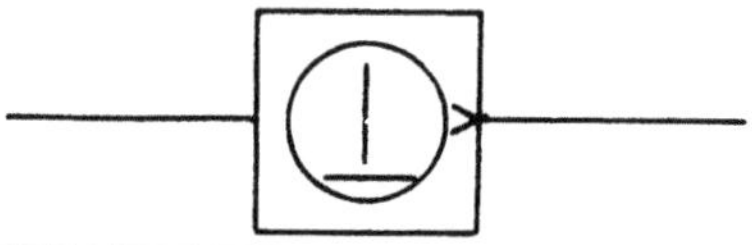	**Un trait horizontal et vertical : 1 étage** **2 traits verticaux et horizontaux : plusieurs étages**
A palettes ou à piston tournant	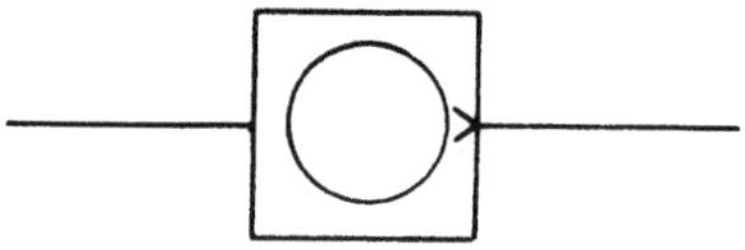	
Alternative	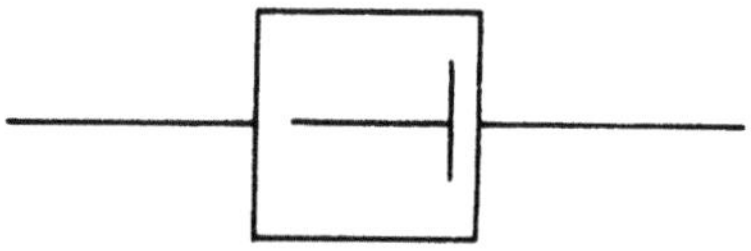	
Turbomoléculaire	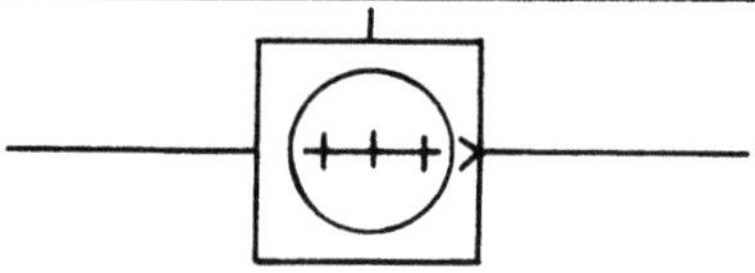	
A diffusion (huile, mercure, etc…)	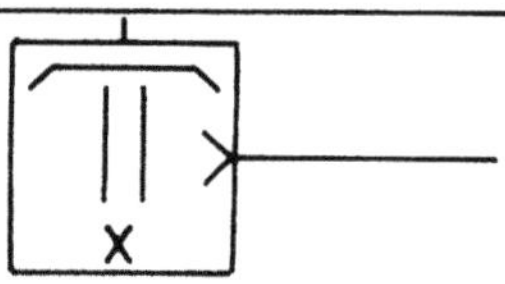	**Le symbole du fluide utilisé peut être représenté à la place de (x)**
A diffusion et à éjecteur	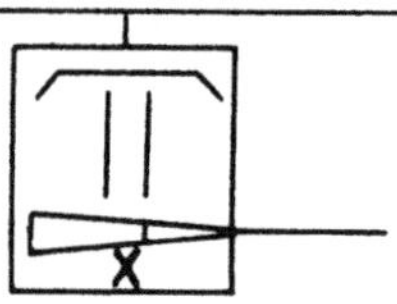	
A fixation (type non spécifié)	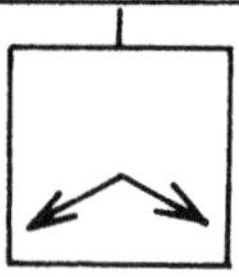	

9.5.4. Compresseurs

ROTATIFS	Centrifuge	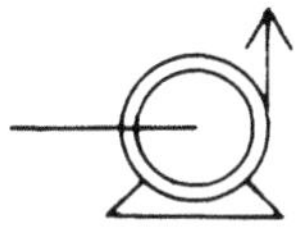
	Axial	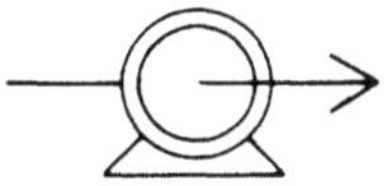
	A anneau liquide	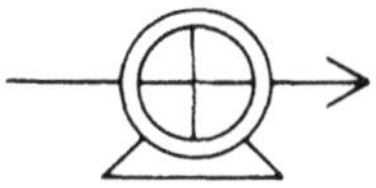
	A palettes	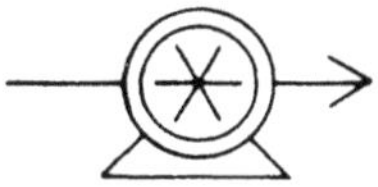
	A vis	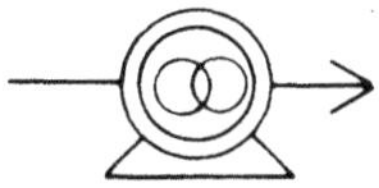
	Volumétrique autres types	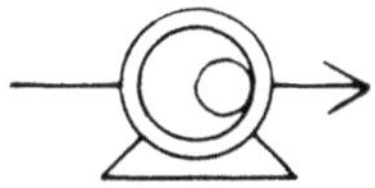
ALTERNATIFS	A piston	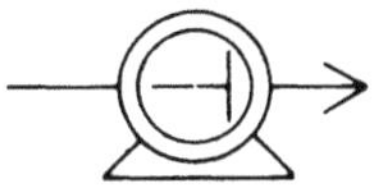
	A membrane	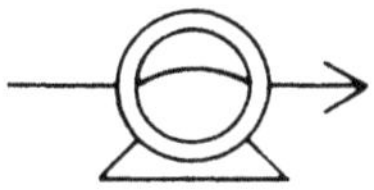

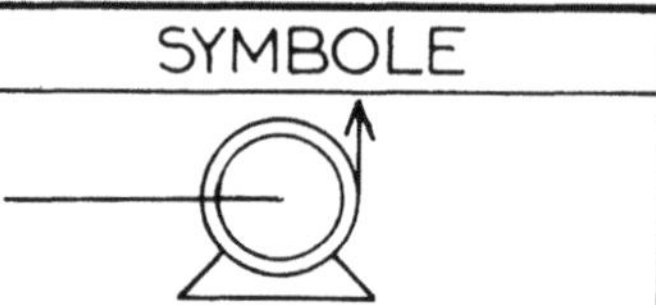

COMPRESSEUR CENTRIFUGE

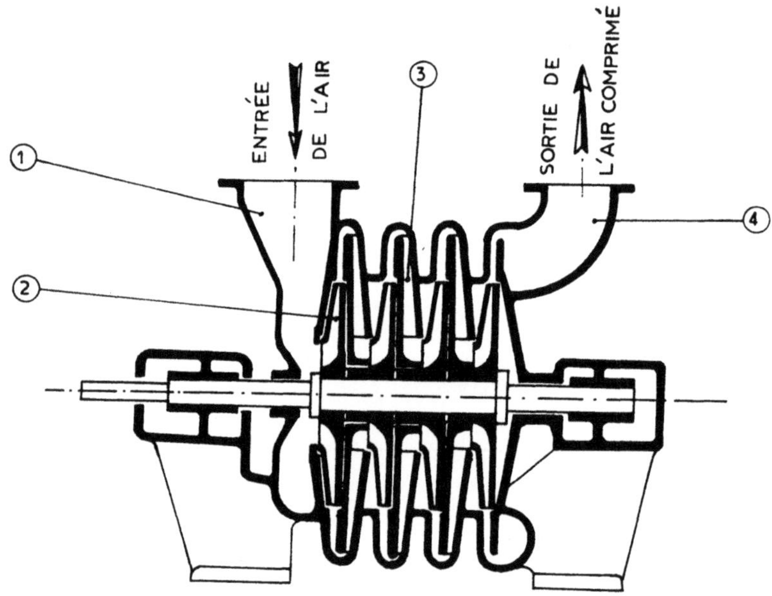

Principe de fonctionnement.

Le schéma ci-dessus représente un compresseur multicellulaire (une cellule est composée d'une roue à aubes et d'un diffuseur).

Une roue à aubes, ou rotor, est animée d'un mouvement de rotation très rapide à l'intérieur d'un carter. L'air est admis au centre du rotor, puis est entraîné par celui-ci le long des aubes pour être projeté vers la périphérie par la force centrifuge. A la sortie de la roue l'air est éjecté dans un diffuseur annulaire constitué généralement par deux flasques parallèles reliés entre eux par un aubage fixe. L'air dont la vitesse est réduite par le diffuseur, est éjecté à l'extérieur par l'intermédiaire d'un collecteur appelé volute.

<table>
<tr><td>

COMPRESSEUR AXIAL

</td><td>

SYMBOLE

</td></tr>
</table>

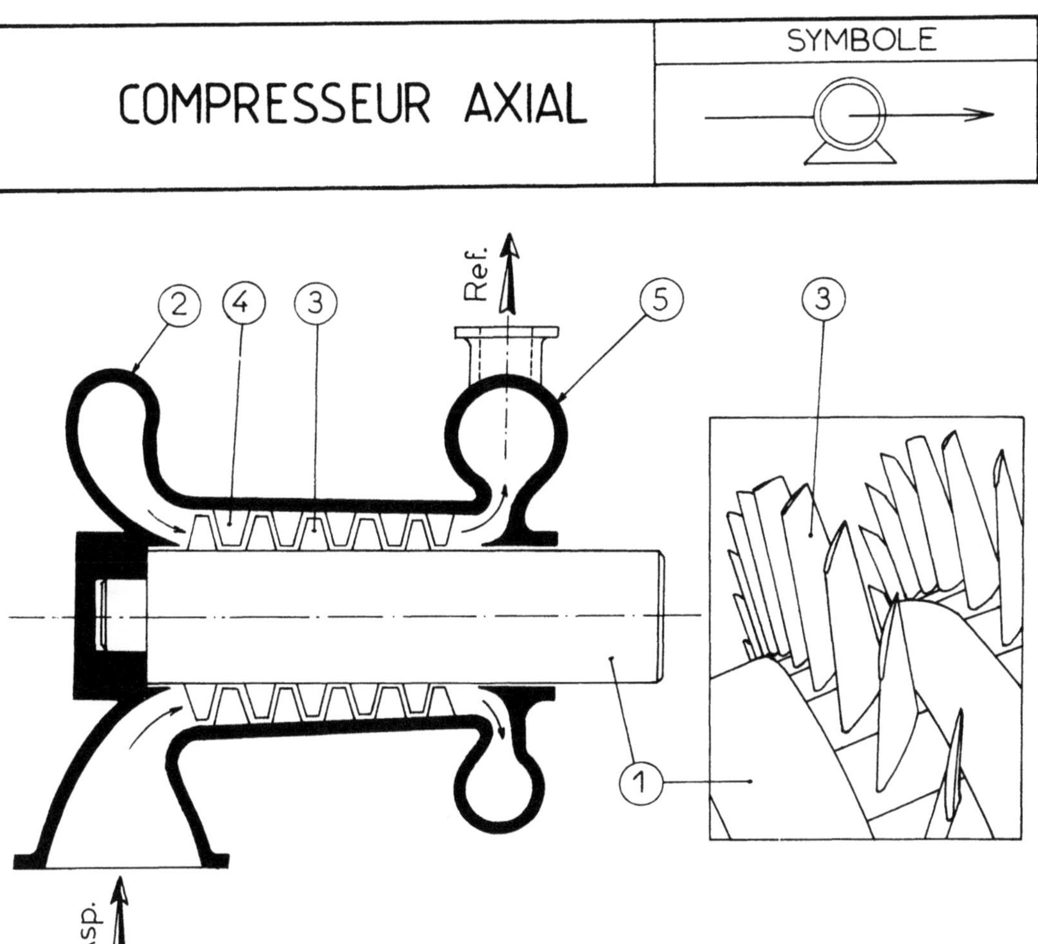

Principe de fonctionnement.

Ce compresseur se compose de plusieurs roues à ailettes ③ qui sont enclavées dans l'arbre du rotor ① , et de plusieurs diffuseurs également à ailettes ④ , mais ces derniers au lieu d'être annulaires comme dans le compresseur centrifuge, sont disposés derrière chaque roue.

Les ailettes de la première roue aspirent l'air dans la volute ② et le dirigent, en lui communiquant une certaine énergie, vers le diffuseur. A la sortie de celui-ci, une autre roue de diamètre inférieur à la première, entraîne à nouveau l'air pour lui communiquer un surcroit de vitesse et ainsi de suite d'étage en étage. La veine d'air s'écoule ainsi axialement à travers les ailettes des rotors et les ailettes directrices intermédiaires, avec un mouvement hélicoïdal.

En fin de parcours l'air est rejeté à l'extérieur par l'intermédiaire d'une volute ⑤ .

COMPRESSEUR A ANNEAU LIQUIDE

SYMBOLE

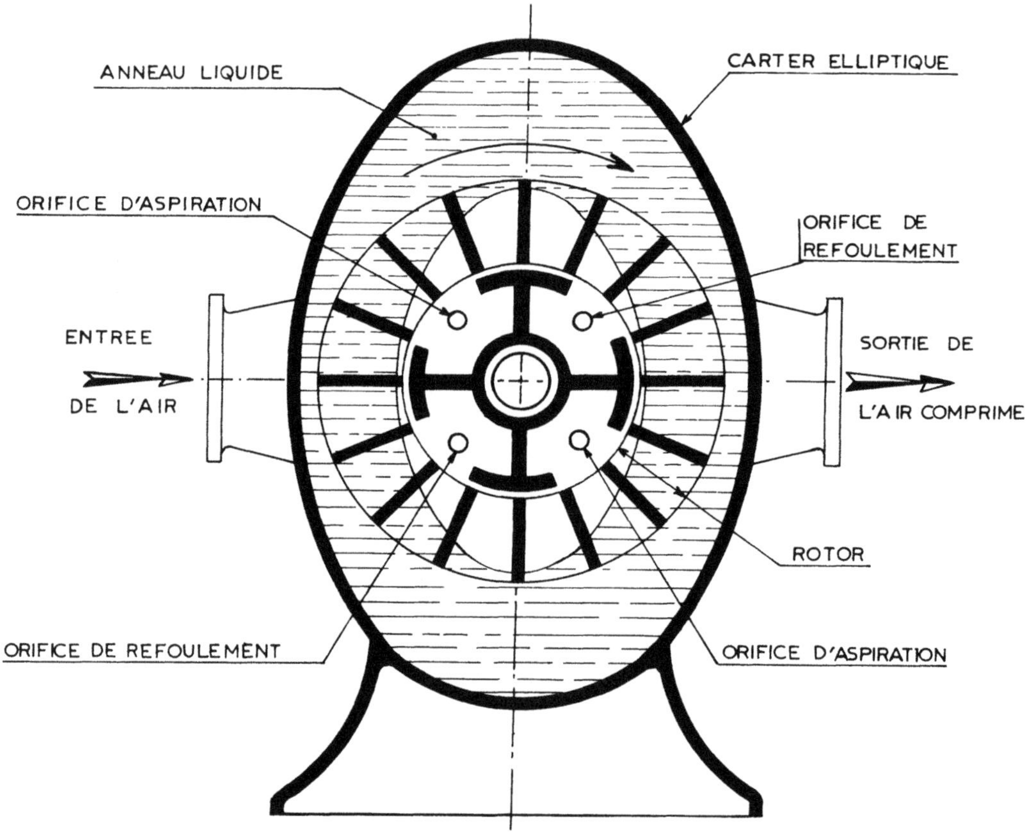

Principe de fonctionnement.

Le compresseur est constitué par un rotor comportant des palettes radiales fixes et d'un stator généralement de forme elliptique. Un volume d'eau, entraîné par le rotor, est projeté par la force centrifuge sur les parois du stator et forme un anneau liquide. L'aspiration et la compression sont obtenues par l'augmentation, puis la réduction du volume d'air emprisonné entre les palettes et l'anneau liquide. L'arrivée de l'air et le refoulement de l'air comprimé s'effectuent par des orifices centraux.

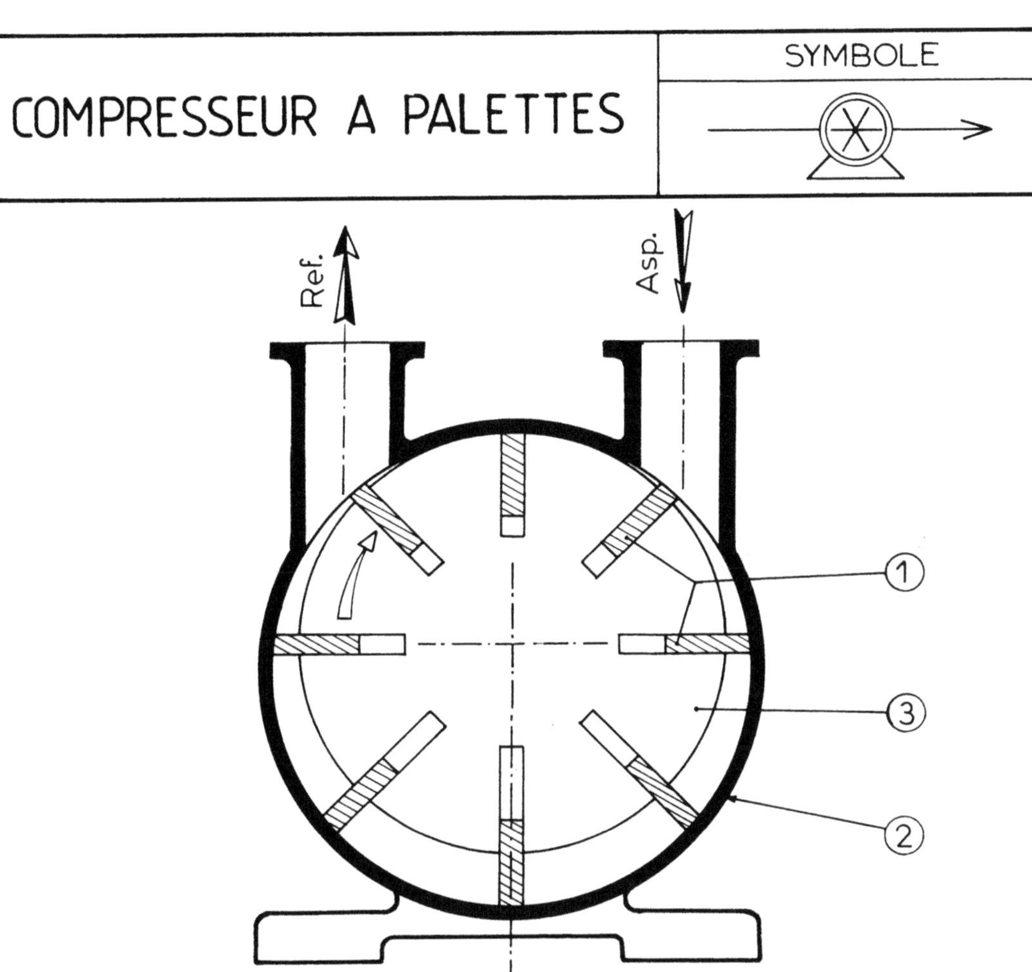

Principe de fonctionnement.

Le compresseur rotatif à palettes est constitué par un rotor ③ dont l'axe est excentré par rapport à celui du stator ② . Le rotor comporte des palettes ① insérées dans des rainures radiales. Sous l'effet de la force centrifuge, les palettes se déplacent librement dans les rainures et sont projetées sur la surface interne du stator, subdivisant la chambre de compression en plusieurs cellules. A chaque révolution, la variation de leur volume entre un maximum et un minimum provoque successivement l'aspiration, la compression et le refoulement. L'air pénètre à l'endroit où les cellules ont le volume le plus grand, par des lumières situées dans la paroi du cylindre pour en sortir du côté opposé, à l'endroit où le volume est le plus réduit.

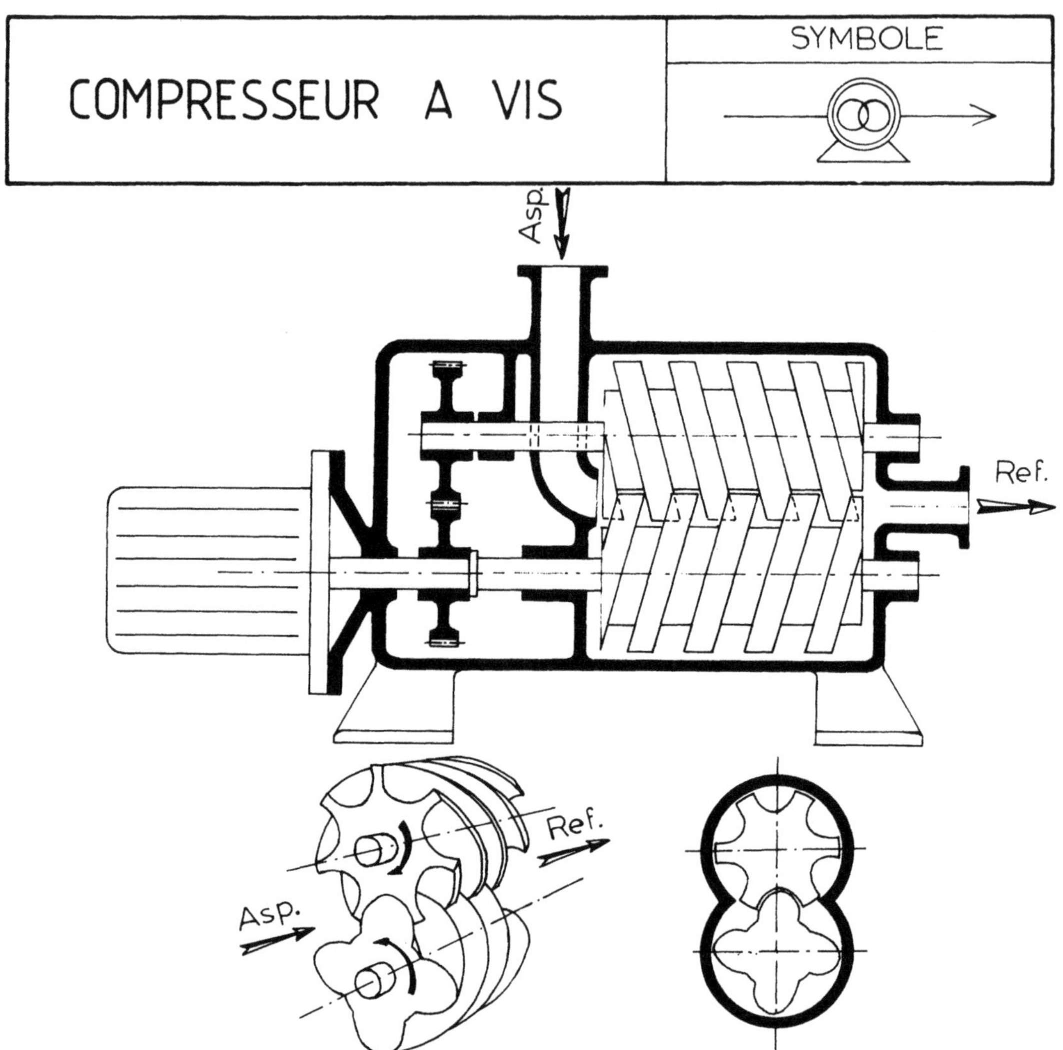

Principe de fonctionnement.

La partie tournante est composée par deux engrenages hélicoïdaux à pas allongé (appelé également vis). Ces deux engrenages tournent en sens contraire avec un très faible jeu, d'une part, entre les dents, et d'autre part, avec l'intérieur du carter. Le passage de l'air s'effectue parallèlement aux axes des deux rotors, le volume occupé par l'air entre deux dents varie au cours de la rotation et la compression demeure ainsi progressive assurant un débit régulier.

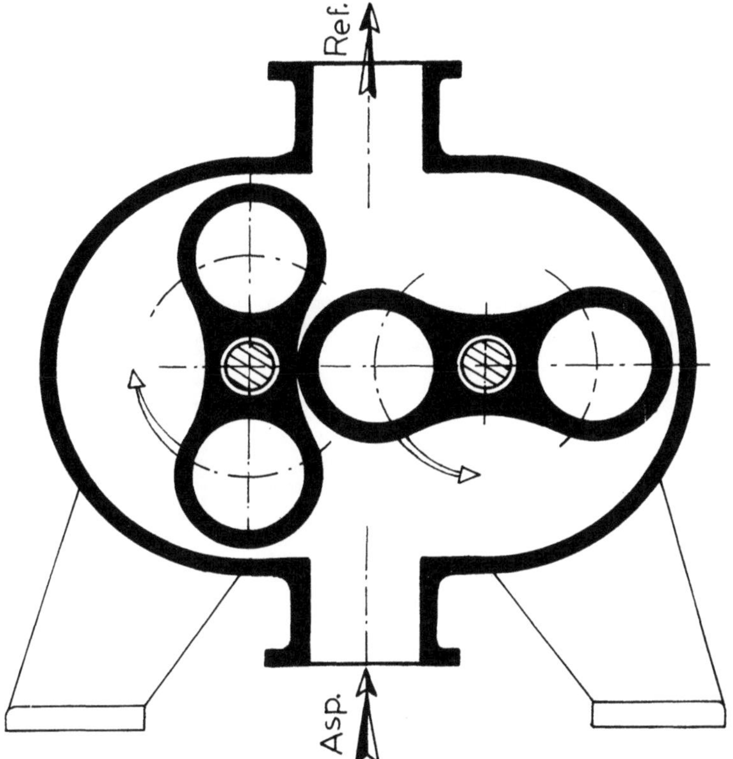

Principe de fonctionnement.

Le compresseur est constitué par deux lobes rappelant la forme d'un huit s'imbriquant l'un dans l'autre, dont les arbres sont extérieurement liés par engrenages. Les rotors tournant dans le carter transportent l'air de l'orifice d'aspiration vers celui du refoulement. L'afflux constant vers la sortie provoque l'élévation de la pression.

COMPRESSEUR ALTERNATIF A PISTON

SYMBOLE

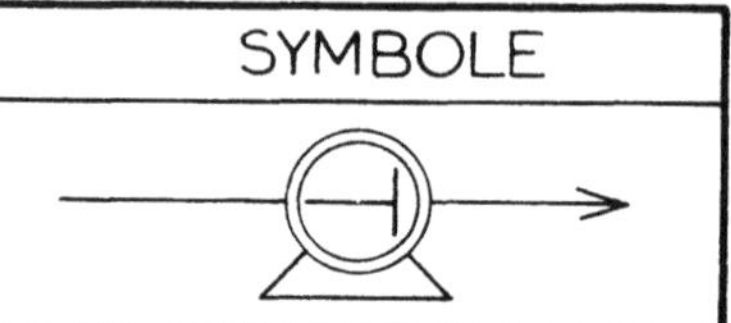

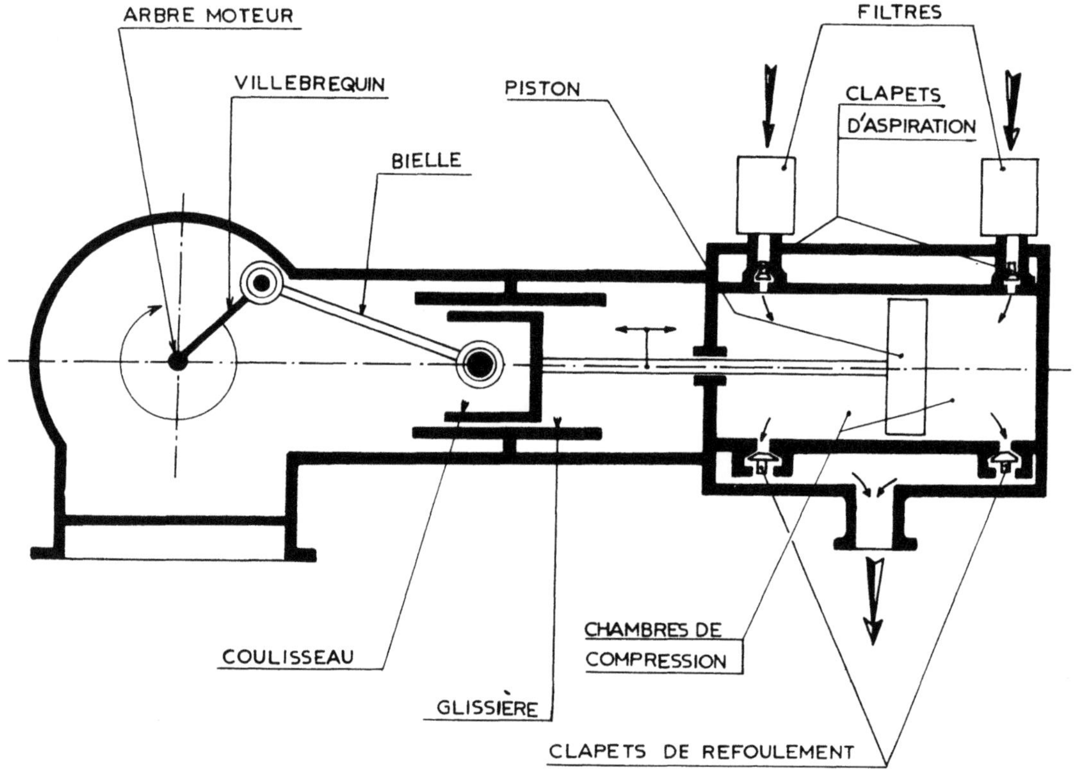

Principe de fonctionnement.

Le schéma ci-dessus représente un compresseur à piston à double effet. Le piston est entraîné par une tige fixée à la bielle au moyen d'une crosse qui se déplace à l'intérieur d'une glissière. L'admission et le refoulement de l'air sont assurés par un ensemble de soupapes ou de clapets, le plus souvent automatiques.

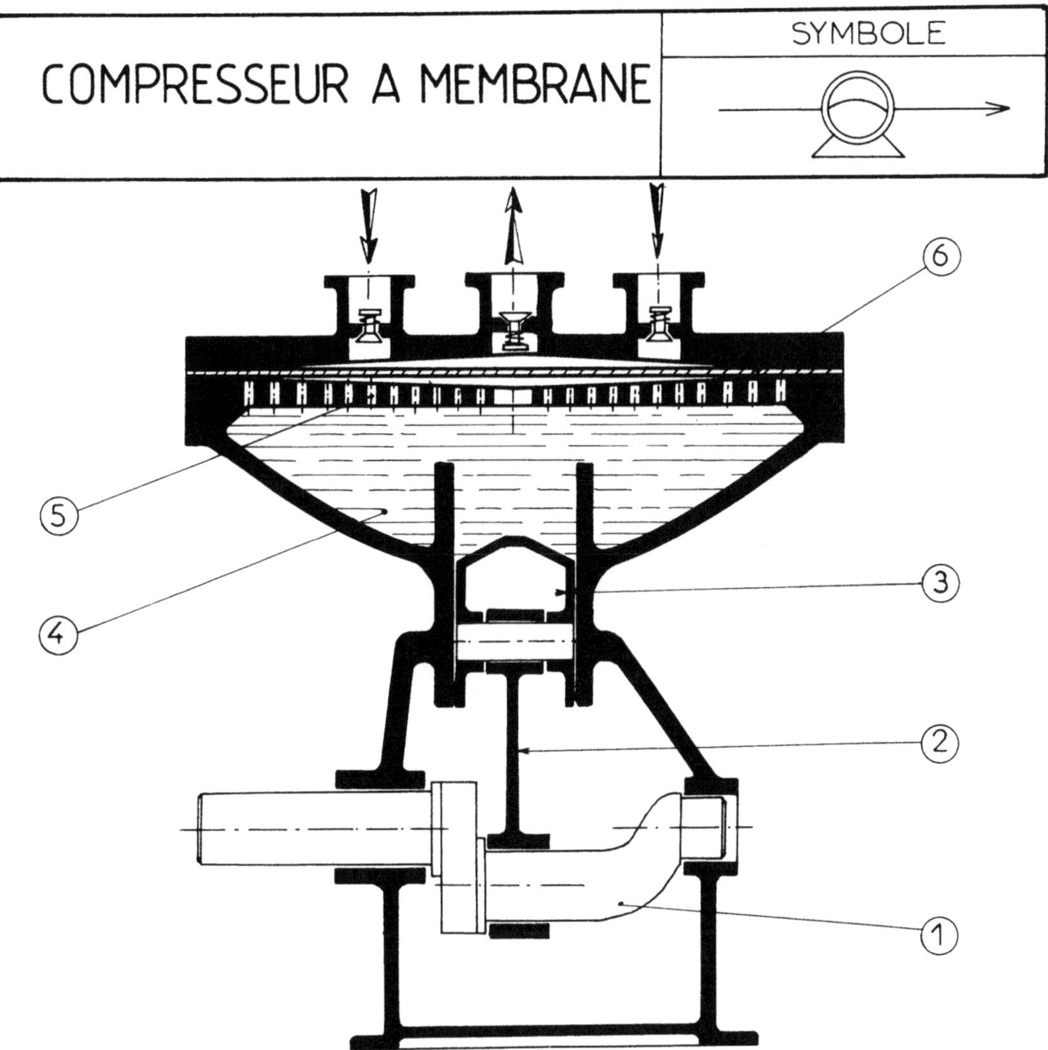

Principe de fonctionnement.

L'aspiration et la compression de l'air sont assurées par la déformation d'une membrane ⑥ . Un piston ③ , commandé par un ensemble bielle ② - villebrequin ① agit sur un matelas d'huile ④ . Celui-ci à travers une plaque perforée ⑤ , transmet la pression à la membrane ⑥ cloisonnant la chambre de compression dans laquelle l'air est alternativement aspiré et refoulé par la déformation de la membrane.

9.5.5. Appareils à jet

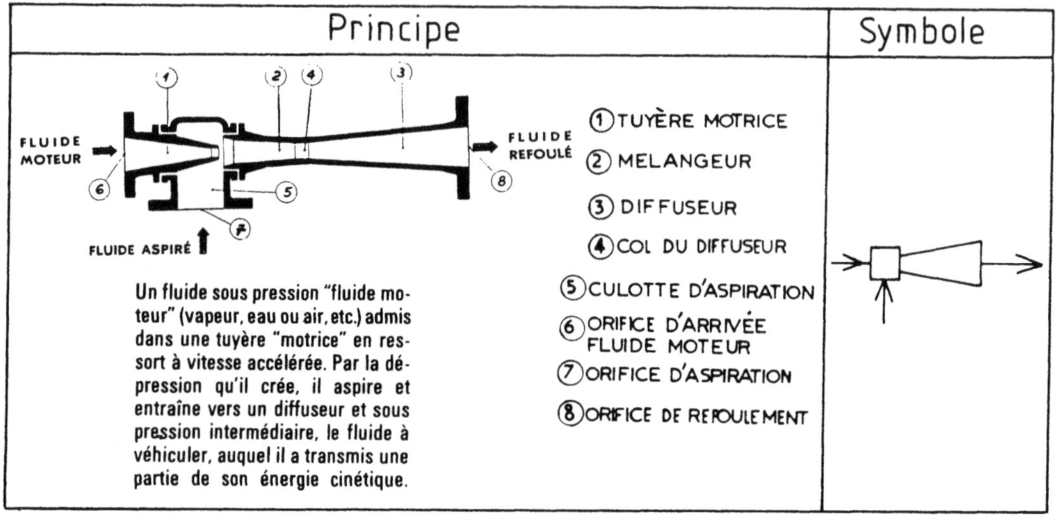

Un fluide sous pression "fluide moteur" (vapeur, eau ou air, etc.) admis dans une tuyère "motrice" en ressort à vitesse accélérée. Par la dépression qu'il crée, il aspire et entraîne vers un diffuseur et sous pression intermédiaire, le fluide à véhiculer, auquel il a transmis une partie de son énergie cinétique.

EXEMPLES D'INSTALLATION

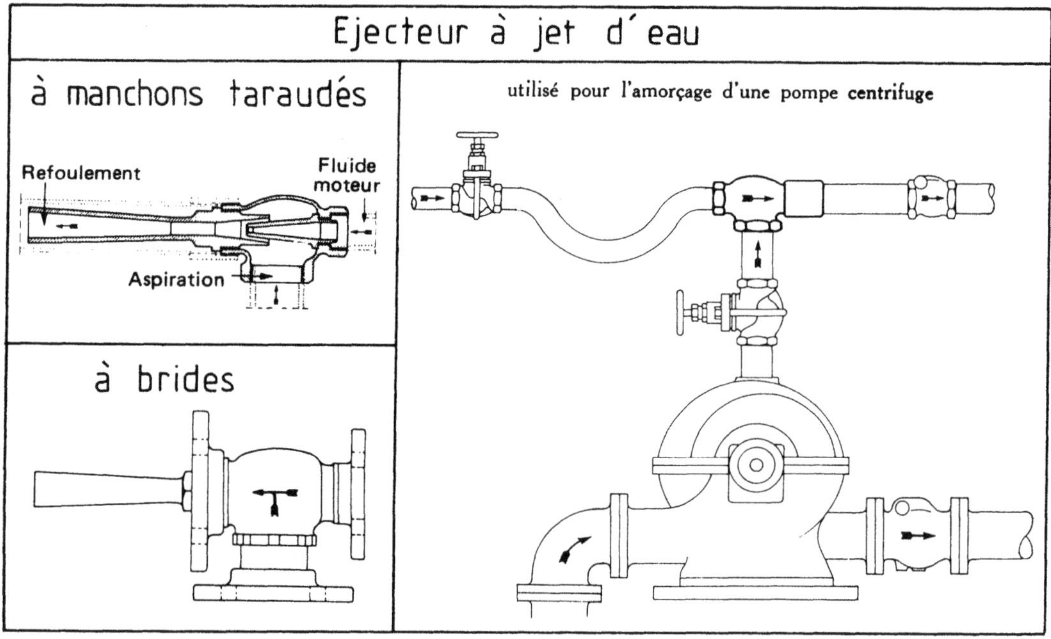

Injecteur à jet de vapeur

à abouts filetés

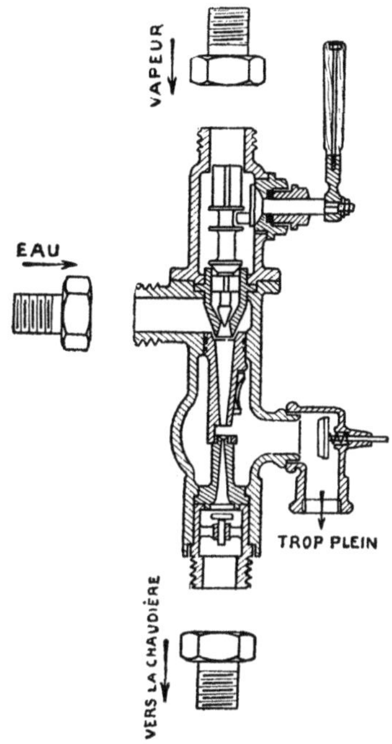

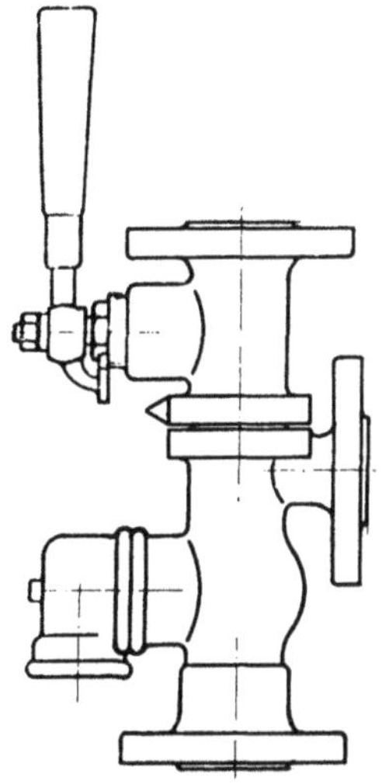

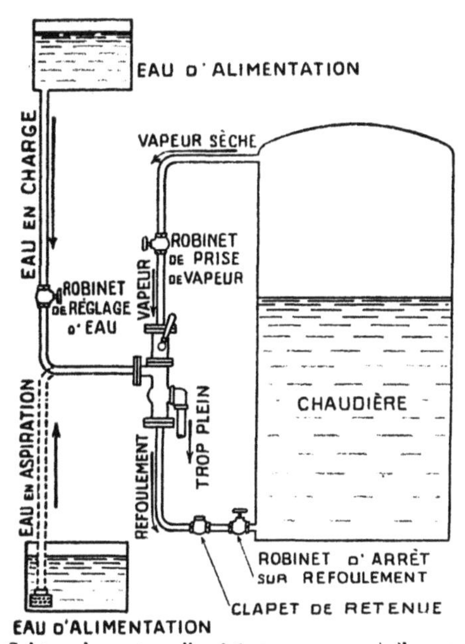

Schéma de montage d'un injecteur recevant de l'eau en charge (trait plein) ou de l'eau en aspiration (trait pointillé).

à brides

Ces appareils à réamorçage automatique appliquent le principe du "Giffard", et permettent d'alimenter une chaudière à vapeur sans surpression, alors que toutes les pompes alimentaires refoulent avec une pression supérieure à la pression normale de marche. Dans les injecteurs d'alimentation, une série de cônes convergents et divergents créent le vide pour leur alimentation en eau et donnent à l'émulsion "eau-vapeur" une très grande vitesse à l'arrivée dans la chaudière. C'est ce dynamisme qui permet l'alimentation, de même qu'un corps, tombant en chute libre, exerce une force supérieure à son propre poids, en raison de son énergie cinétique.

La force vive de l'émulsion "eau-vapeur" tient lieu de surpression, mais ces appareils ne fonctionnent qu'avec une pression de vapeur minimale de l'ordre de 2,5 à 3 bar.

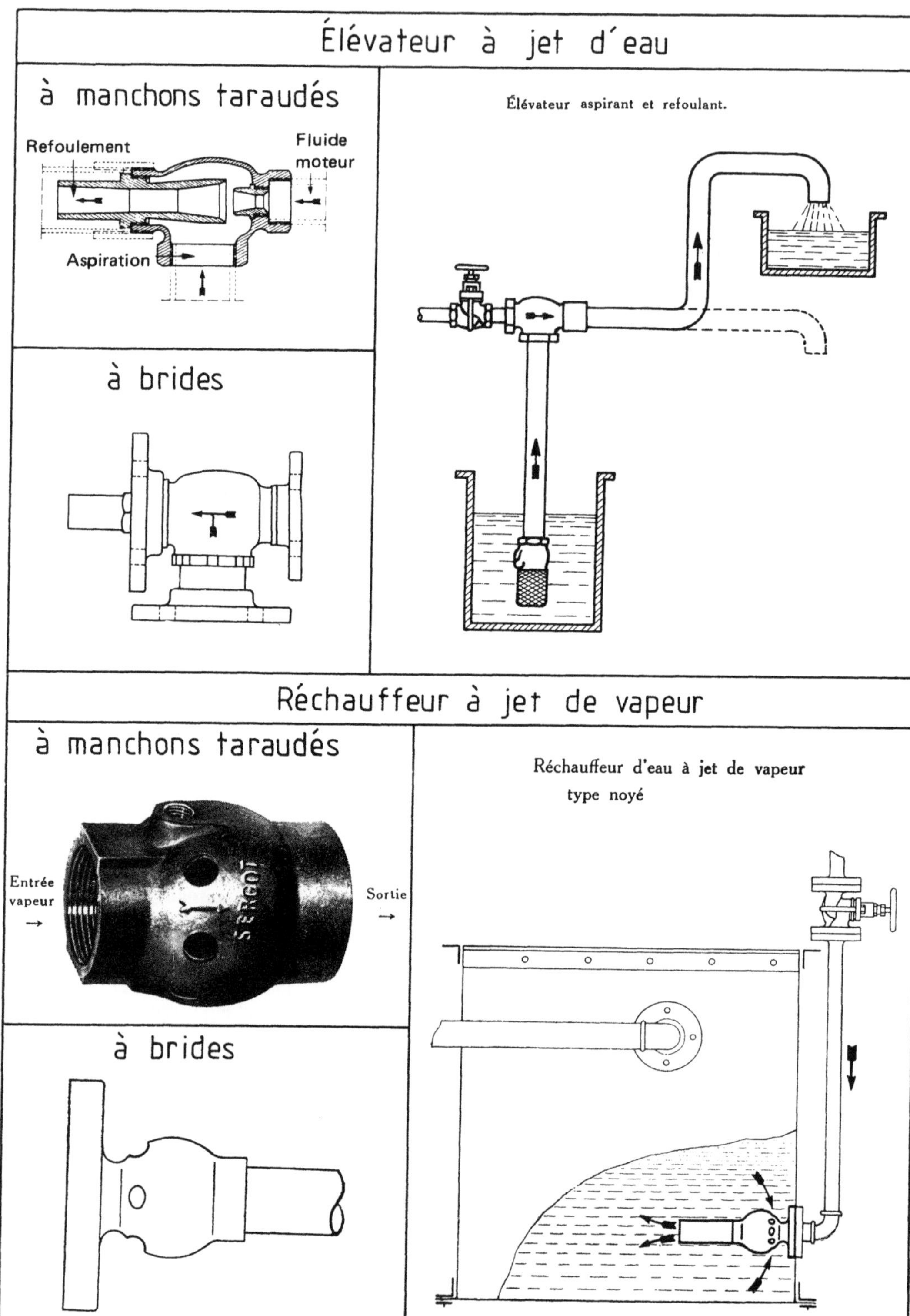
Élévateur à jet d'eau
à manchons taraudés
Élévateur aspirant et refoulant.
Refoulement
Fluide moteur
Aspiration
à brides
Réchauffeur à jet de vapeur
à manchons taraudés
Réchauffeur d'eau à jet de vapeur
type noyé
Entrée vapeur
Sortie
SERGOT
à brides

9.6. IDENTIFICATION D'UN APPAREIL

L'analyse d'un appareil de tuyauterie : robinet, vanne, clapet, soupape de sûreté, détendeur, purgeur, appareil à jet ou appareil à déplacer les fluides, détermine les différents éléments fonctionnels qui conduisent à la symbolisation.

Cette identification peut être réalisée en cochant les différentes fonctions sur une fiche technique prévue pour chaque type d'appareil. Imprimé ci-dessous pour vanne et robinet :

FICHE TECHNIQUE		Robinet ☐		Vanne ☐	
Plan	**Recherche des éléments**				
	Mode de raccordement	Brides			☐
		Filetage	Abouts filetés		☐
			Manchons taraudés		☐
		Soudage	Bout à bout		☐
			Avec emboîtement		☐
	Obturation	Par mouvement rectiligne	Opercule		☐
			Soupape		☐
			Pointeau		☐
			Piston		☐
			Membrane		☐
		Par mouvement rotatif	Papillon		☐
			A boisseau — 2 voies	Droit	☐
				équerre	☐
			A boisseau — 3 voies	2 lum^e	☐
				3 lum^e	☐
			A boisseau — 4 voies	3 lum^e	☐
				2×2 lum	☐
			A tournant sphérique		☐
	Fonctions spécifiques	Réglage			☐
		Régulation			☐
		Double enveloppe			☐
Symbole	Commande	A distance			☐
		Asservie			☐
		Manuelle	Volant de manœuvre		☐
			Levier		☐
		Mécanisée	Mouvement rectiligne — Flotteur		☐
			Mouvement rectiligne — Vérin	Pneum.	☐
				Hydraul.	☐
			Mouvement rectiligne — Membrane	Pneum.	☐
				Hydraul.	☐
			Mouvement rectiligne — Electro-aimant	1 enroul.	☐
				2 enroul	☐
			Mouvement rotatif	Pneumatique	☐
				Hydraulique	☐
				Electrique	☐
	Equipements spéciaux	Commande manuelle de secours			☐
		Indicateur de position			☐

Exemple de fiche d'identification d'un robinet page 176 :

FICHE TECHNIQUE	Robinet ▨	Vanne ☐

Plan	**Recherche des éléments**				
	Mode de raccordement	Brides			
		Filetage	Abouts filetés		
			Manchons taraudés		▨
		Soudage	Bout à bout		
			Avec emboitement		
	Obturation	Par mouvement rectiligne	Opercule		
			Soupape		▨
			Pointeau		
			Piston		
			Membrane		
		Par mouvement rotatif	Papillon		
			A boisseau	2 voies	Droit
					équerre
				3 voies	2 lum$^{\underline{e}}$
					3 lum$^{\underline{e}}$
				4 voies	3 lum$^{\underline{e}}$
					2×2 lum
			A tournant sphérique		
	Fonctions spécifiques	Règlage			
		Régulation			
		Double enveloppe			
	Commande	A distance			
		Asservie			
		Manuelle	Volant de manœuvre		
			Levier		
		Mécanisée	Mouvement rectiligne	Flotteur	
				Vérin	Pneum.
					Hydraul.
				Membrane	Pneum.
					Hydraul.
				Electro-aimant	1 enroul.
					2 enroul.
			Mouvement rotatif	Pneumatique	
				Hydraulique	
				Electrique	▨
	Équipements spéciaux	Commande manuelle de secours			▨
		Indicateur de position			

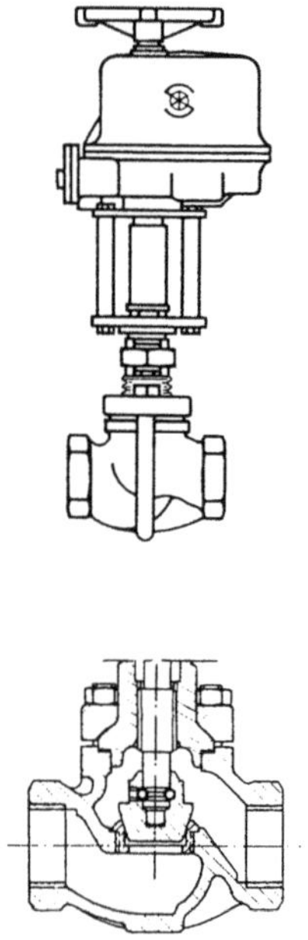

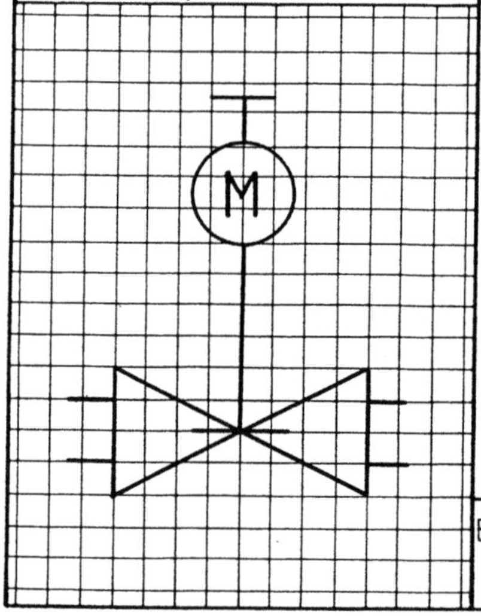

Symbole

CHAPITRE 10

PLANCHES D'APPLICATION

Ces planches d'application ne sont données qu'à titre d'exemples

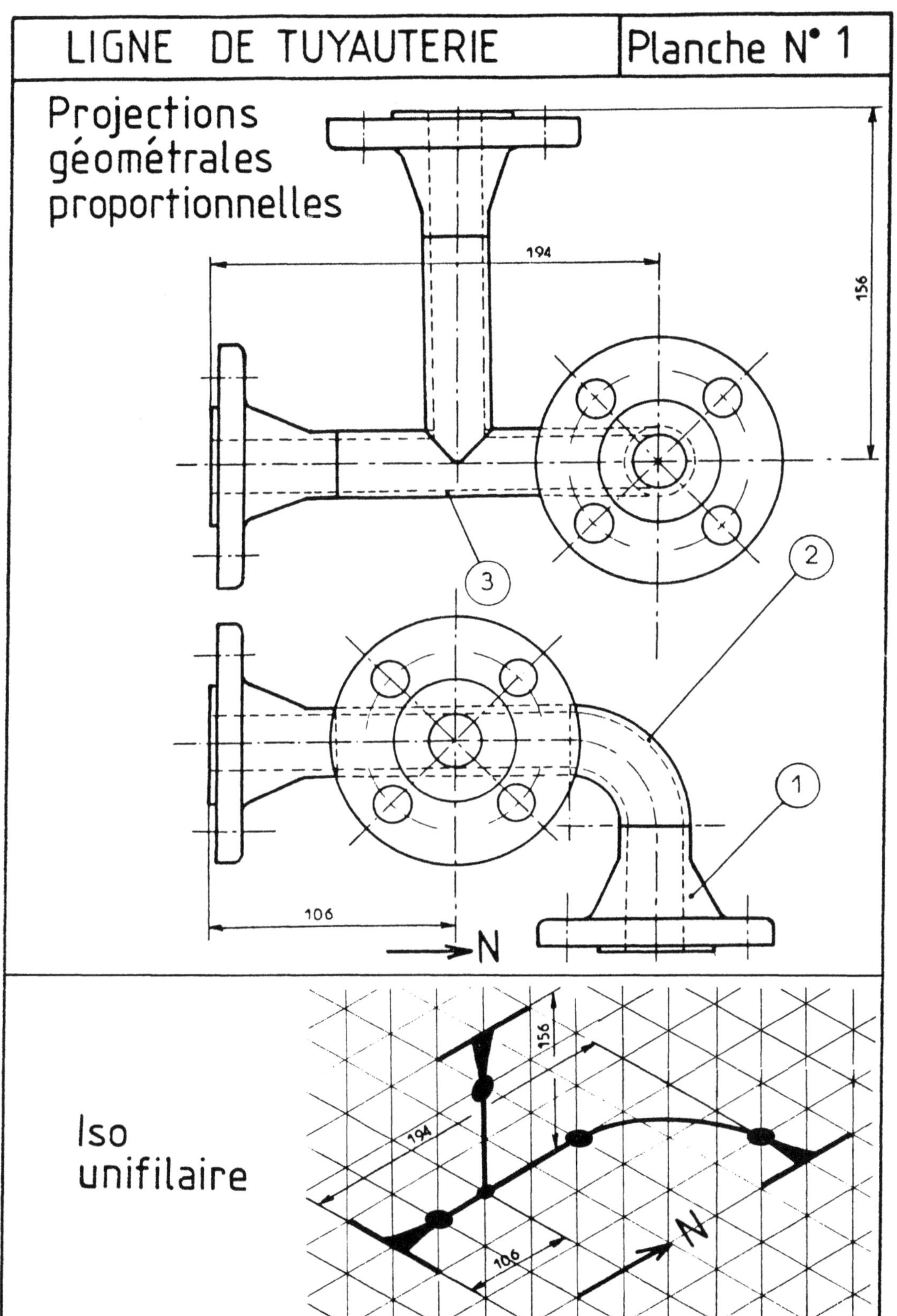
LIGNE DE TUYAUTERIE
Planche N° 1
Projections
géométrales
proportionnelles
194
156
3
2
1
106
N
Iso
unifilaire
156
194
106
N

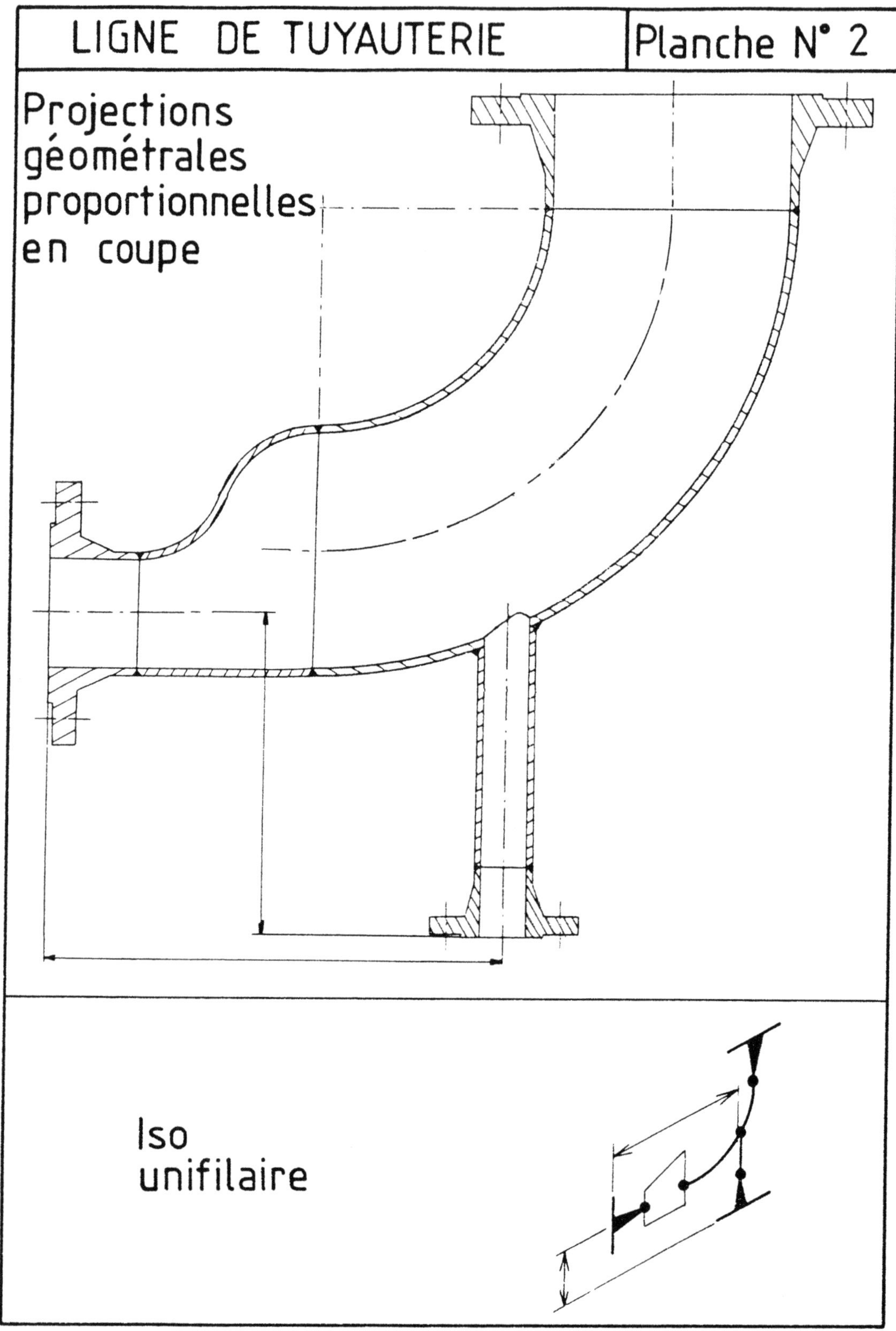
LIGNE DE TUYAUTERIE
Planche N° 2
Projections
géométrales
proportionnelles
en coupe
Iso
unifilaire

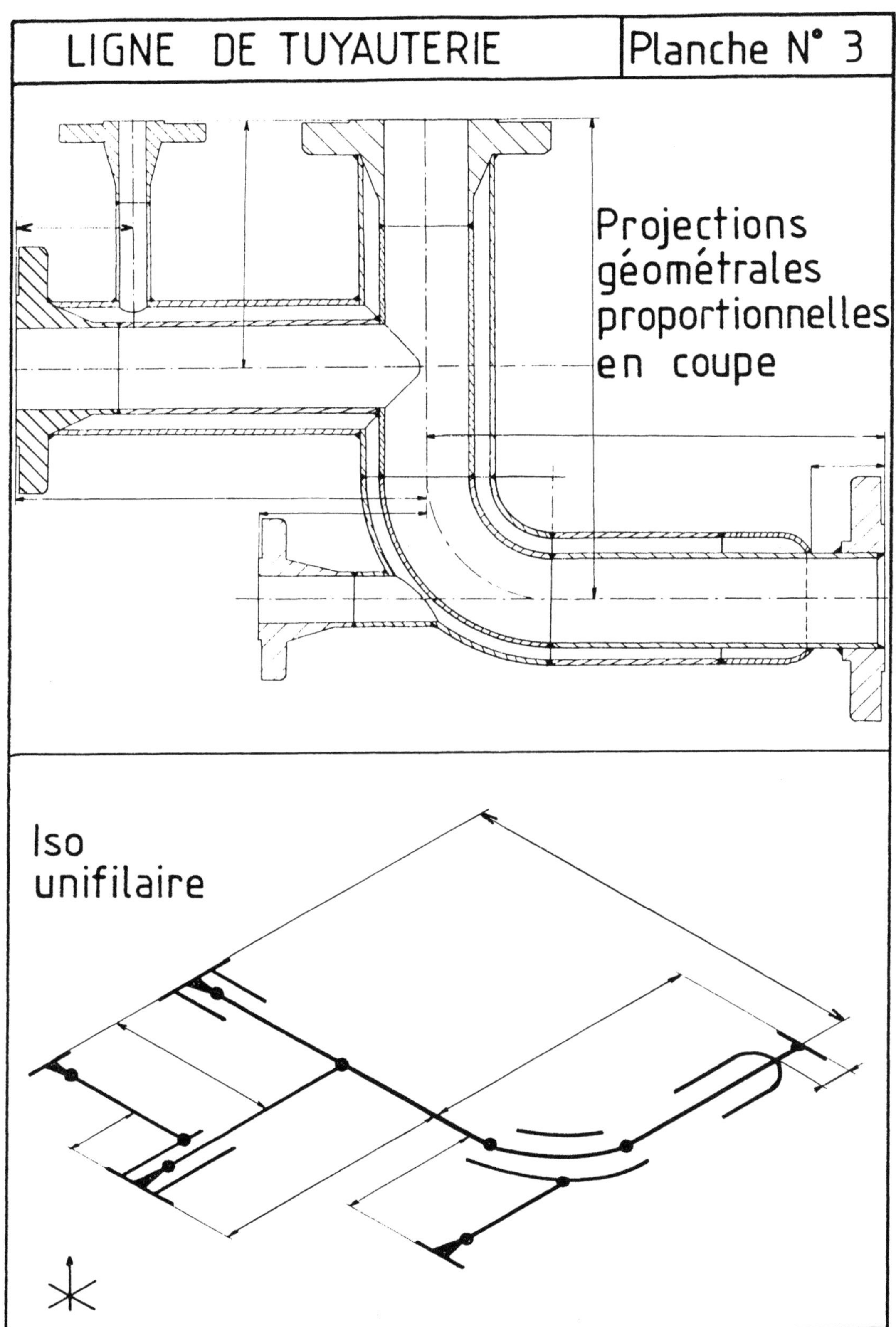

LIGNE DE TUYAUTERIE
Planche N° 3
Projections
géométrales
proportionnelles
en coupe
Iso
unifilaire

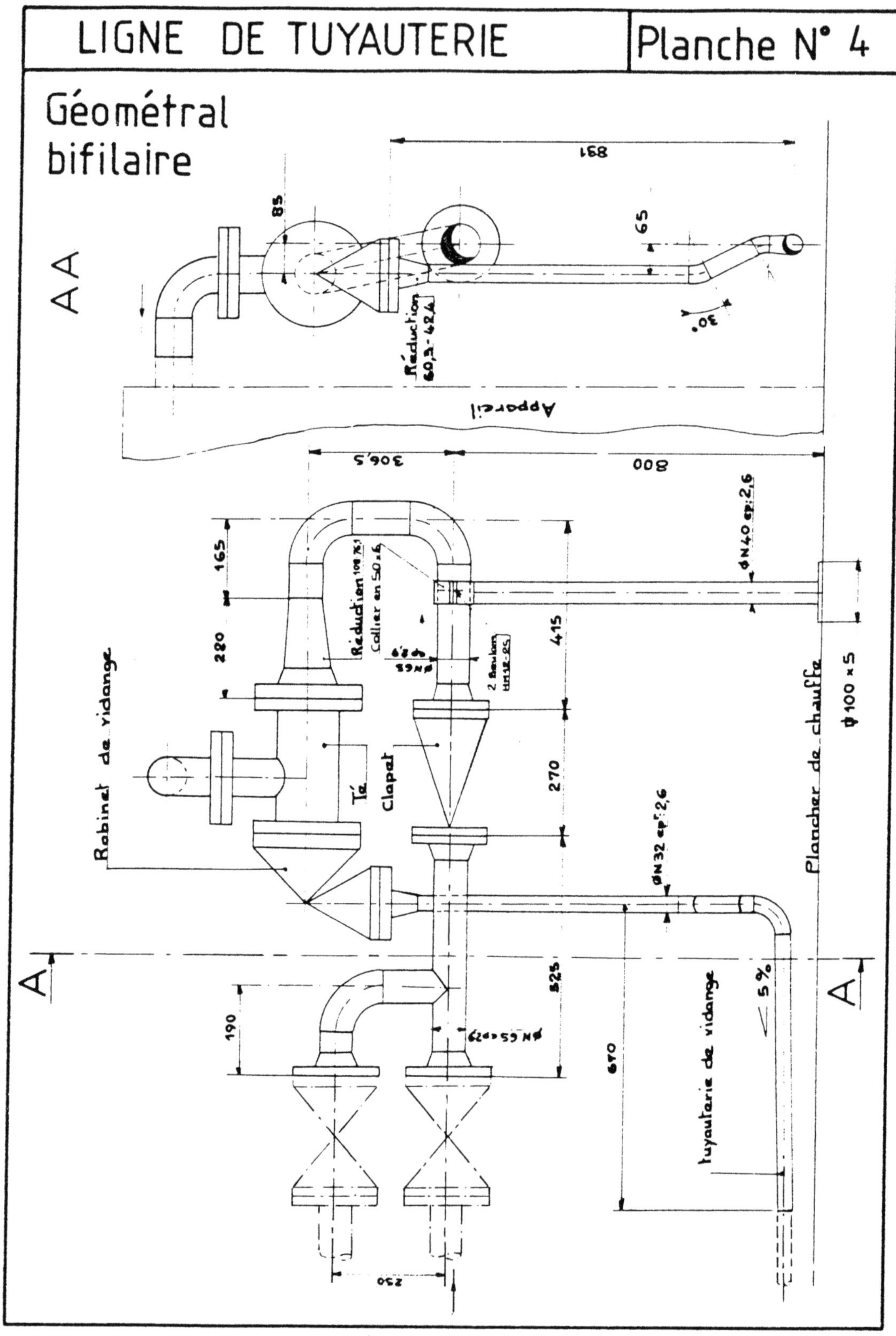

LIGNE DE TUYAUTERIE
Planche N° 4
Géométral bifilaire
AA
85
831
65
Réduction 60,3-42,4
Appareil
30°
306,5
800
dN40 ep:2,6
165
Réduction 108,76
Collier en 50×5
dN65 d:8,6
2 Boulon HM12-25
415
280
Robinet de vidange
Té
Clapat
270
525
190
dN65 d:29
690
250
Plancher de chauffe
ø100×5
dN32 ep:2,6
tuyauterie de vidange
5%

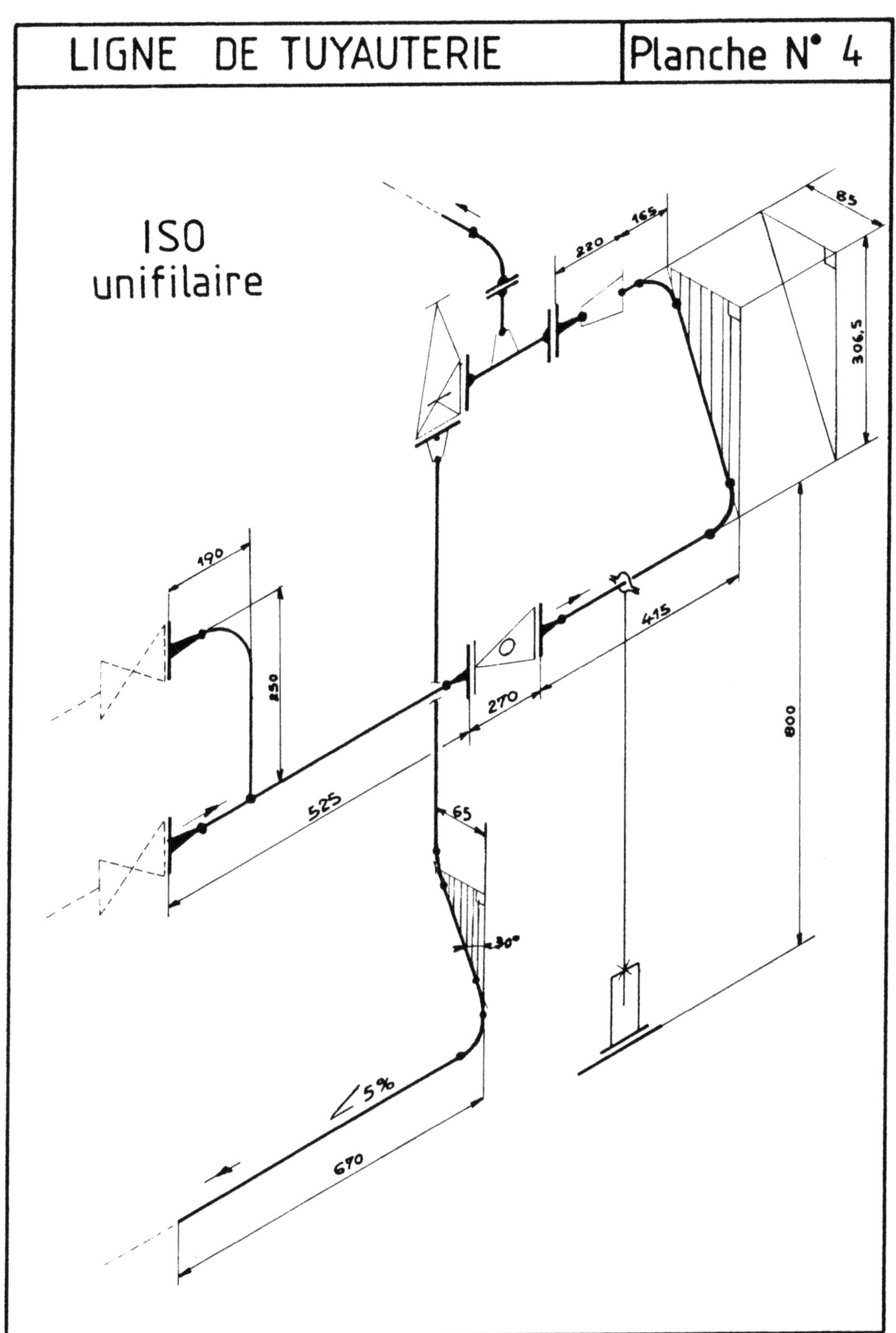
LIGNE DE TUYAUTERIE
Planche N° 4
ISO
unifilaire
85
165
220
306,5
190
850
415
270
800
525
65
30°
5%
670

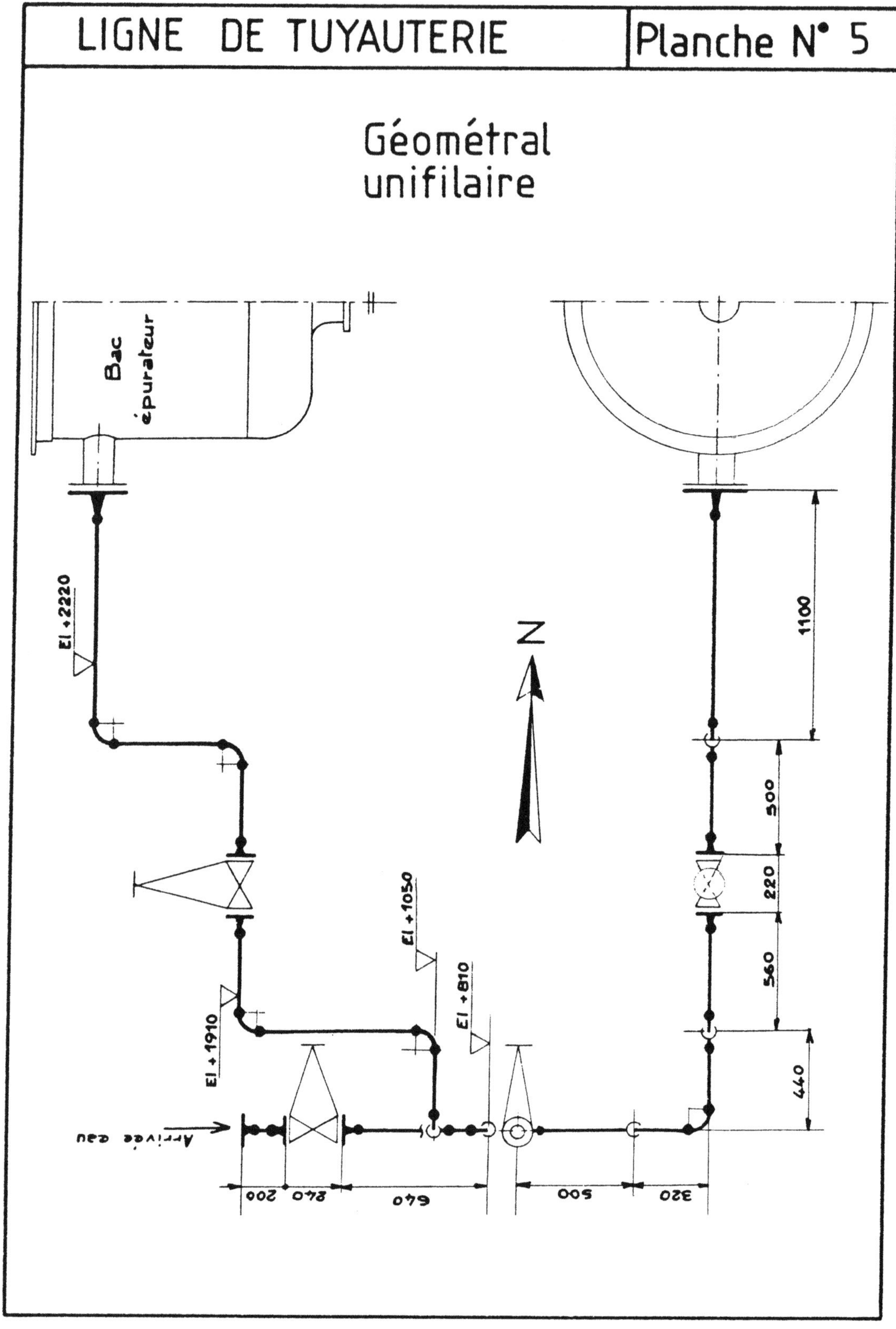

LIGNE DE TUYAUTERIE
Planche N° 5
Géométral
unifilaire
Bac épurateur
El +2220
El +1910
El +1050
El +810
N
1100
500
220
560
440
Arrivée eau
840 200
640
500
320

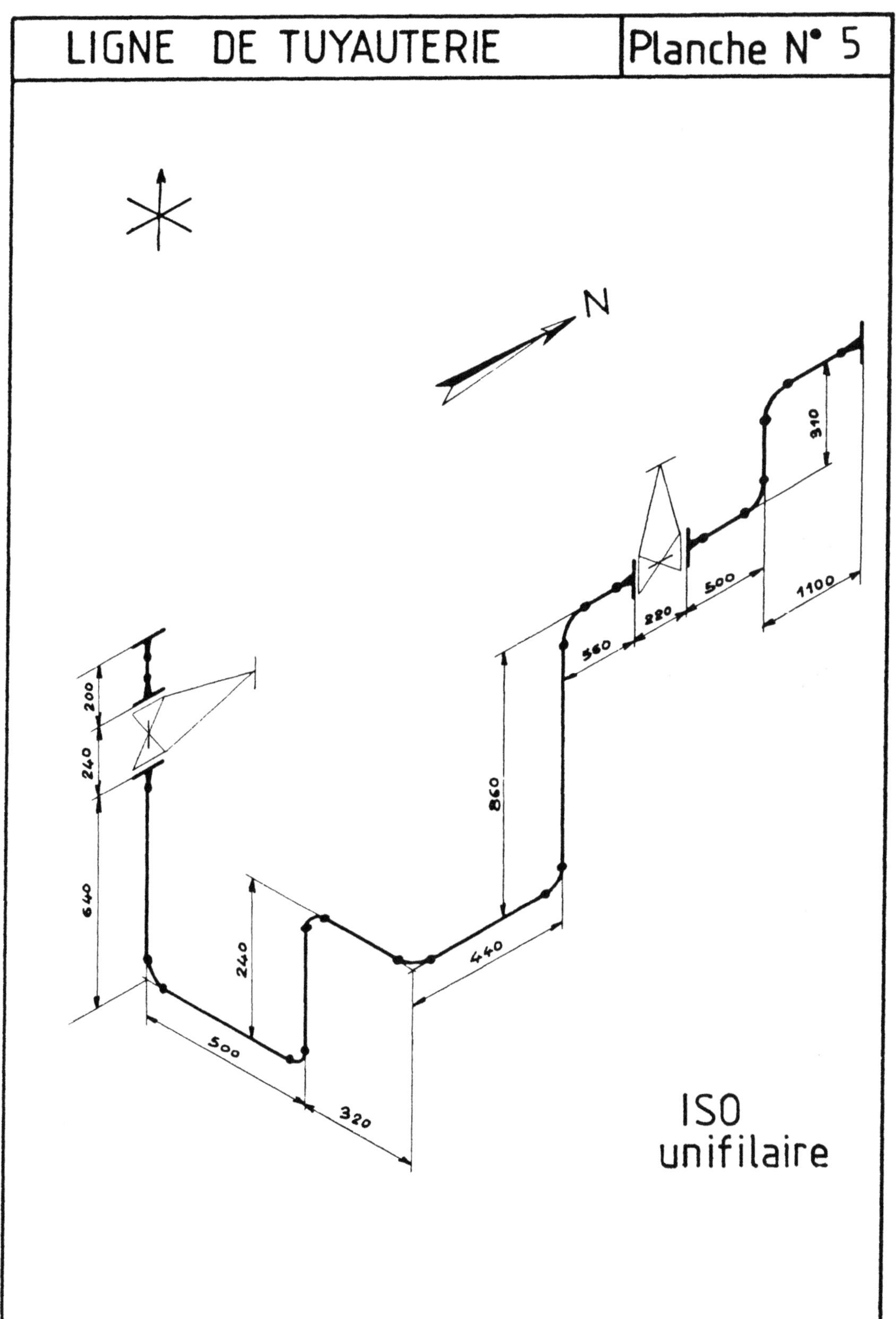

LIGNE DE TUYAUTERIE
Planche N° 5
N
200
240
640
240
500
320
860
440
560
280
500
910
1100
ISO
unifilaire

LIGNE DE TUYAUTERIE | Planche N° 6

Géométral
unifilaire

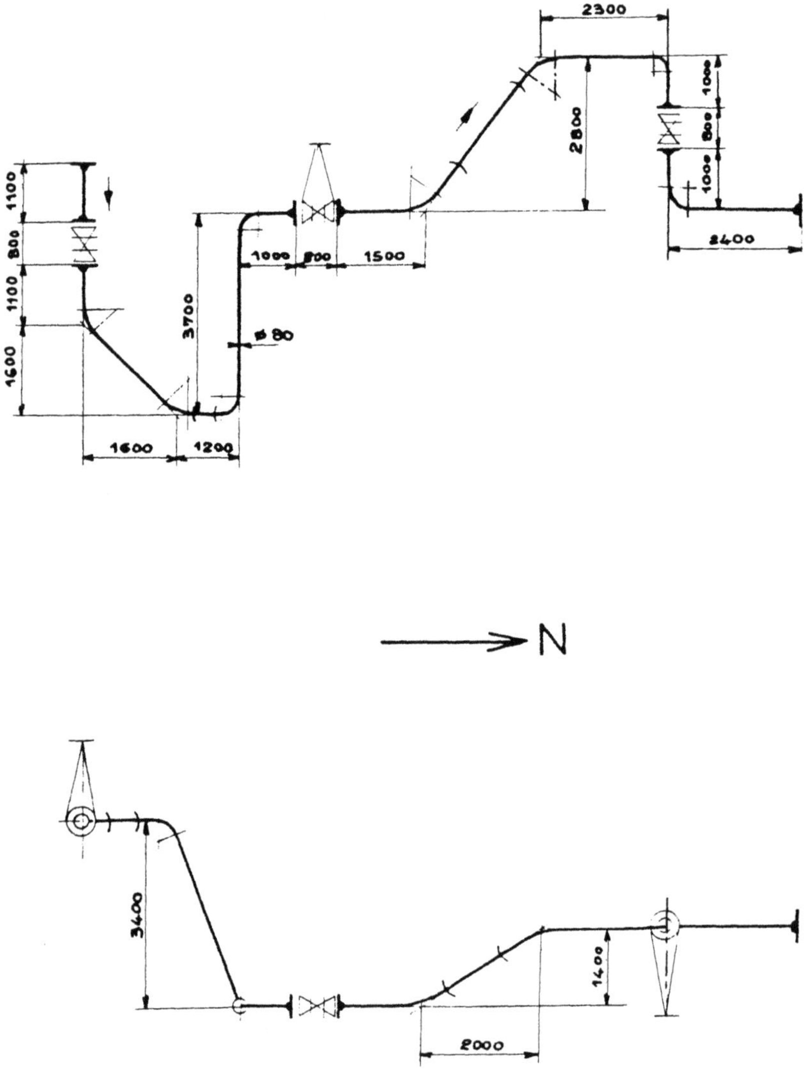

LIGNE DE TUYAUTERIE | Planche N° 6

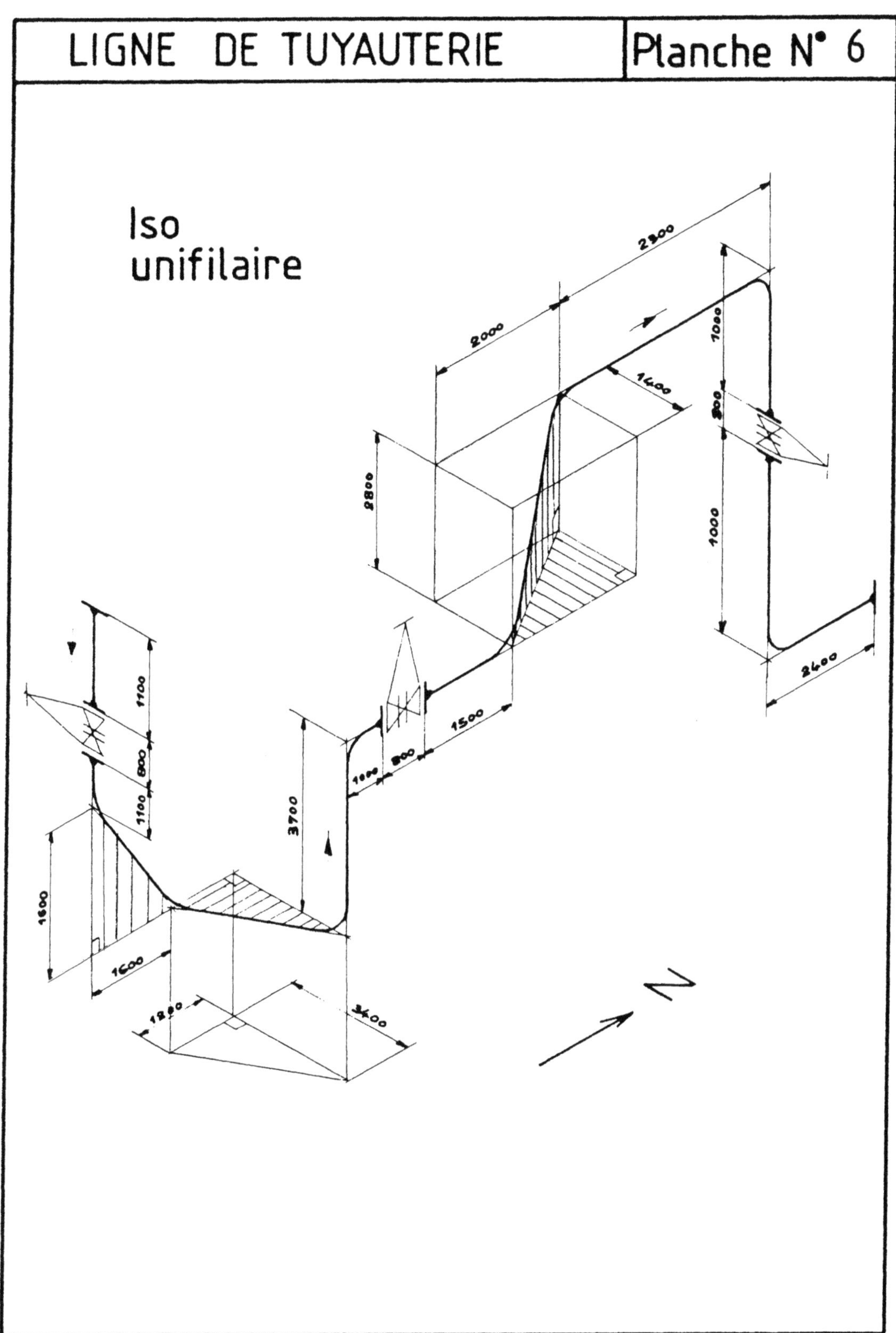

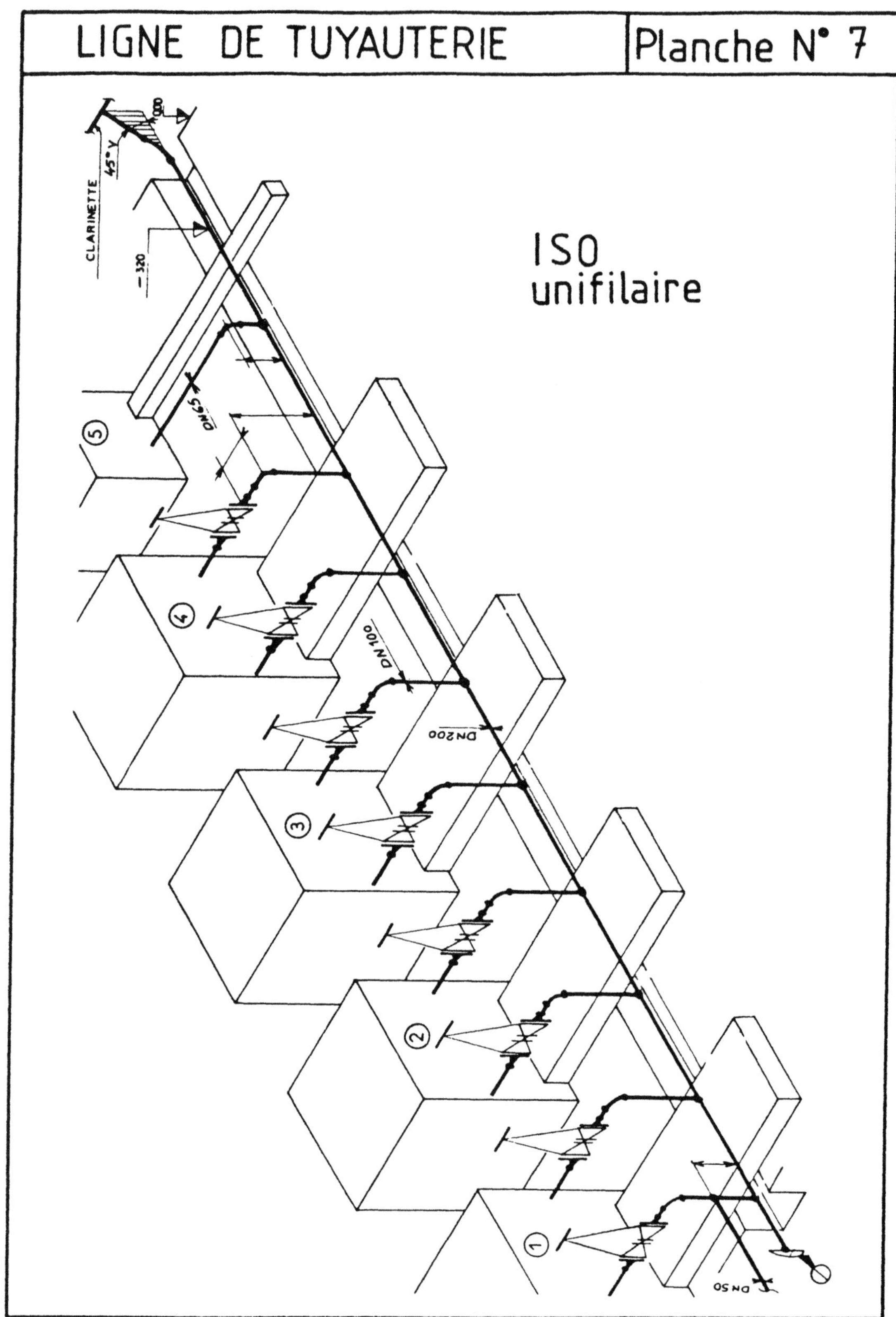

LIGNE DE TUYAUTERIE
Planche N° 7
ISO
unifilaire
CLARINETTE
45° Y
-320
DN 65
DN 100
DN 200
DN 50
1
2
3
4
5

<table>
<tr><td colspan="5" align="center"><h1>NOMENCLATURE</h1></td><td colspan="2" align="center"><h1>Planche n° 8</h1></td></tr>
<tr><td>Z</td><td>2</td><td>Té Fileté 15 × 21</td><td></td><td></td></tr>
<tr><td>Y</td><td>1</td><td>Coude Union MF Fileté 15 × 21</td><td></td><td></td></tr>
<tr><td>X</td><td>1</td><td>Soupape de décharge</td><td></td><td></td></tr>
<tr><td>W</td><td>1</td><td>Raccord Union joint plat F.F 20 × 27</td><td></td><td></td></tr>
<tr><td></td><td>2</td><td>Poulie Texrope 13 × 8 ⌀ primitif 80</td><td></td><td></td></tr>
<tr><td>V</td><td>2</td><td>Mamelon MM 20 × 27</td><td></td><td></td></tr>
<tr><td>U</td><td>1</td><td>Té Fileté 20 × 27</td><td></td><td></td></tr>
<tr><td>T</td><td>2</td><td>Manchon Fileté 20 × 27</td><td></td><td></td></tr>
<tr><td>S</td><td>1</td><td>Coude Union FF · Joint plat 20 × 27</td><td></td><td></td></tr>
<tr><td>R</td><td>1</td><td>Coude Fileté FF 20 × 27</td><td></td><td></td></tr>
<tr><td>Q</td><td></td><td>Tube 20 × 27</td><td></td><td></td></tr>
<tr><td>P</td><td>1</td><td>Coude de réduction FF 15 × 20</td><td></td><td></td></tr>
<tr><td>O</td><td>1</td><td>Moteur Novacem Compax MEUR.63L4</td><td></td><td></td></tr>
<tr><td>N</td><td>1</td><td>Courroie Texrope n° 13.00.794</td><td></td><td></td></tr>
<tr><td>M</td><td></td><td>Tube 15 × 21</td><td></td><td></td></tr>
<tr><td>L</td><td>1</td><td>Pompe à palettes "Mil's" Haut·mano· 20 m</td><td></td><td>Type PH120</td></tr>
<tr><td>K</td><td>1</td><td>Raccord Union FF Fileté 20 × 27</td><td></td><td></td></tr>
<tr><td>J</td><td>3</td><td>Coude Fileté FF 40 × 49</td><td></td><td></td></tr>
<tr><td>I</td><td></td><td>Tube 15 × 21</td><td></td><td></td></tr>
<tr><td>H</td><td>1</td><td>Coude de réduction FF 15 × 20</td><td></td><td></td></tr>
<tr><td>G</td><td></td><td>Tube 20 × 27</td><td></td><td></td></tr>
<tr><td>F</td><td>1</td><td>Robinet à tournant droit 20 × 27</td><td></td><td></td></tr>
<tr><td>E</td><td>1</td><td>Tube 50 × 60 pour trop plein</td><td></td><td></td></tr>
<tr><td>D</td><td>1</td><td>Coude Fileté M·F 20 × 27</td><td></td><td></td></tr>
<tr><td>C</td><td>1</td><td>Filtre à mazout "Mil's"</td><td></td><td></td></tr>
<tr><td>B</td><td>1</td><td>Raccord Union Fileté MM · Joint cône 20 × 27</td><td></td><td></td></tr>
<tr><td>A</td><td>1</td><td>Coude Fileté FF 50/60</td><td></td><td></td></tr>
<tr><td>Rep</td><td>Nbre</td><td>Désignation</td><td>Matière</td><td>Observat⁵</td></tr>
<tr><td colspan="3" align="center"><h1>BAC DE TREMPE</h1></td><td colspan="2" align="center">Echelle : 0,2</td></tr>
</table>

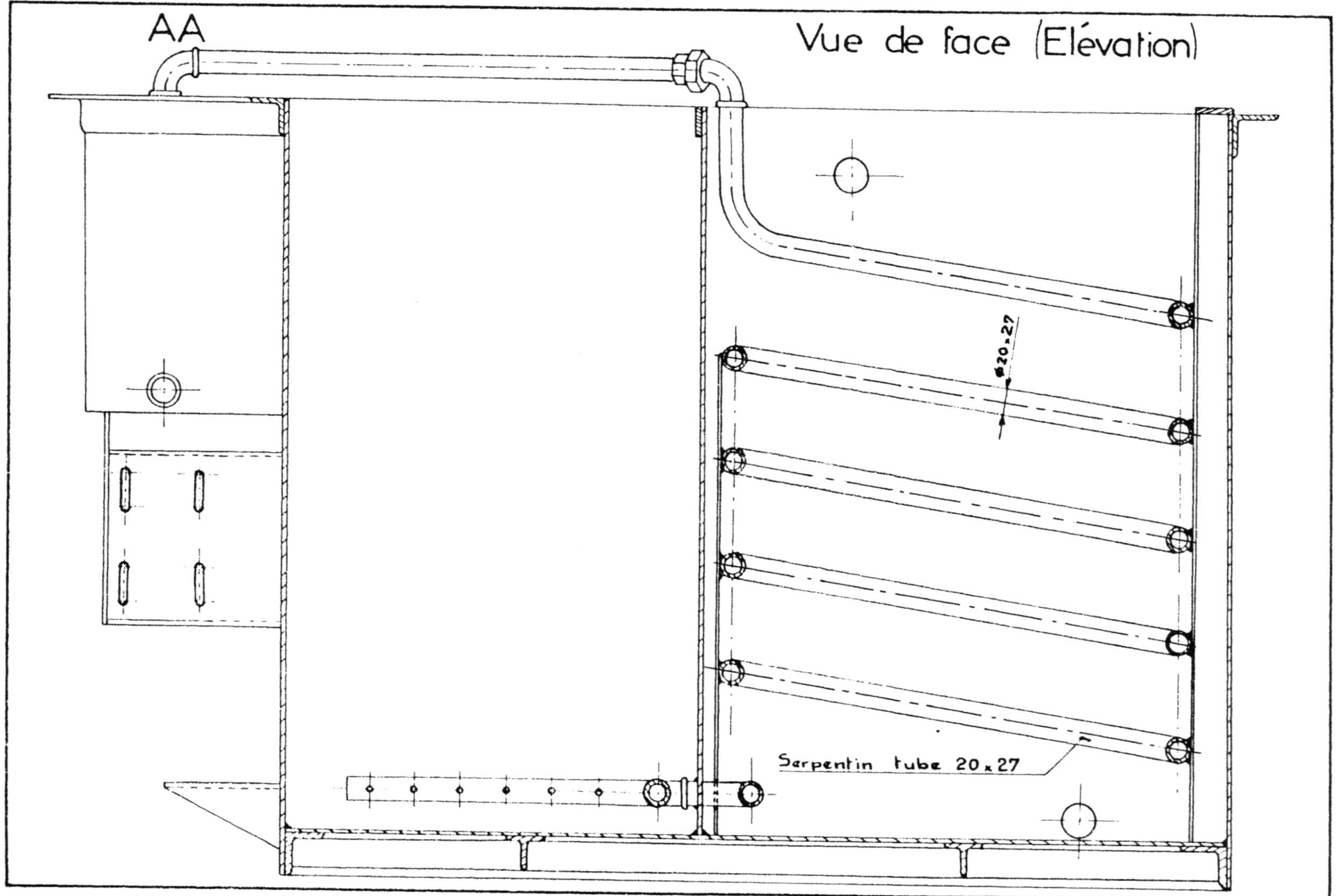

AA
Vue de face (Elévation)
ø20×27
Serpentin tube 20×27

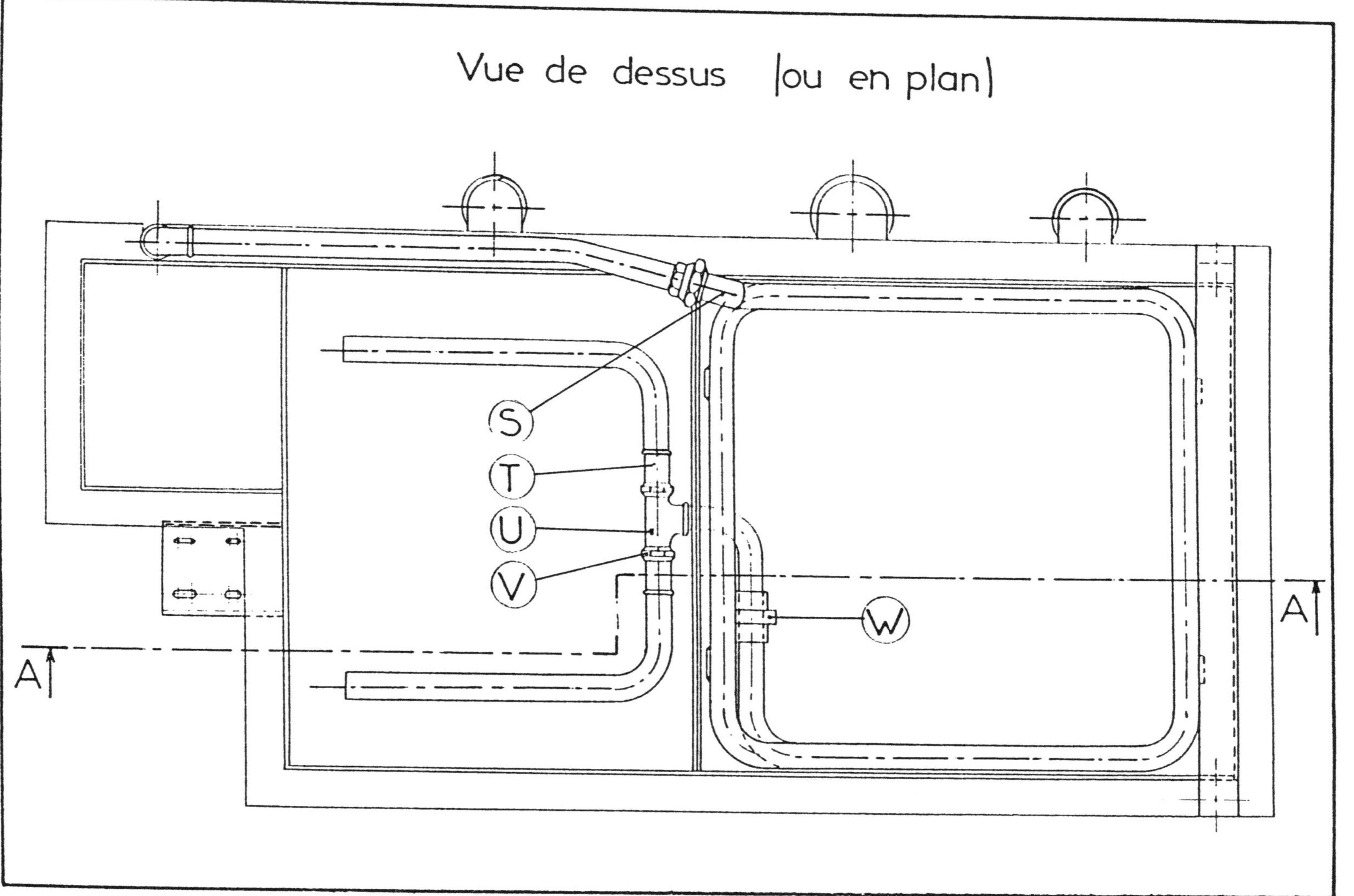

Vue de dessus (ou en plan)
A
A
S
T
U
V
W

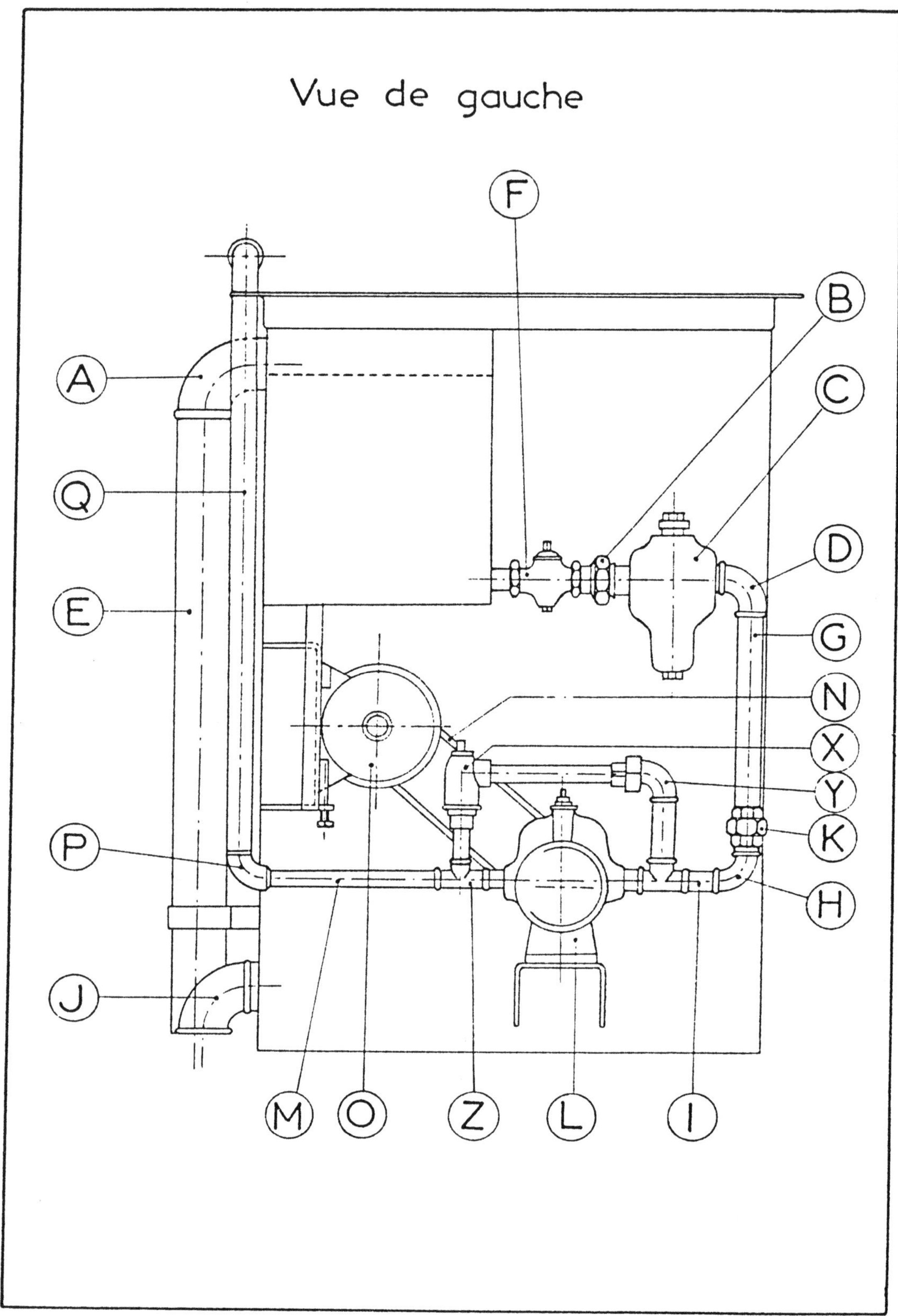

Vue de gauche
F
B
C
A
D
Q
G
E
N
X
Y
P
K
H
J
M
O
Z
L
I

<table>
<tr><td>LIGNE DE TUYAUTERIE</td><td>Planche N° 8</td></tr>
</table>

ISO
unifilaire

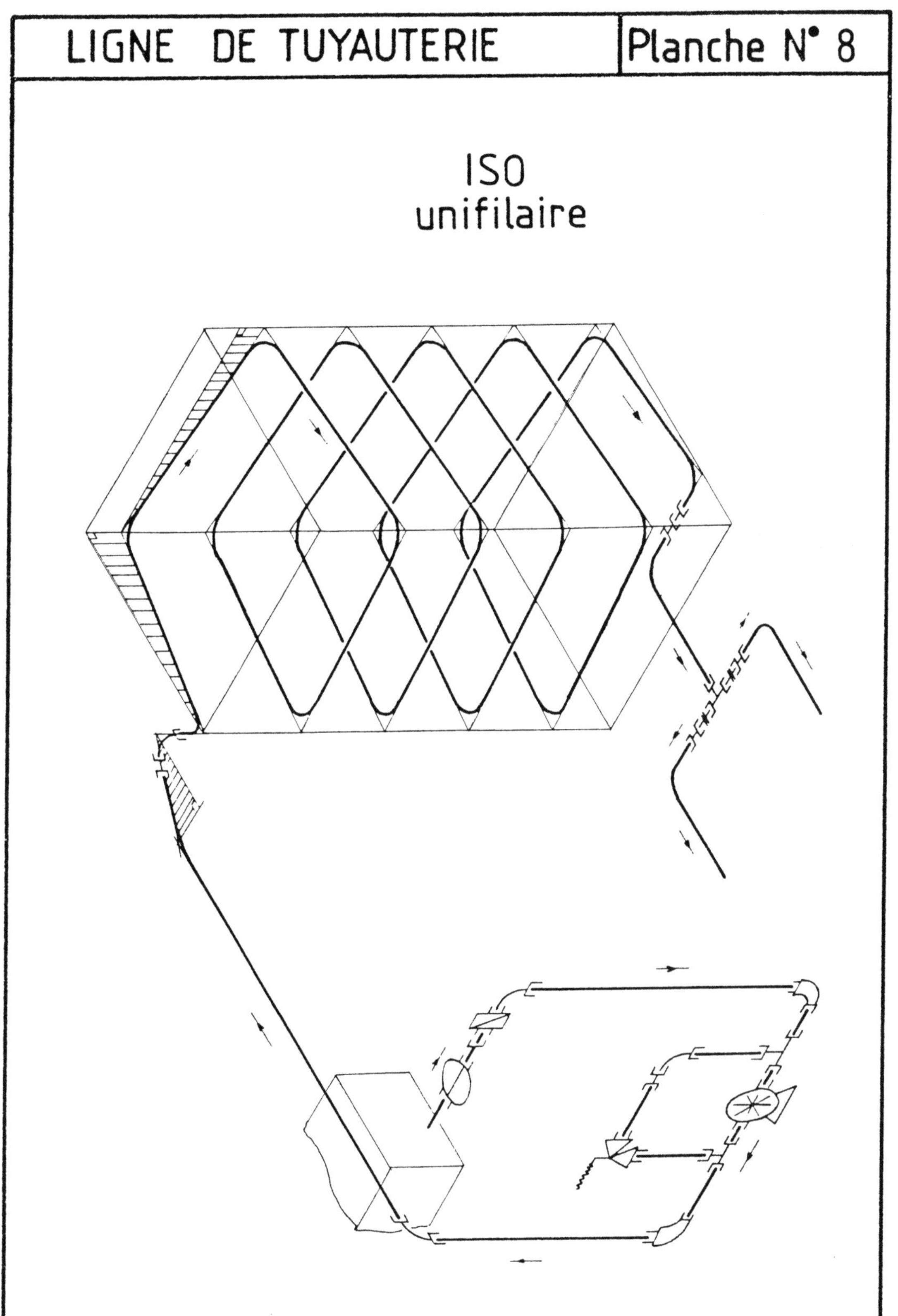

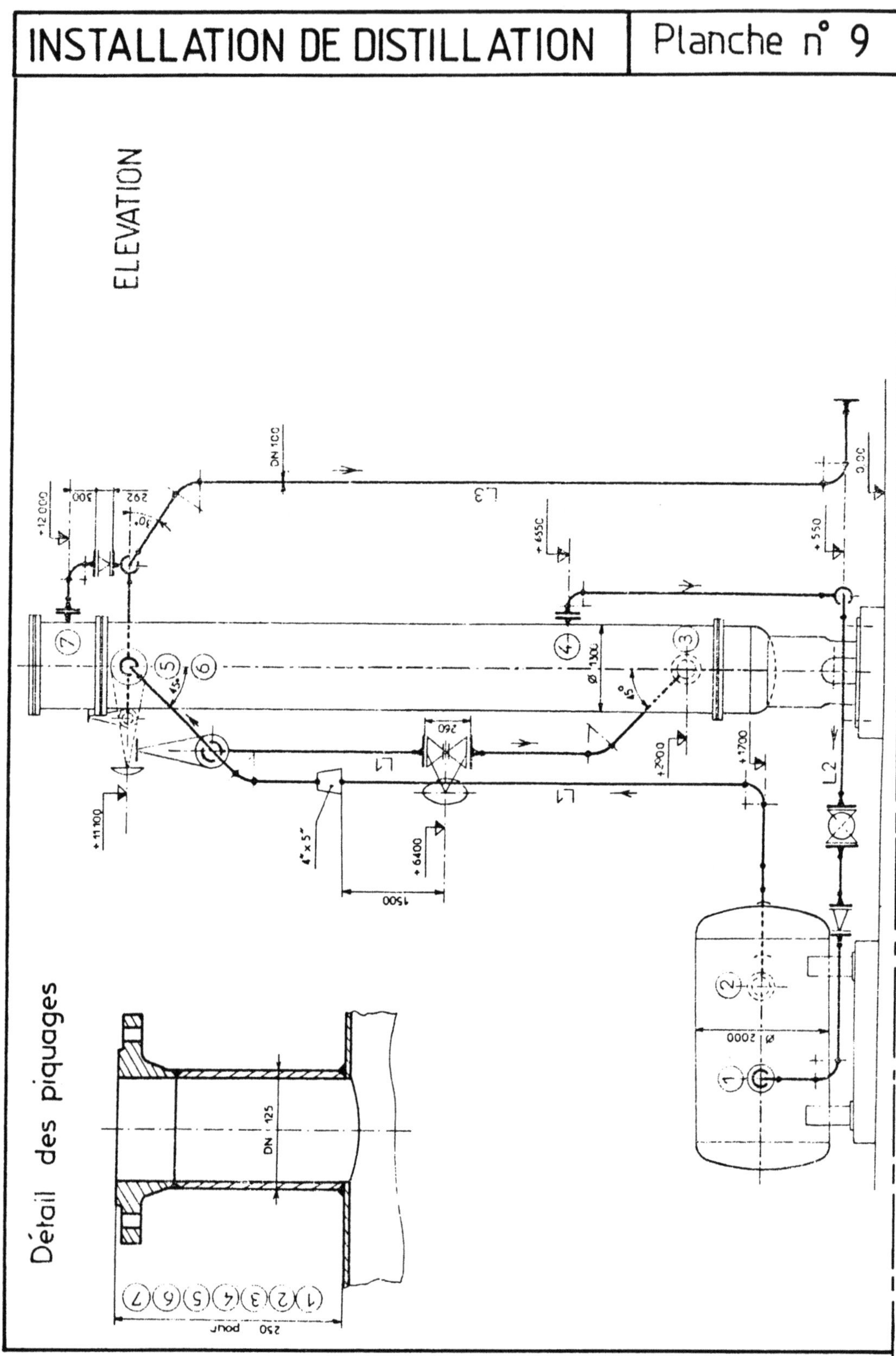
INSTALLATION DE DISTILLATION
Planche n° 9
ELEVATION
Détail des piquages
DN 125
DN 100
250 pour

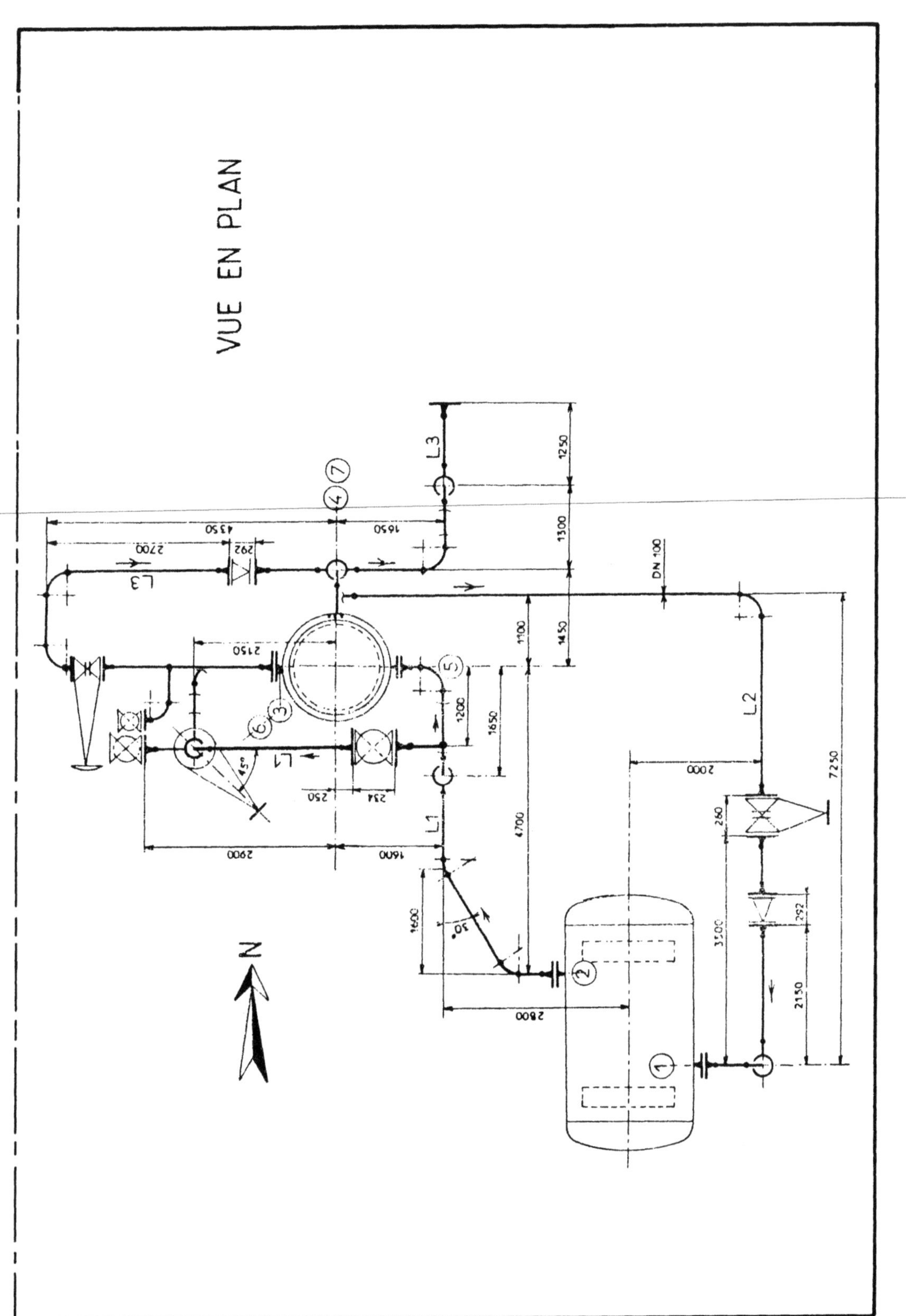

VUE EN PLAN
N
L1
L2
L3
L7
DN 100
1250
1300
1650
1100
1450
1200
1600
2000
7250
2150
3500
260
252
234
250
2150
2700
4350
292
1650
2900
1600
4700
2800
45°
30°

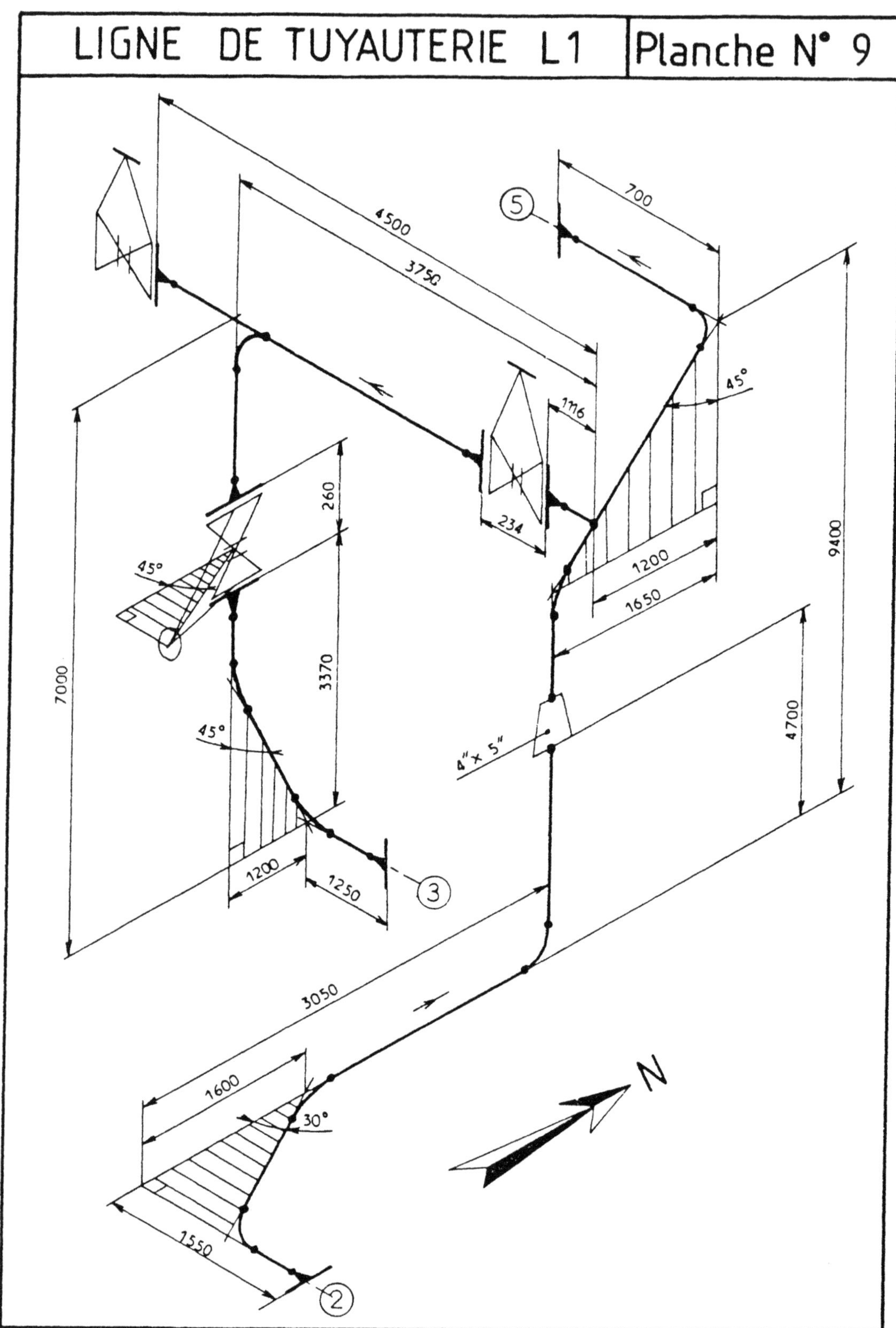

LIGNE DE TUYAUTERIE L1
Planche N° 9
4500
3750
700
5
45°
116
234
260
45°
1200
1650
9400
7000
3370
45°
4700
4" x 5"
1200
1250
3
3050
1600
30°
N
1550
2

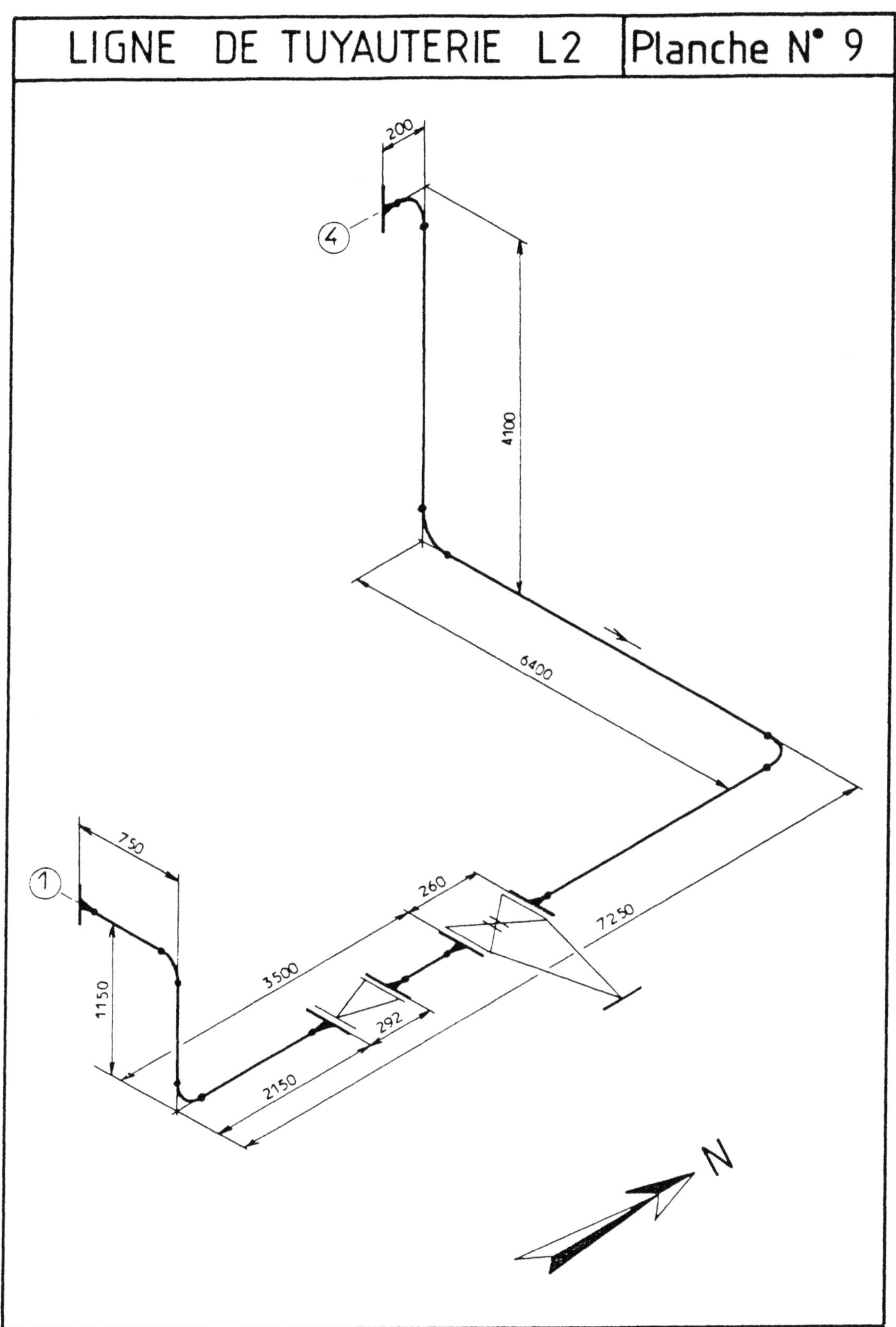
LIGNE   DE TUYAUTERIE L2
Planche N° 9
200
4
4100
6400
7250
260
750
1
1150
3500
292
2150
N

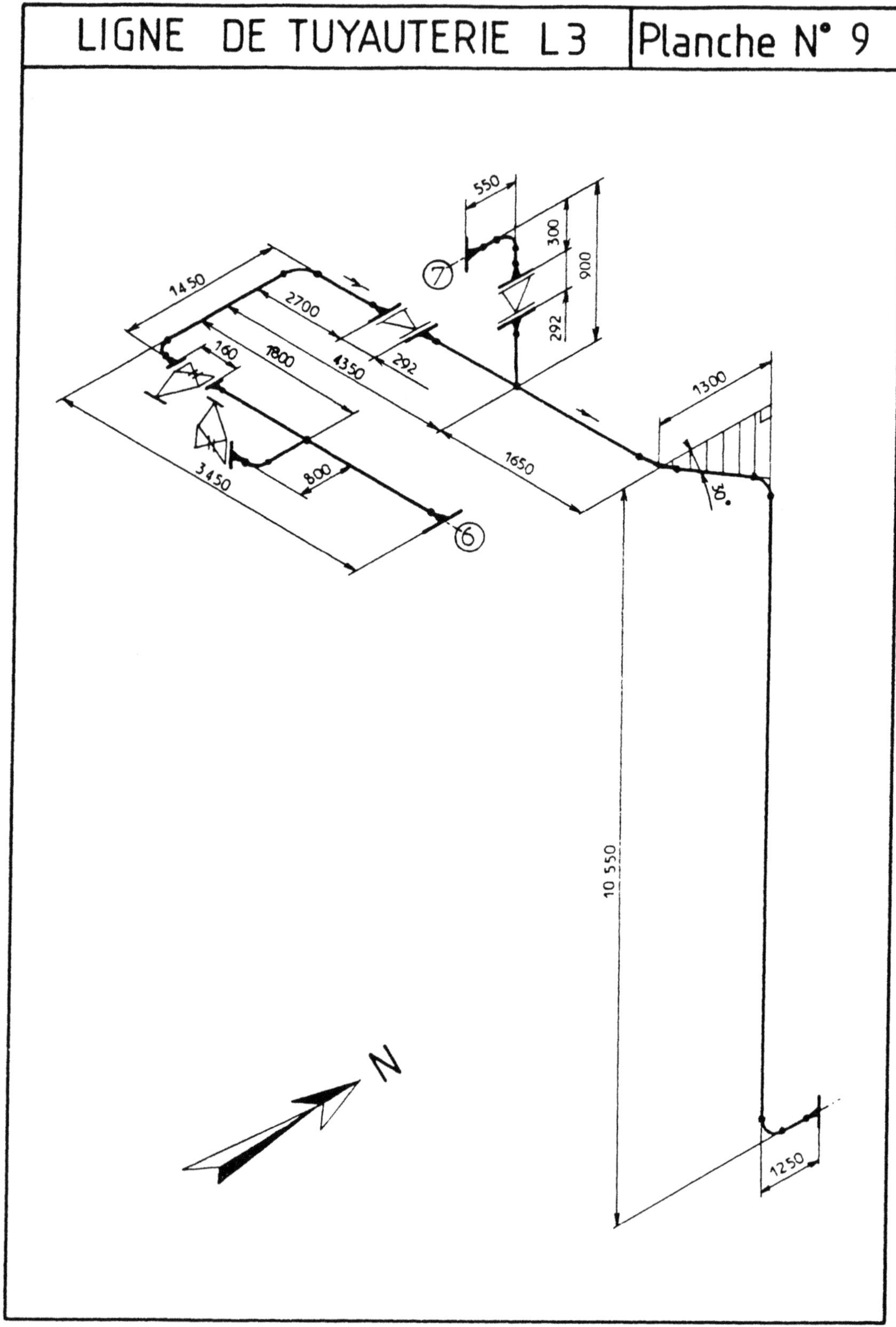
LIGNE DE TUYAUTERIE L3
Planche N° 9
550
300
900
292
1450
2700
1650
1300
160
1800
4350
292
3450
800
7
6
10 550
30°
1250
N

LIGNE DE TUYAUTERIE | Planche N° 10

Iso
unifilaire

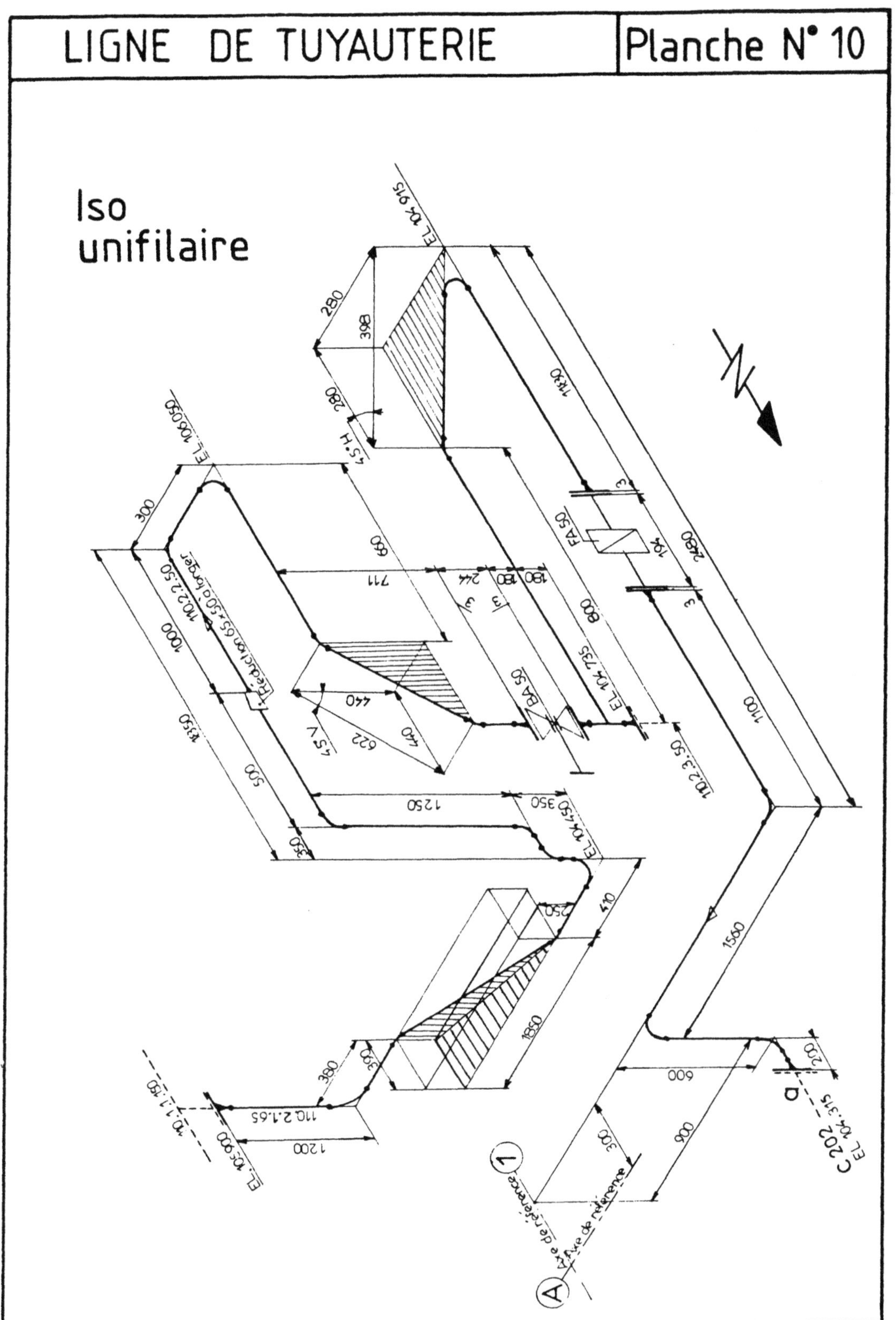

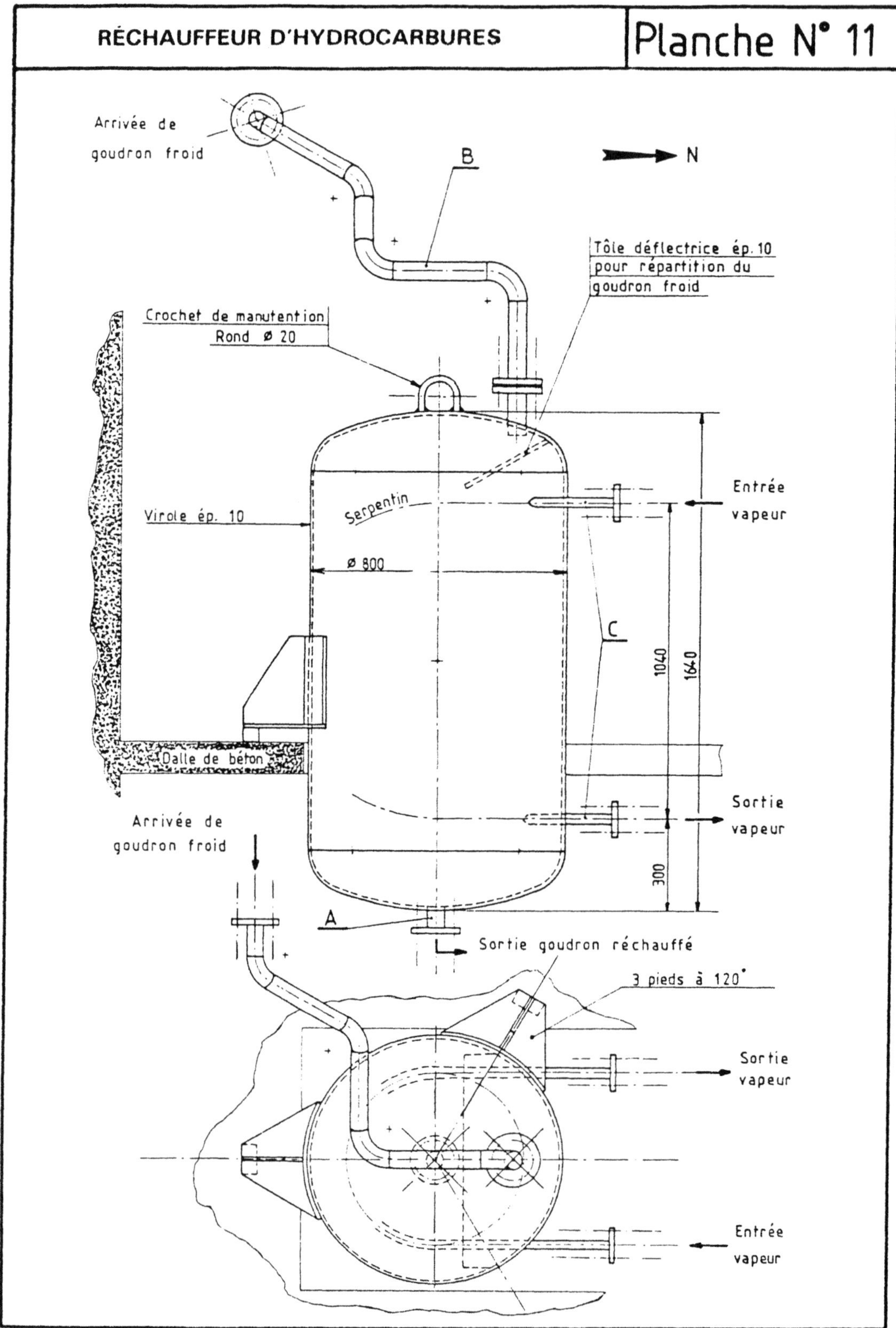

RÉCHAUFFEUR D'HYDROCARBURES
Planche N° 11
Arrivée de goudron froid
B
N
Tôle déflectrice ép. 10 pour répartition du goudron froid
Crochet de manutention Rond Ø 20
Serpentin
Virole ép. 10
Entrée vapeur
Ø 800
C
1040
1600
Dalle de béton
Arrivée de goudron froid
Sortie vapeur
300
A
Sortie goudron réchauffé
3 pieds à 120°
Sortie vapeur
Entrée vapeur

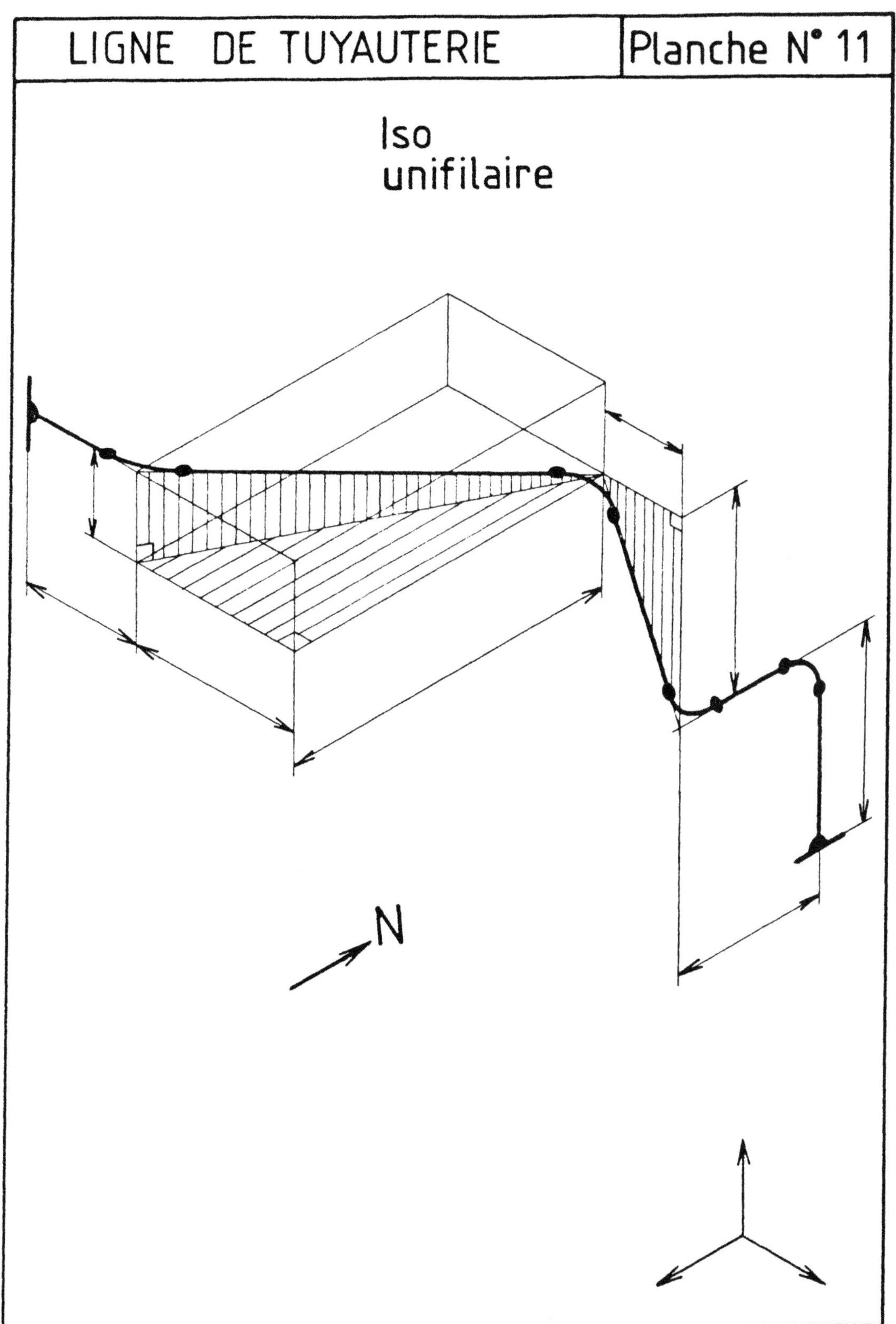

LIGNE DE TUYAUTERIE
Planche N° 11
Iso
unifilaire
N

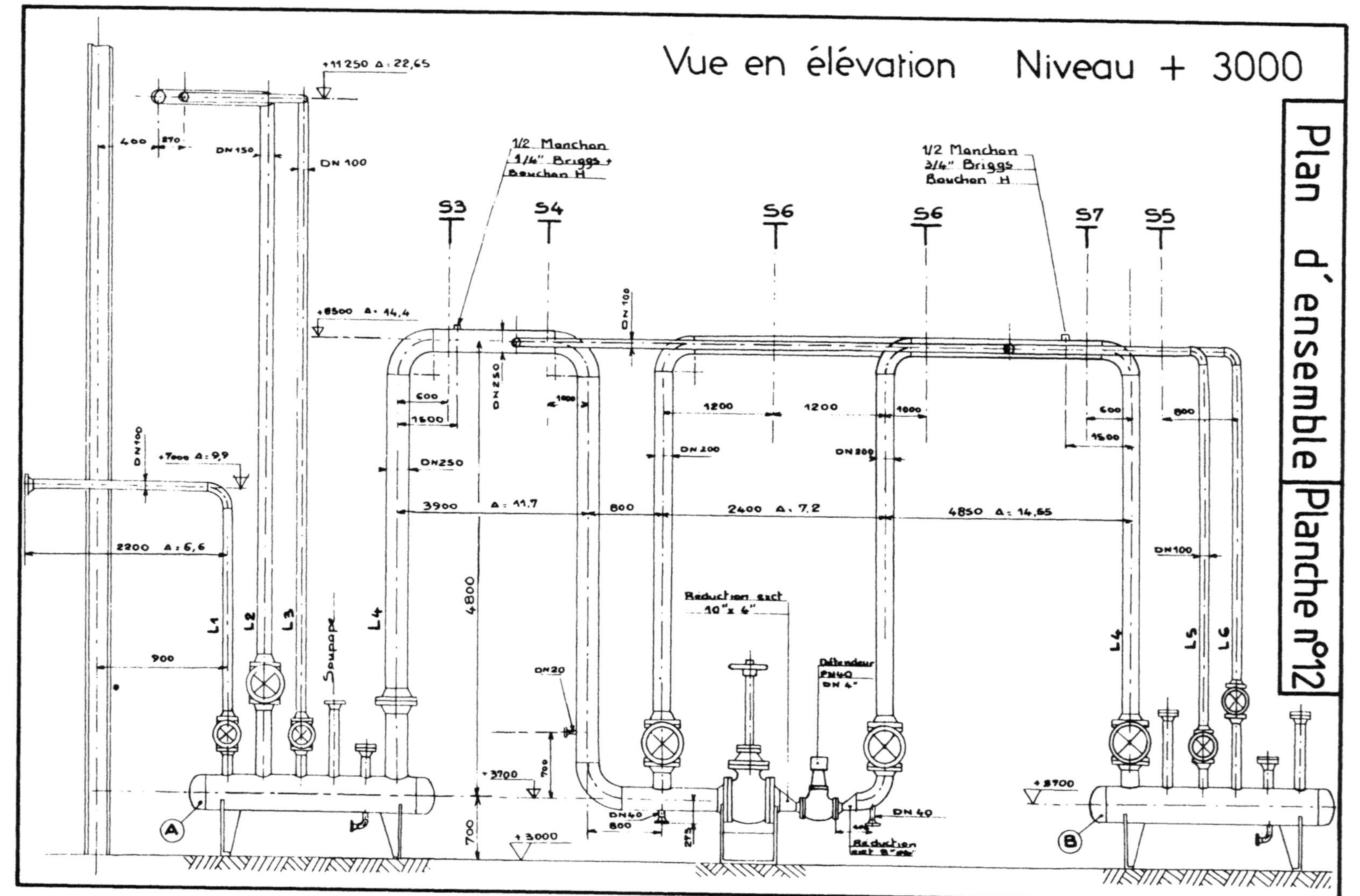
Vue en élévation   Niveau + 3000
Plan d'ensemble Planche n°12
1/2 Manchon 1/4" Briggs + Bouchon H
1/2 Manchon 3/4" Briggs Bouchon H
S3 S4 S6 S6 S7 S5
Réduction ext. 10" x 6"
Détendeur PN40 DN 4"
Réduction ext. 3/4"
Soupape
DN 150
DN 100
DN 250
DN 200
DN 200
DN 100
DN 20
DN 40
DN40 800
L1 L2 L3 L4 L5 L6 L7
A
B
+11250 Δ: 22,65
+8500 Δ: 14,4
+7000 Δ: 9,9
+3700
+3000
+3700
2200 Δ: 6,6
3900 Δ: 11,7
2400 Δ: 7,2
4850 Δ: 14,65
4800
900
700
800
1200 1200
1000
600 1500
600 1500
800 1500

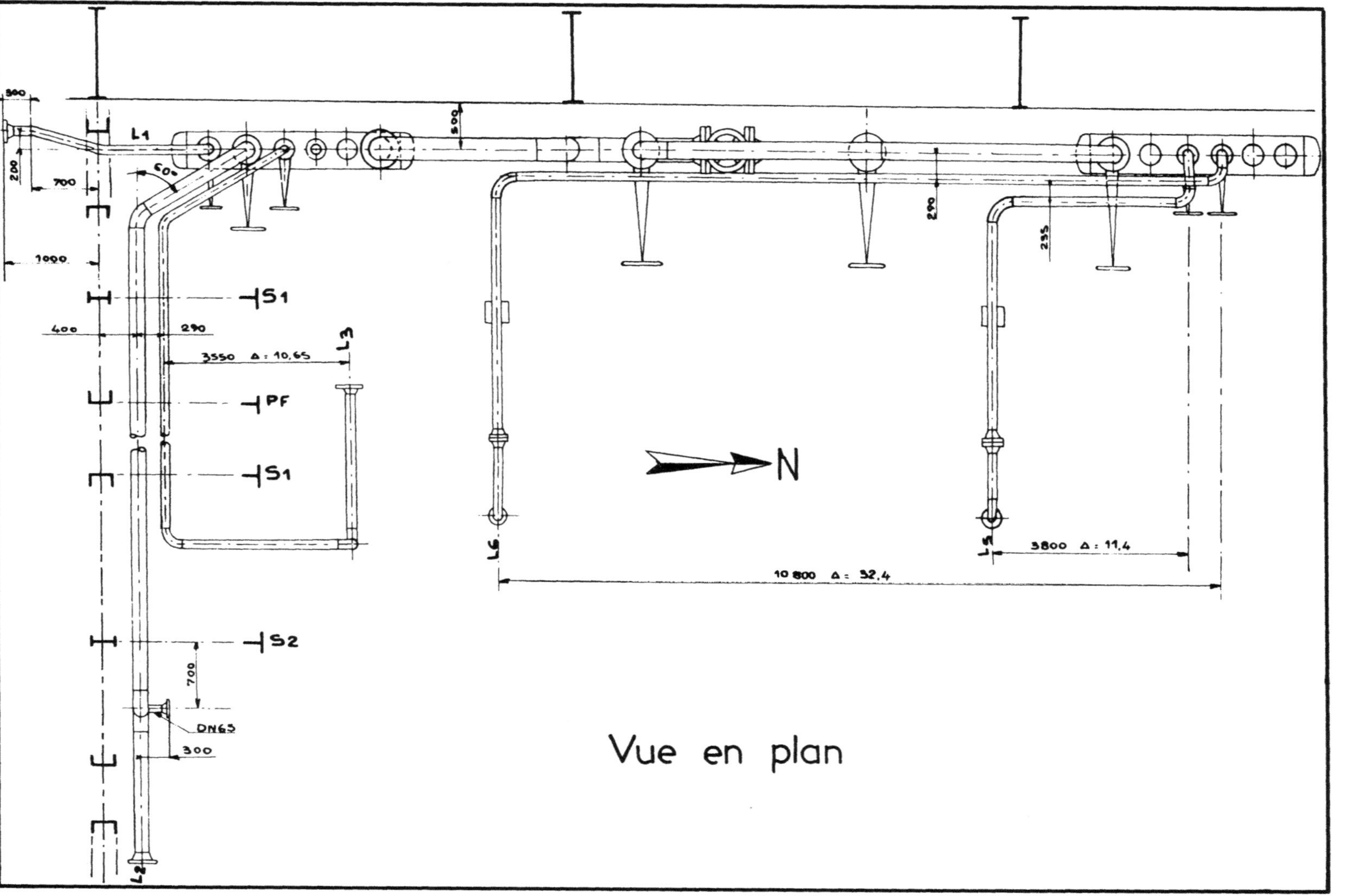

Vue en plan
N

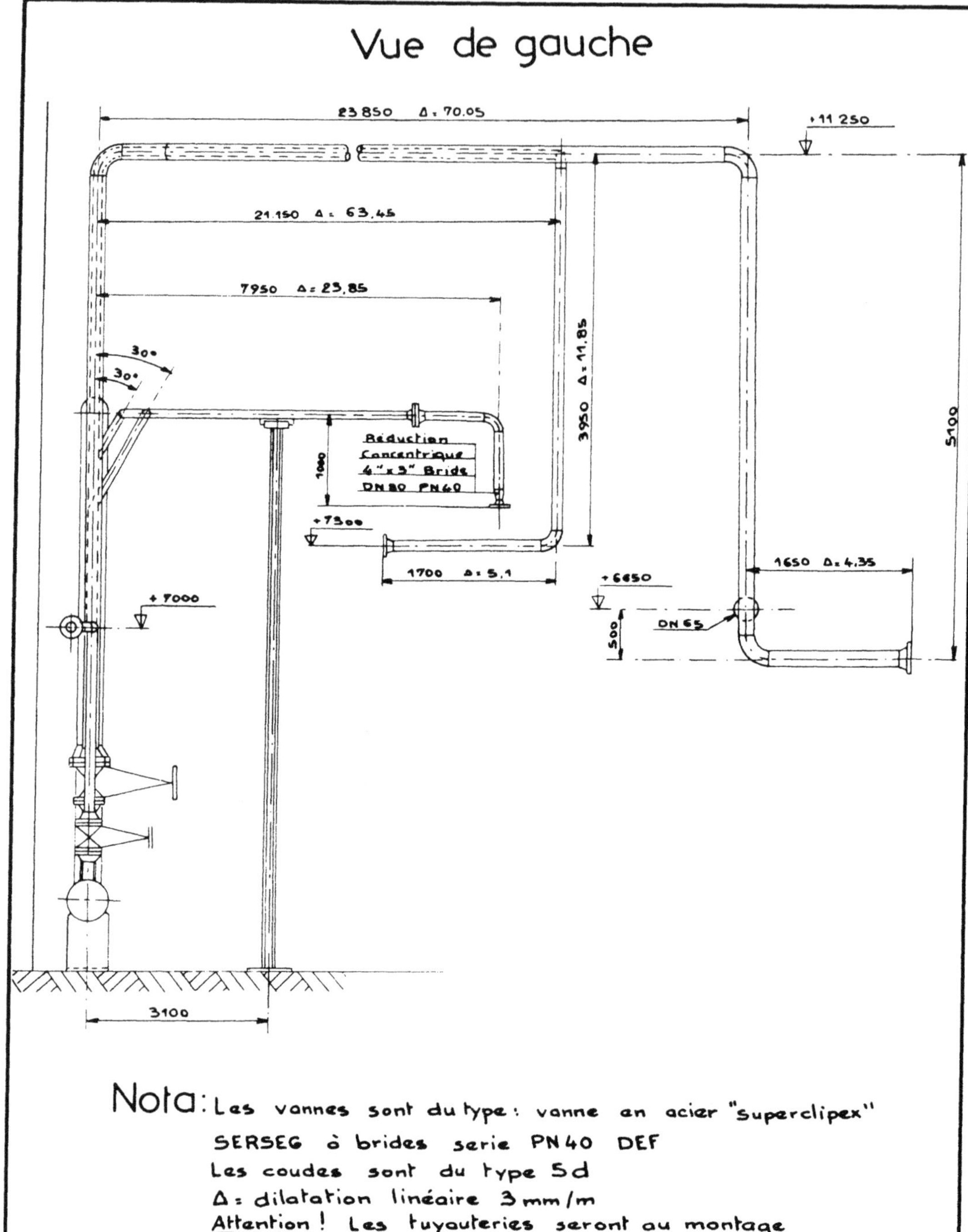
Vue de gauche
23850 Δ = 70.05
+ 11 250
21.150 Δ = 63.45
7950 Δ = 23.85
3950 Δ = 11.85
5100
30°
30°
Réduction
Concentrique
4" x 3" Bride
DN80 PN40
1080
+7300
1700 Δ = 5.1
+6650
500
DN 65
1650 Δ = 4.35
+7000
3100
Nota: Les vannes sont du type: vanne en acier "superclipex"
SERSEG à brides serie PN40 DEF
Les coudes sont du type 5d
Δ = dilatation linéaire 3mm/m
Attention! Les tuyauteries seront au montage
précontraintes à 50%
Echelle : 1/70
TUYAUTERIE VAPEUR
Le 25-02-90
N°

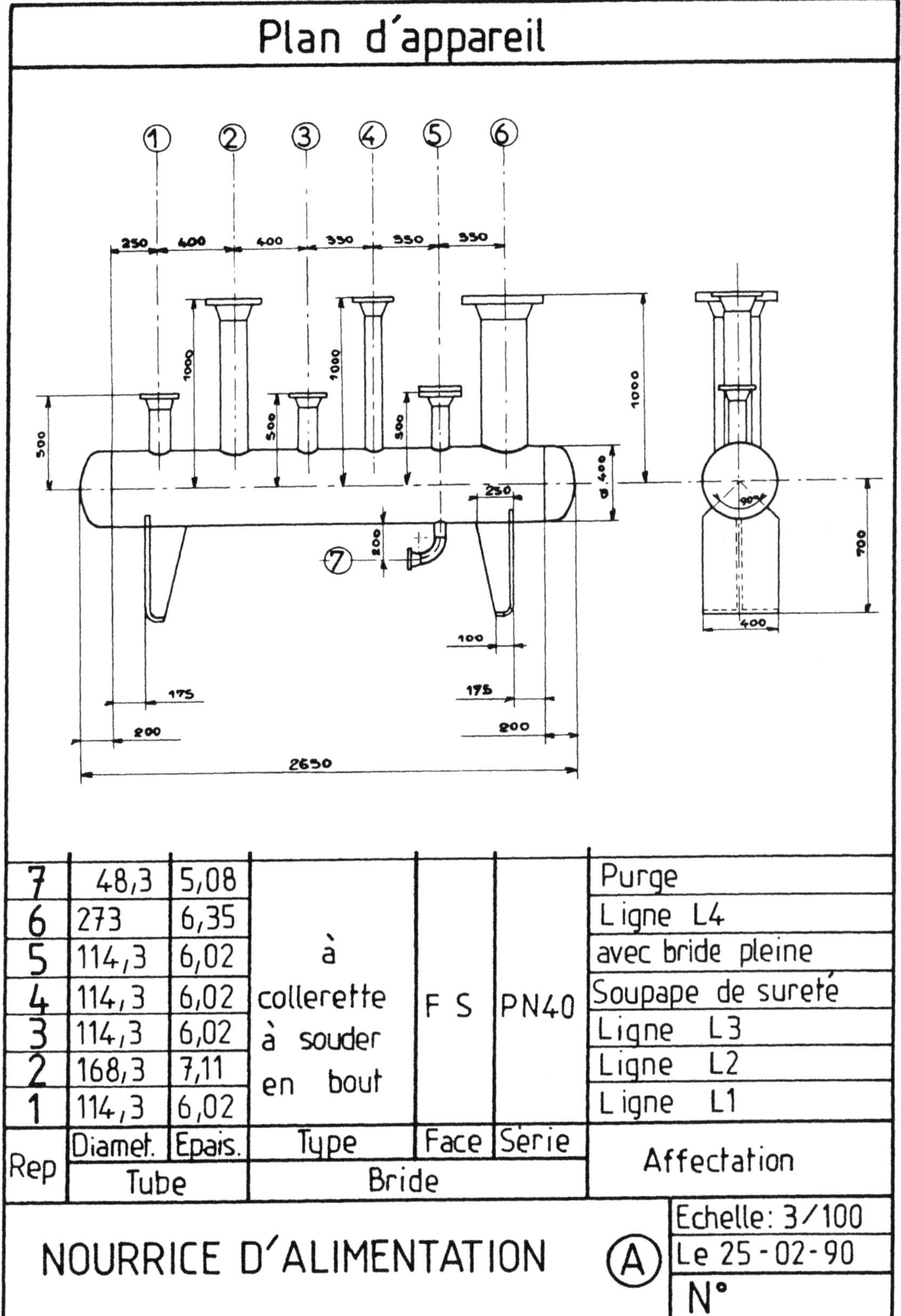

7	48,3	5,08					Purge
6	273	6,35					Ligne L4
5	114,3	6,02	à				avec bride pleine
4	114,3	6,02	collerette	F S	PN40		Soupape de sureté
3	114,3	6,02	à souder				Ligne L3
2	168,3	7,11	en bout				Ligne L2
1	114,3	6,02					Ligne L1
Rep	Diamet.	Epais.	Type	Face	Série		Affectation
	Tube		Bride				

NOURRICE D'ALIMENTATION   (A)

Echelle: 3/100
Le 25 - 02 - 90
N°

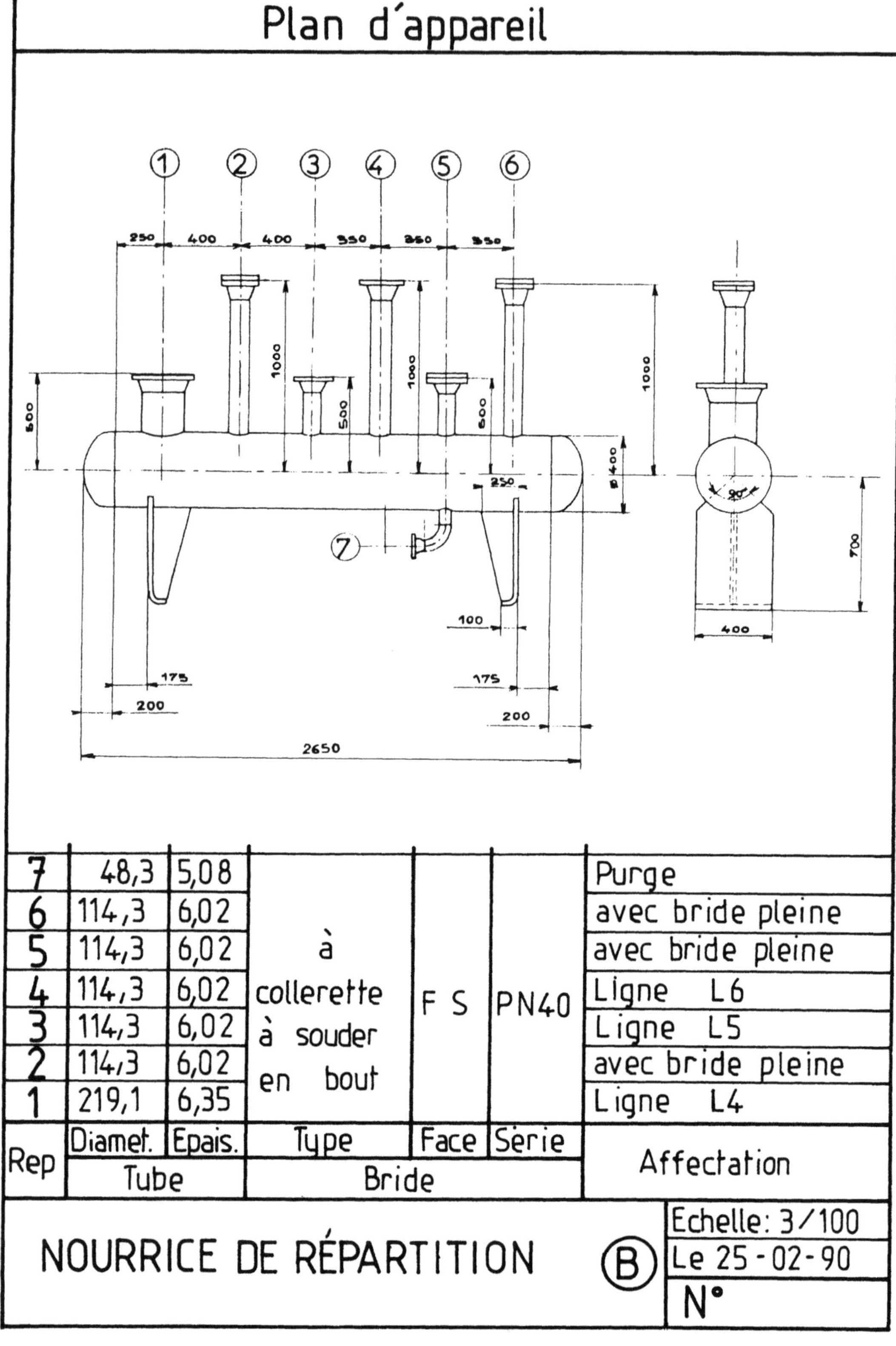

Rep	Diamet.	Epais.	Type	Face	Série	Affectation
7	48,3	5,08				Purge
6	114,3	6,02				avec bride pleine
5	114,3	6,02	à			avec bride pleine
4	114,3	6,02	collerette	F S	PN40	Ligne L6
3	114,3	6,02	à souder			Ligne L5
2	114,3	6,02	en bout			avec bride pleine
1	219,1	6,35				Ligne L4
	Tube		Bride			

NOURRICE DE RÉPARTITION   Ⓑ

Echelle: 3/100

Le 25 - 02 - 90

N°

PLAN DE CIRCULATION

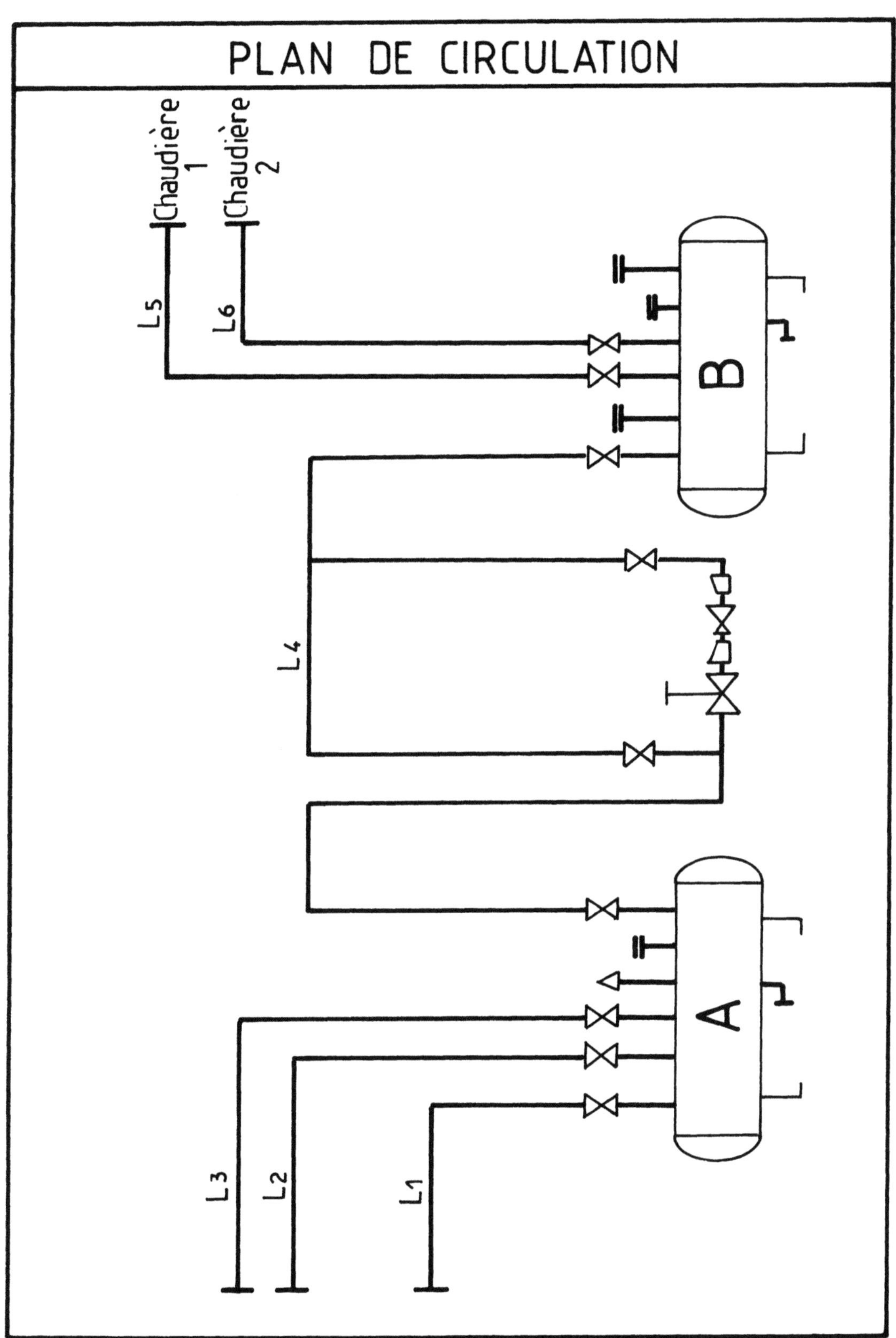

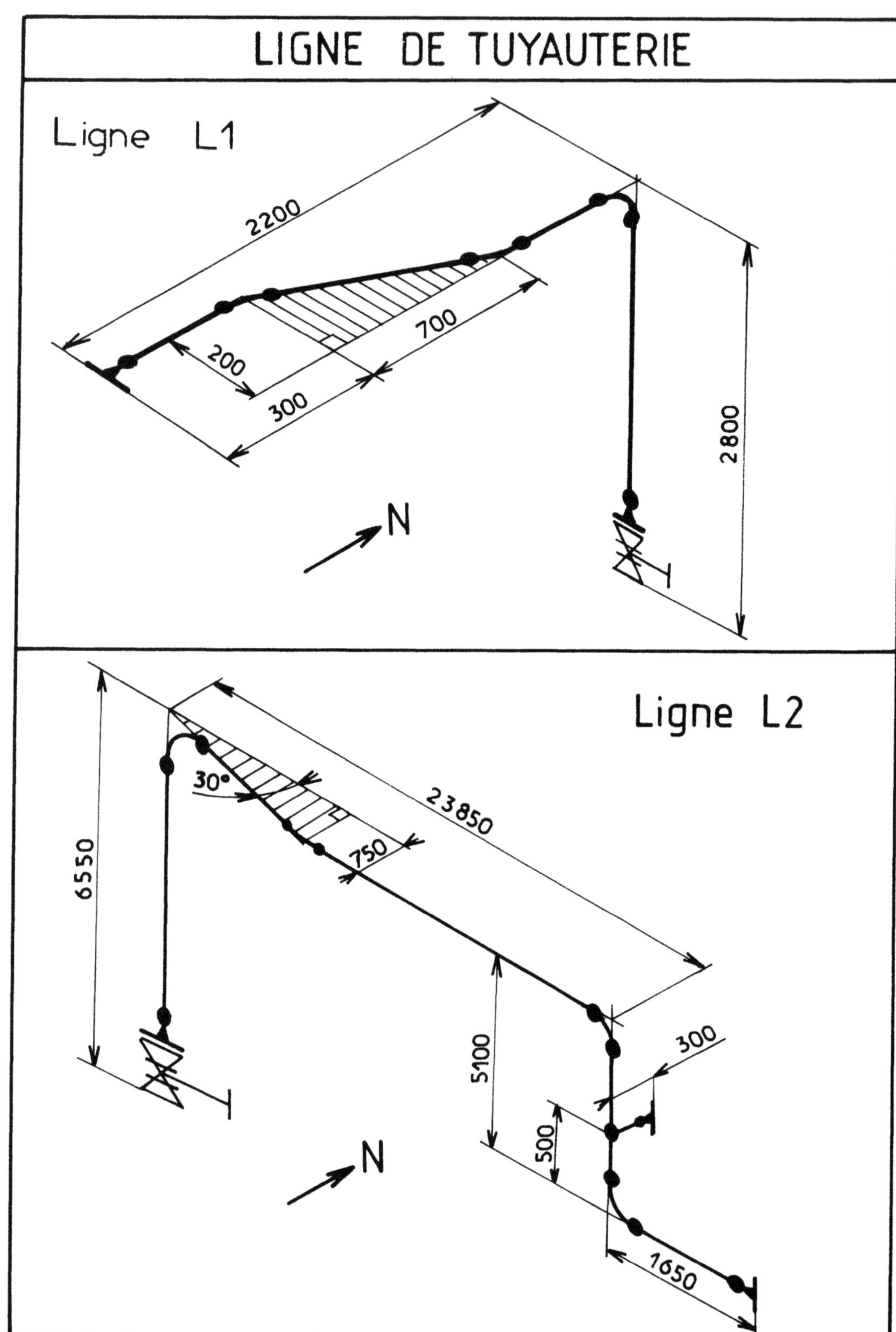
LIGNE DE TUYAUTERIE
Ligne L1
2200
200
300
700
2800
N
Ligne L2
30°
23850
750
6550
5100
500
300
1650
N

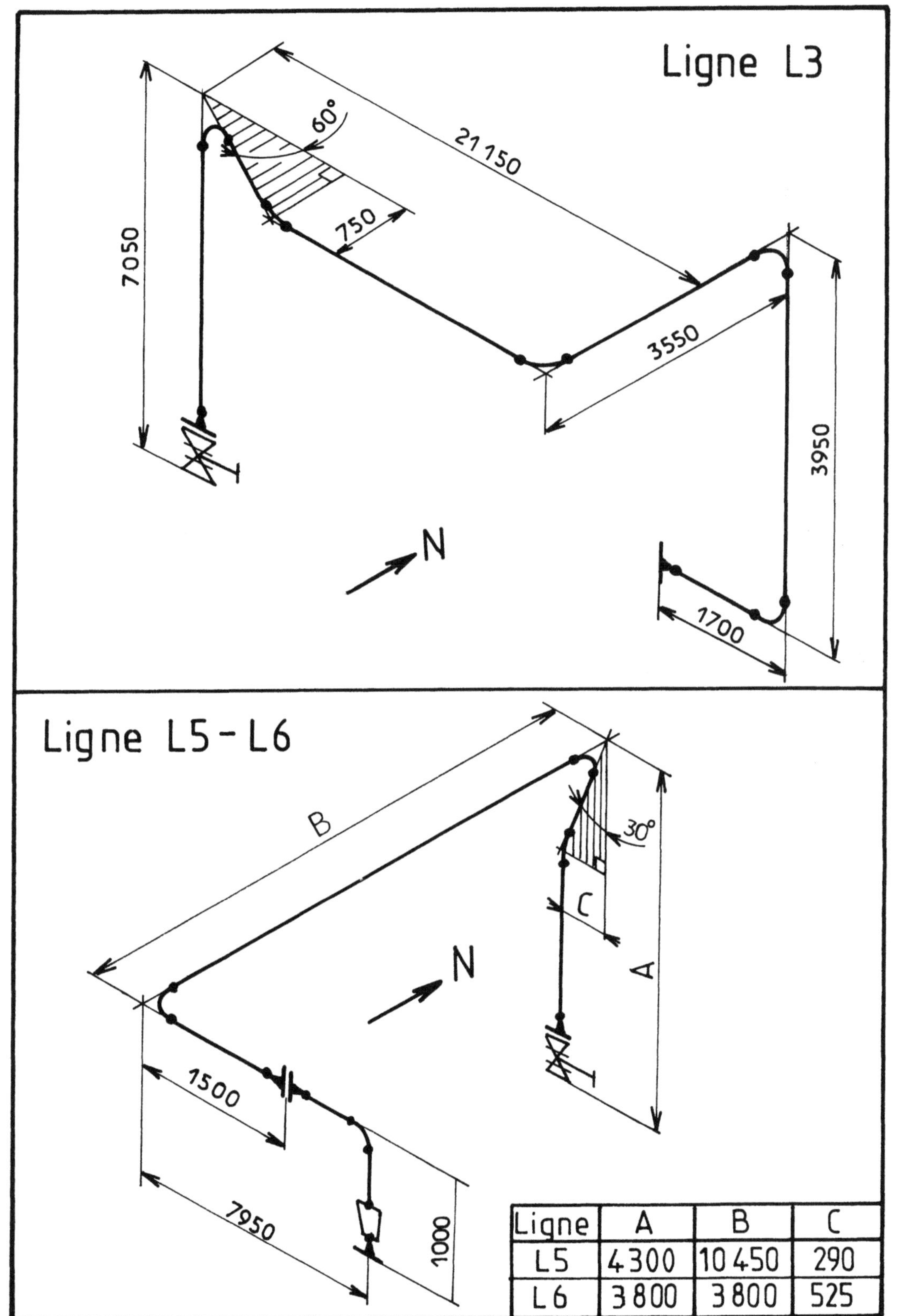

Ligne	A	B	C
L5	4 300	10 450	290
L6	3 800	3 800	525

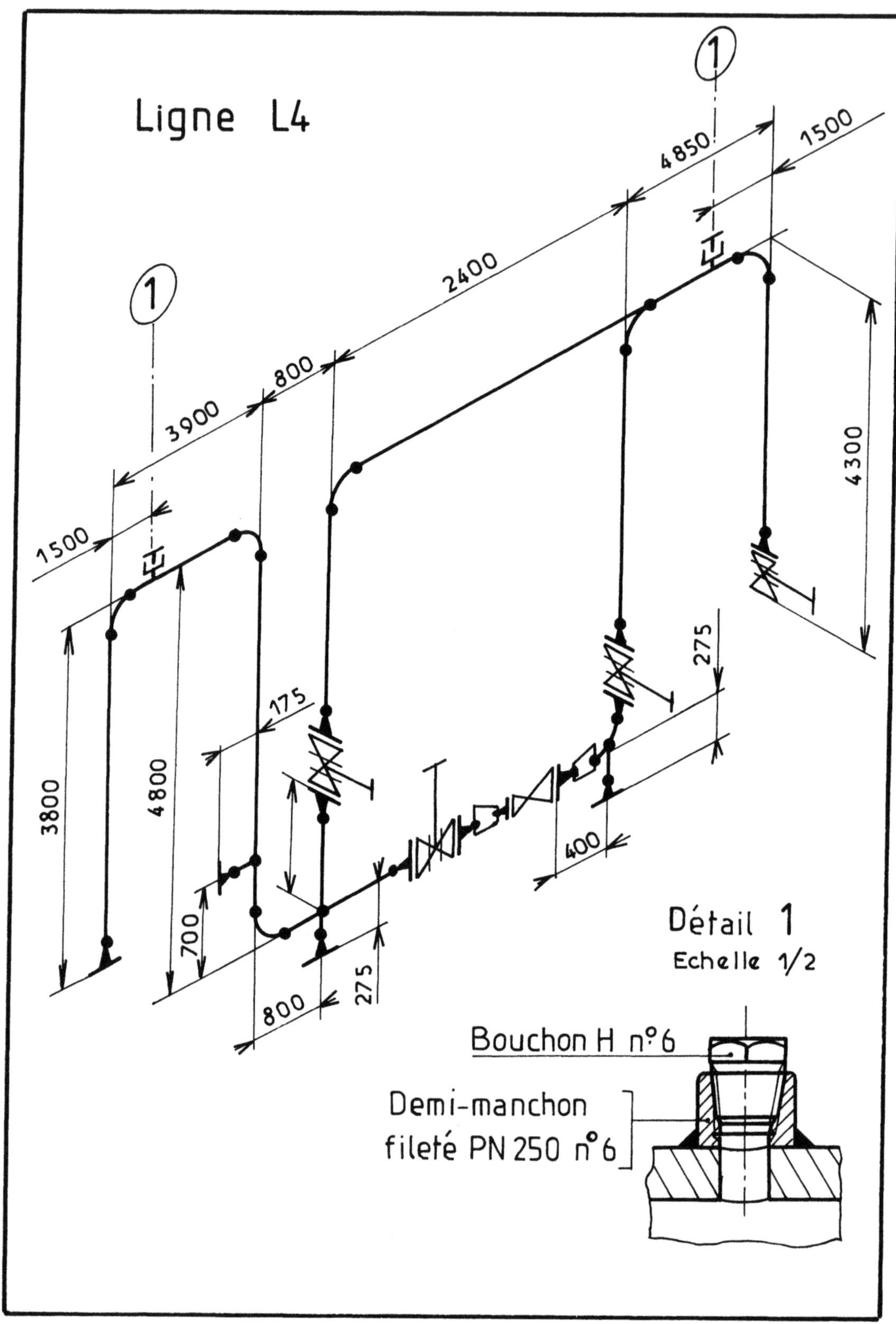
Ligne L4
1
1
1500
4850
2400
800
3900
1500
4300
175
4800
3800
700
275
800
275
400
Détail 1
Echelle 1/2
Bouchon H n°6
Demi-manchon
fileté PN 250 n°6

Support S1

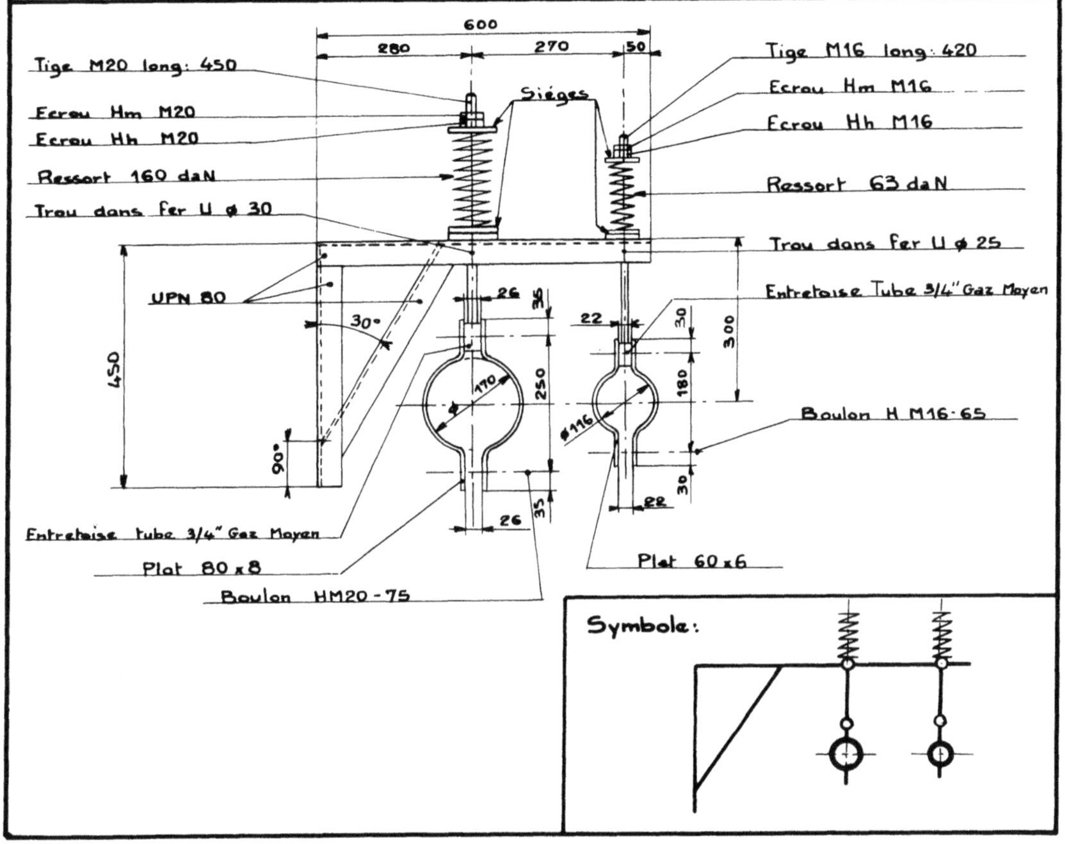

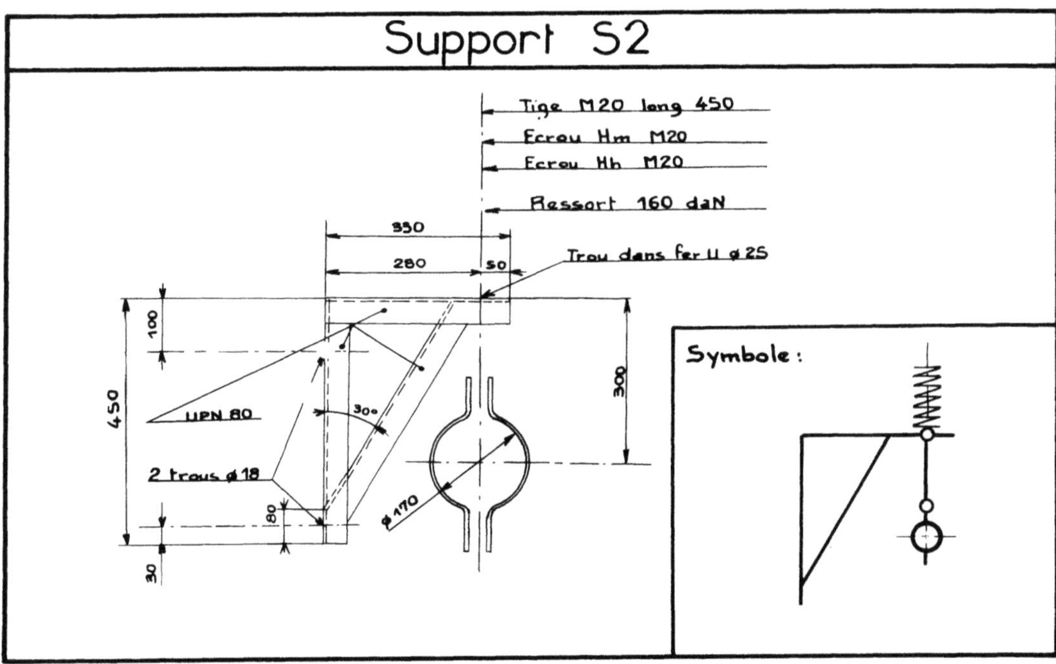

Support S2

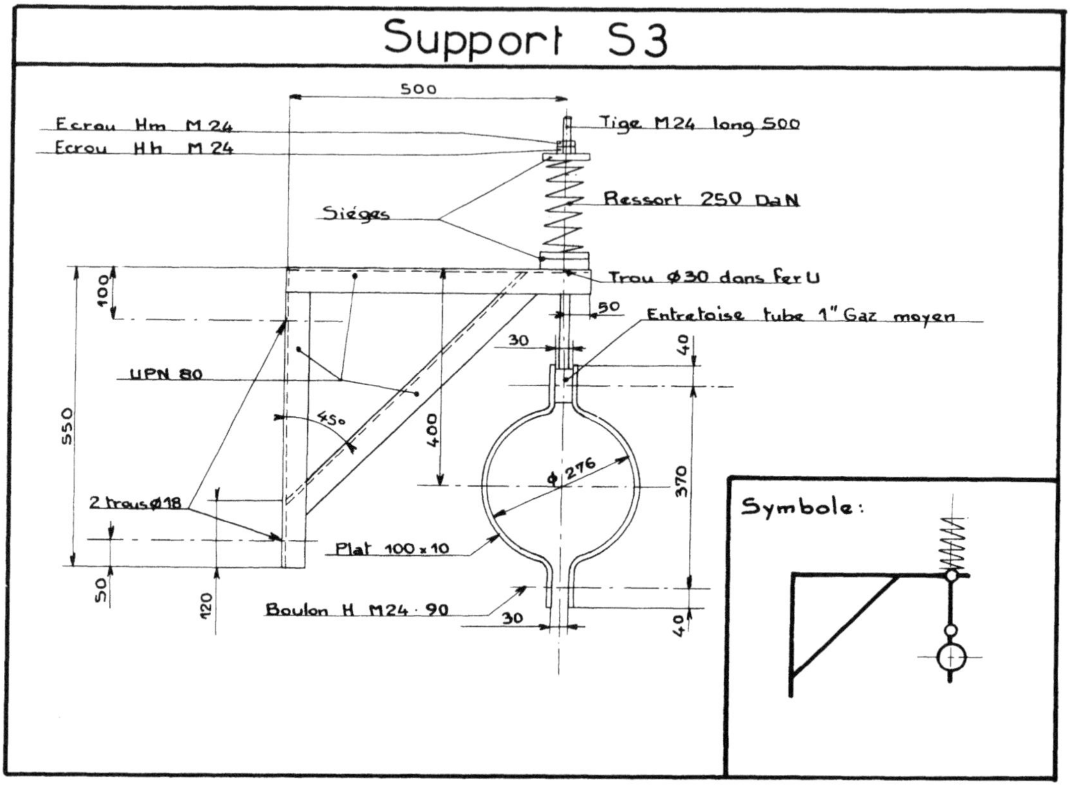
Support S3
500
Ecrou Hm M 24
Ecrou Hh M 24
Tige M24 long 500
Ressort 250 DaN
Sièges
Trou Ø30 dans fer U
100
50
Entretoise tube 1" Gaz moyen
30
40
UPN 80
45°
400
550
Ø 276
370
2 trous Ø18
Plat 100 x 10
50
120
Boulon H M24·90
30
40
Symbole:

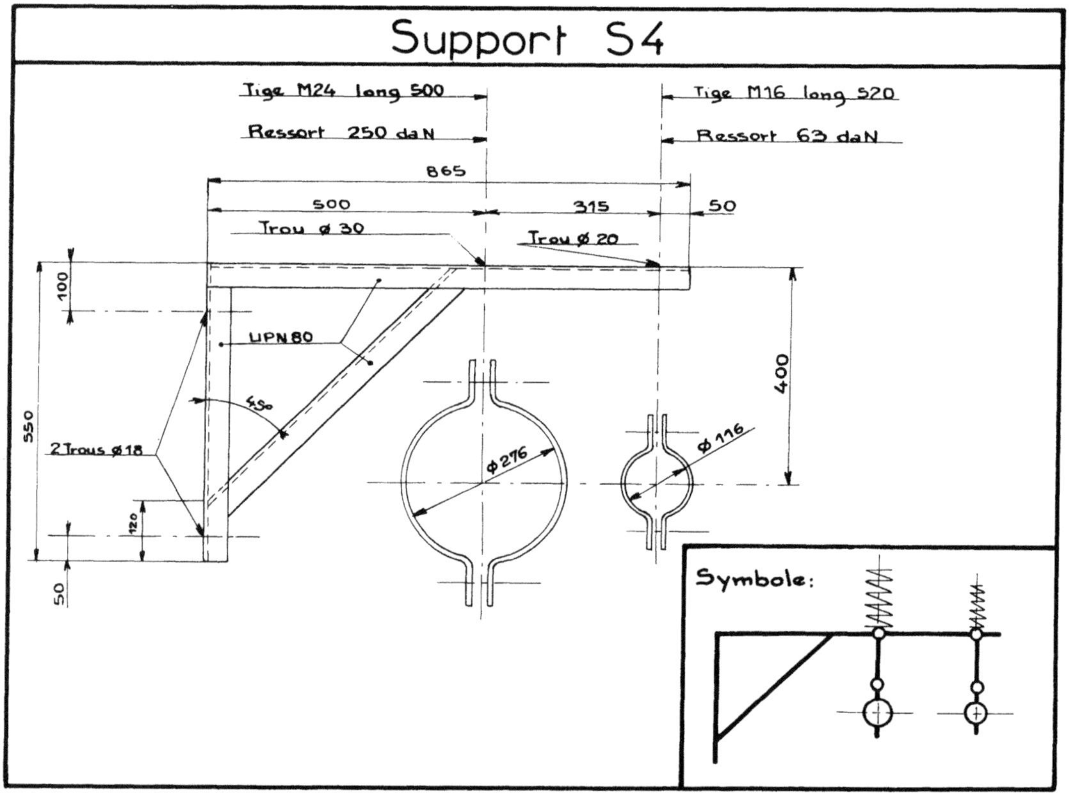
Support S4
Tige M24 long 500
Ressort 250 daN
Tige M16 long 520
Ressort 63 daN
865
500
315
50
Trou Ø 30
Trou Ø 20
100
UPN 80
400
45°
550
2 Trous Ø 18
Ø 276
Ø 116
120
50
Symbole:

SUPPORT S5

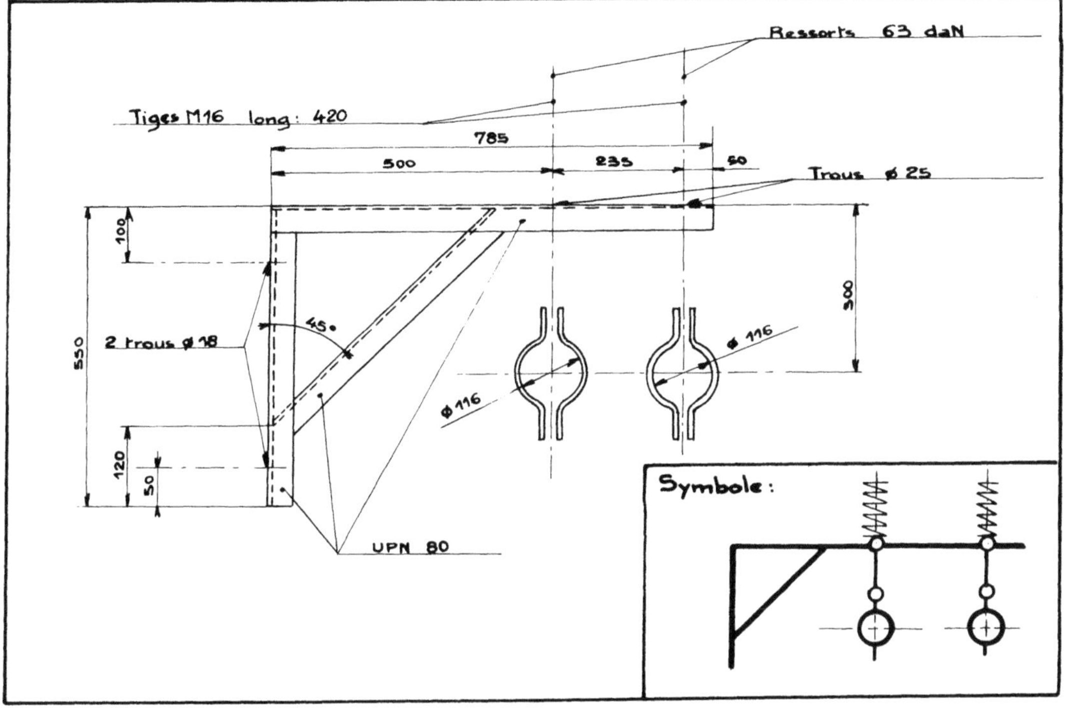

SUPPORT S6

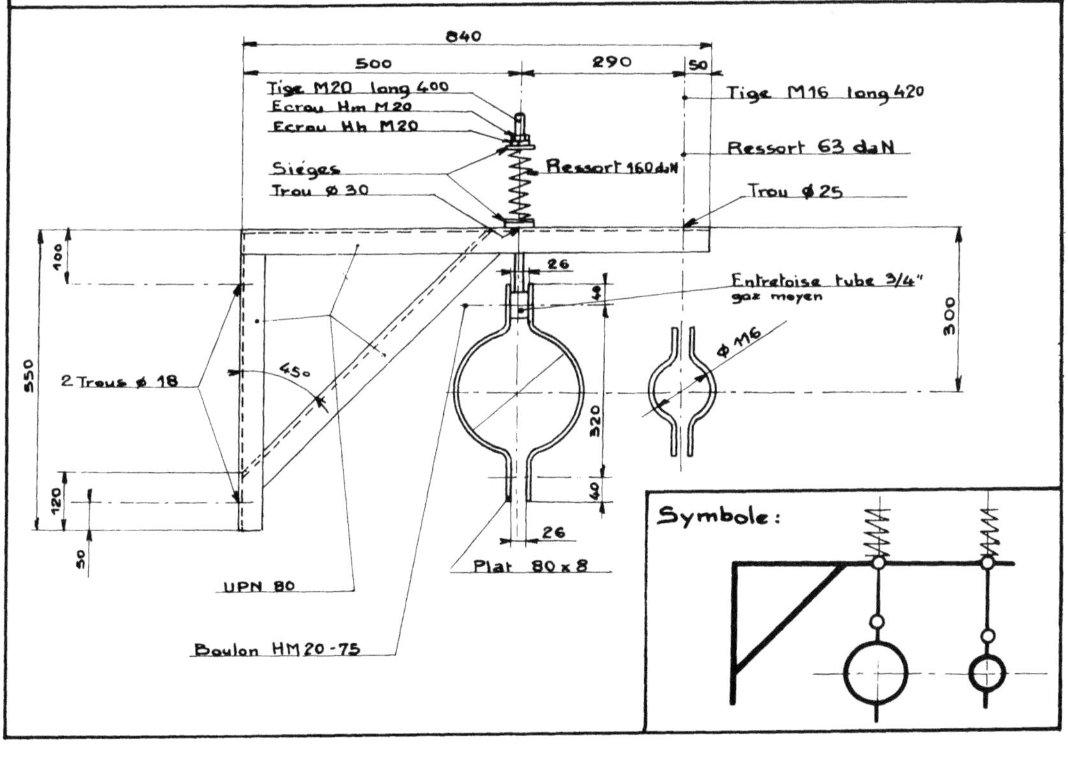

SUPPORT S7

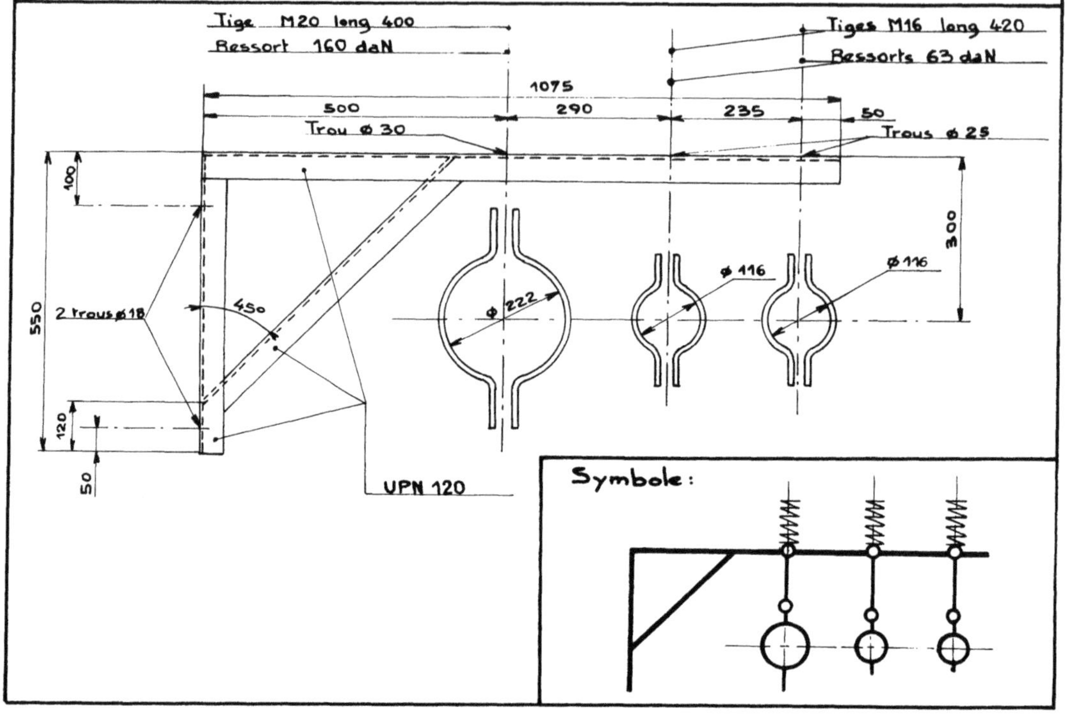

Tige M20 long 400
Ressort 160 daN

Tiges M16 long 420
Ressorts 63 daN

1075
500
290
235
50

Trou ⌀ 30
Trous ⌀ 25

100
300
550
120
50

2 trous ⌀18
45°

⌀ 222
⌀ 116
⌀ 116

UPN 120

Symbole :

DETAIL POINT FIXE PF

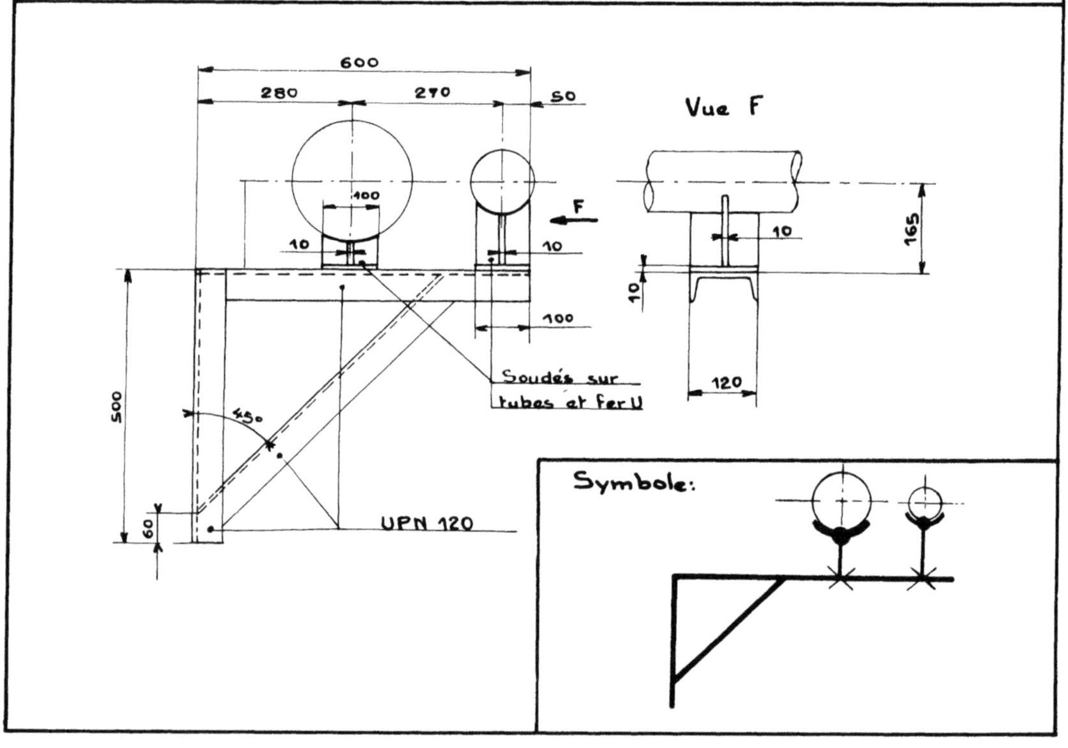

600
280
270
50

Vue F

100
10
10
F
10

165
10
120

100

Soudés sur
tubes et fer U

500
45°
60

UPN 120

Symbole :

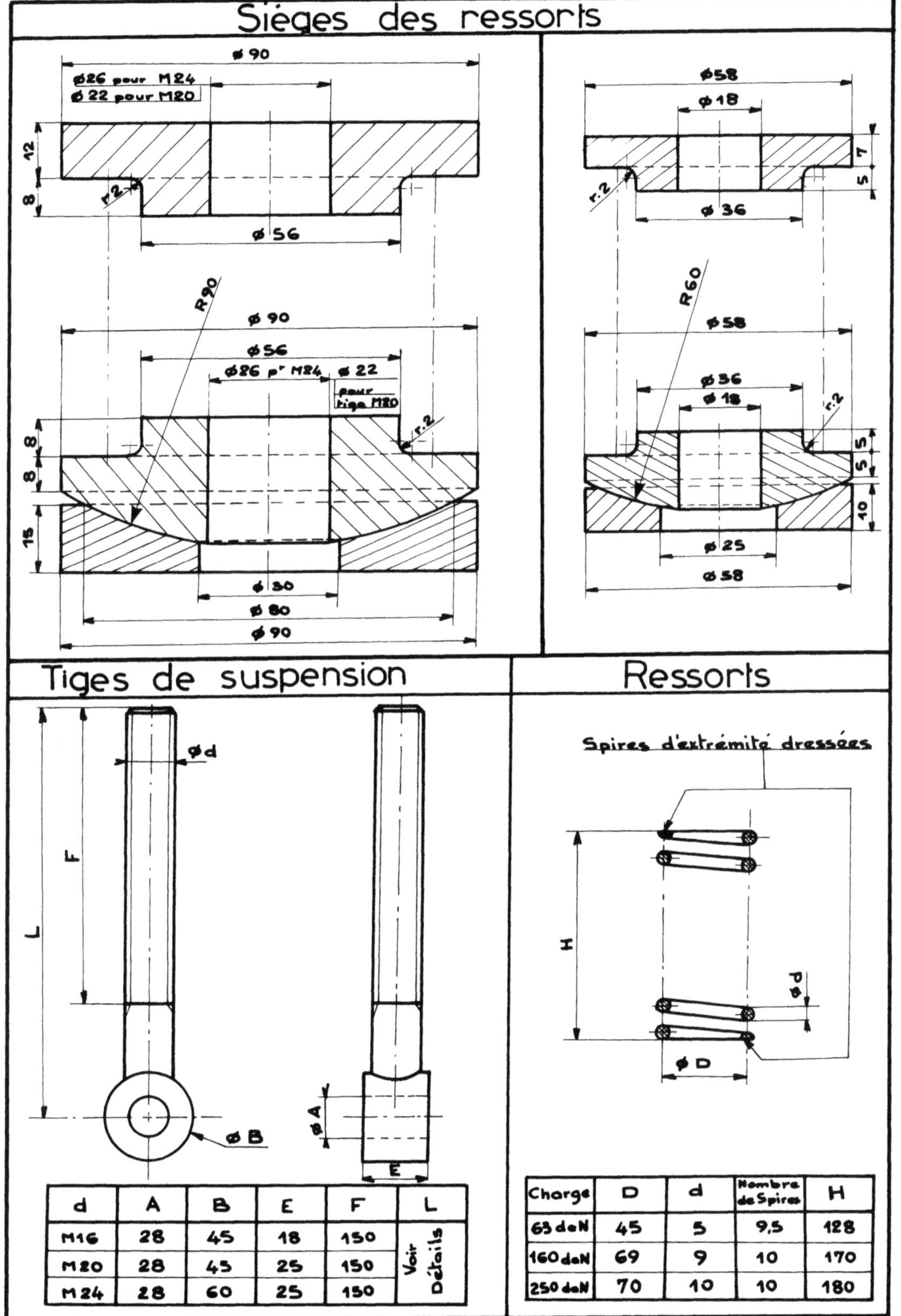

d	A	B	E	F	L
M16	28	45	18	150	Voir Détails
M20	28	45	25	150	
M24	28	60	25	150	

Charge	D	d	Nombre de Spires	H
63 daN	45	5	9,5	128
160 daN	69	9	10	170
250 daN	70	10	10	180

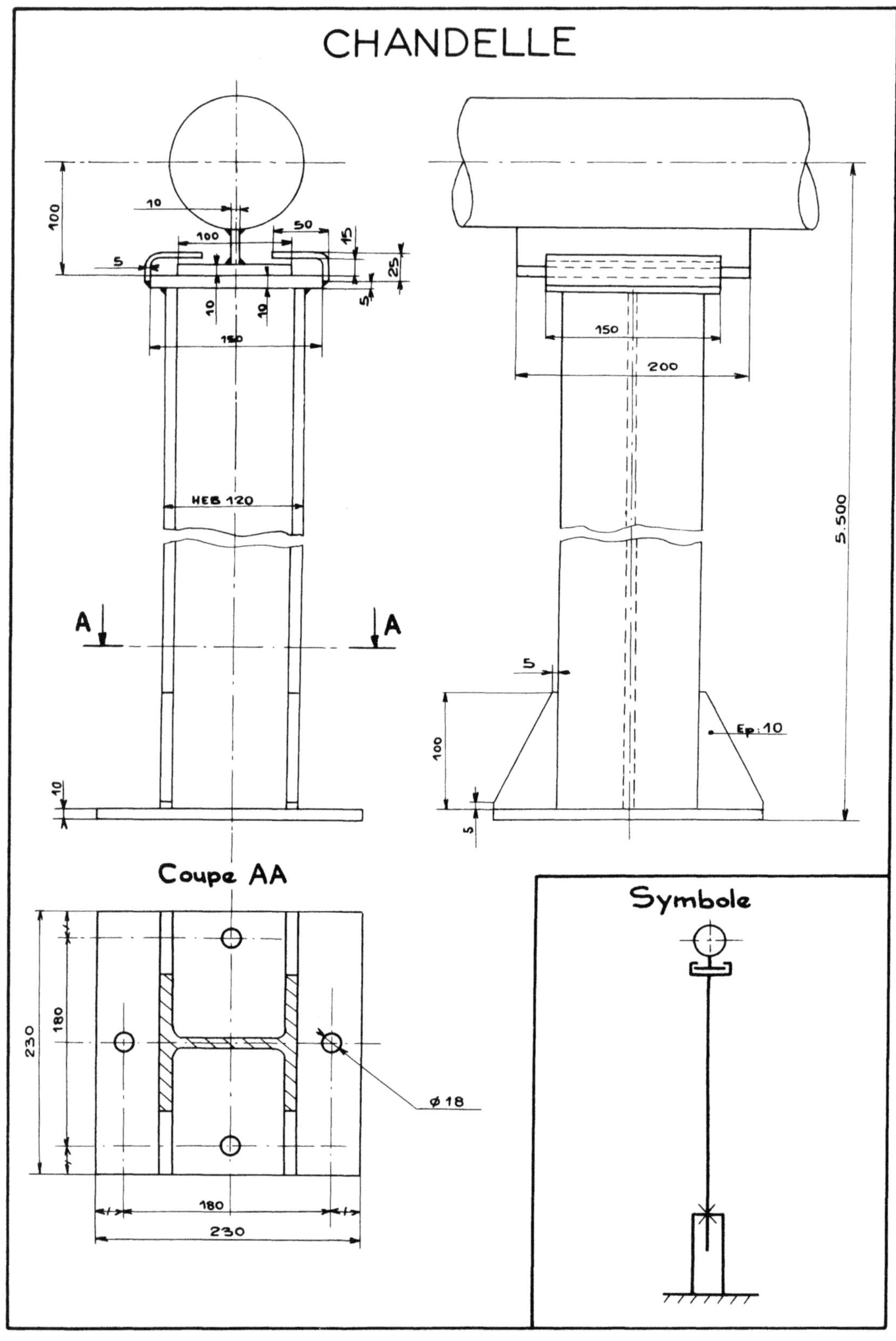
CHANDELLE
10
100
50
15
100
5
25
5
150
10
10
HEB 120
A
A
10
Coupe AA
180
230
180
230
Ø 18
150
200
5
5.500
5
100
Ep:10
Symbole

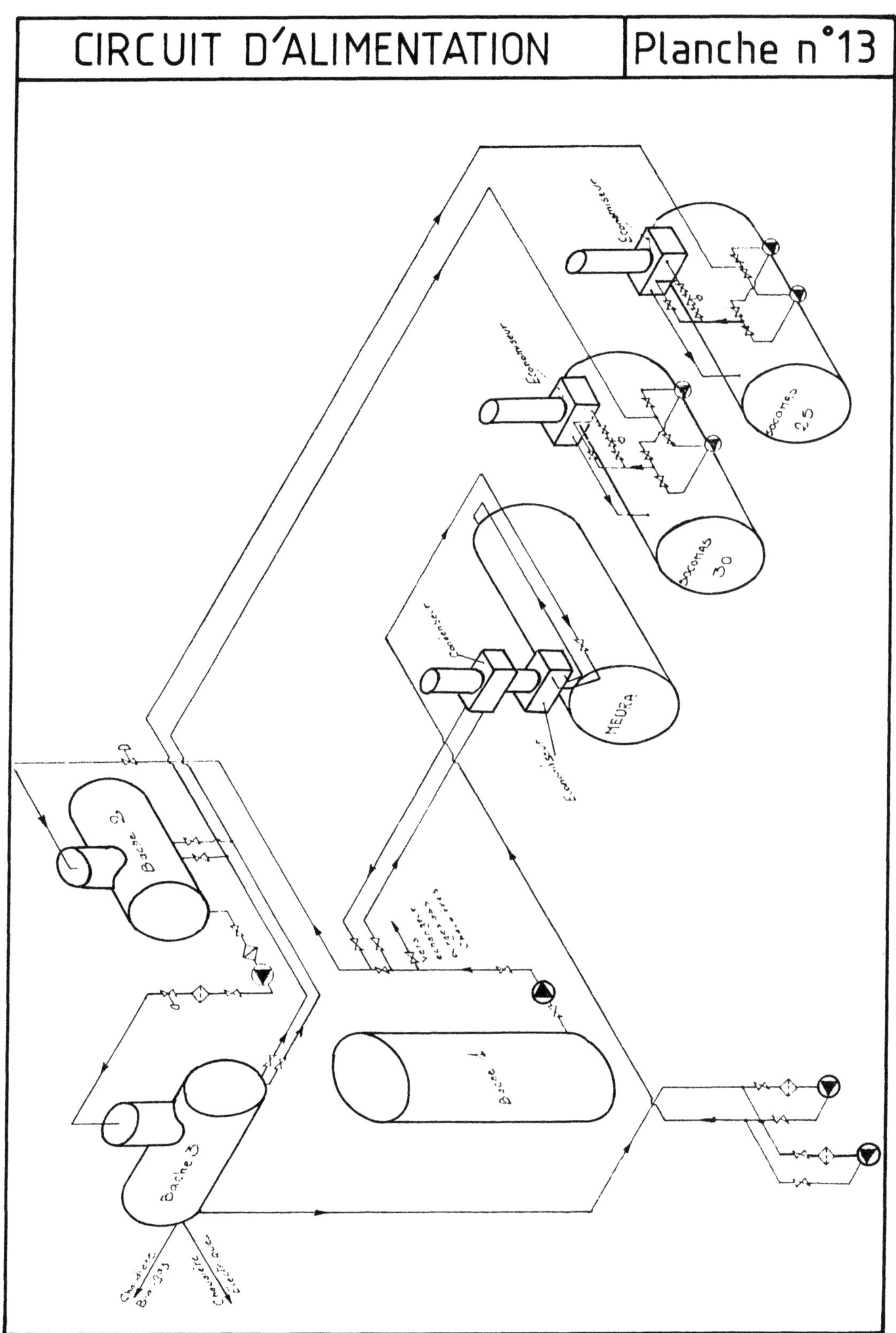
CIRCUIT D'ALIMENTATION
Planche n°13
Économiseur
Économiseur
Condenseur
Évaporateur
MEURA
Bâche 2
Bâche 1
Bâche 3
Chaudière Bio-gaz
Chaudière électrique

TRACÉ AVEC LE D.A.O   Planche n° 14

Le Dessin Assisté par Ordinateur permet de tracer des lignes de tuyauterie relativement simples en géométral et ISO unifilaire avec un tableau de coordonnées des points d'épure des changements de direction.

Ce tracé reste limitatif lorsque la ligne comporte de nombreux appareils et qu'il s'agit de faire figurer les courbes à souder, les brides, les points de soudure et les lignes de cotes.

Au niveau industriel, la représentation des lignes de tuyauterie sera généralement exécutée aux instruments sur canevas préimprimé ISO.

Exemple de tracé :

Dans cet exemple, pour éviter que la ligne de tuyauterie se confonde avec les axes de projection, on a placé le départ (A) à la cote 200 par rapport aux trois plans.

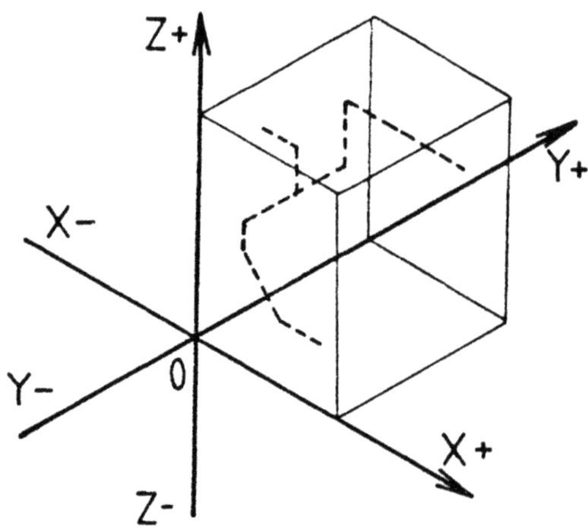

Remarque :

Le départ d'une ligne de tuyauterie doit être choisi de telle manière que tous points de cette ligne devront être positifs sur les trois axes de projection.

Tableau des coordonnées

Ligne	Repère	X	Y	Z
principale	A	200.0	200.0	200.0
	B	1700.0	200.0	200.0
	C	1700.0	600.0	200.0
	D	1100.0	1200.0	200.0
	E	1100.0	2000.0	200.0
	F	700.0	2700.0	900.0
	G	2200.0	2700.0	900.0
secondaire	H	1100.0	1650.0	200.0
	I	1100.0	1650.0	900.0
	J	2200.0	1650.0	900.0

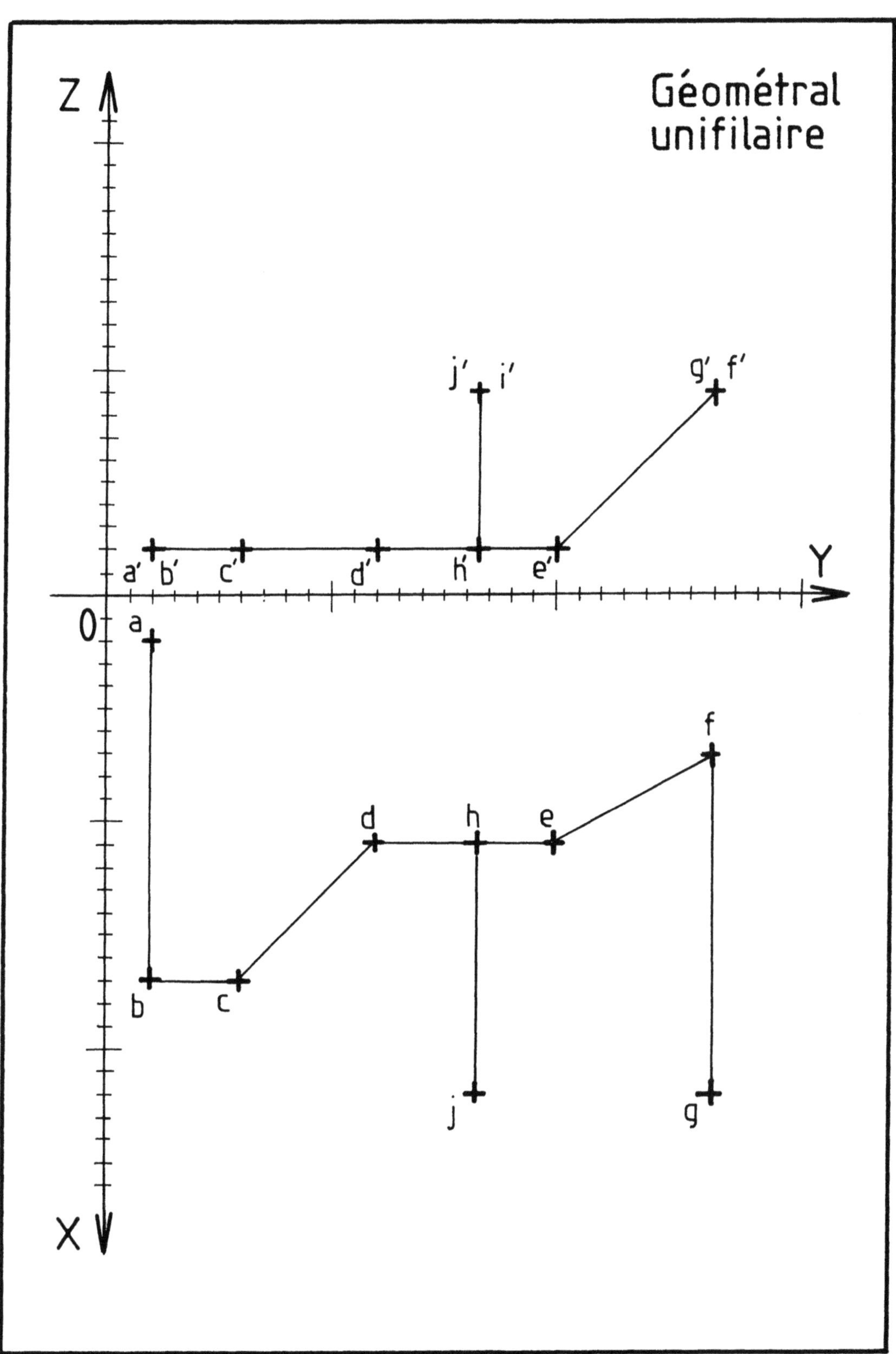
Z
Géométral
unifilaire
j' i'
g' f'
a' b' c' d' h' e'
Y
0
a
b c d h e
f
j
g
X

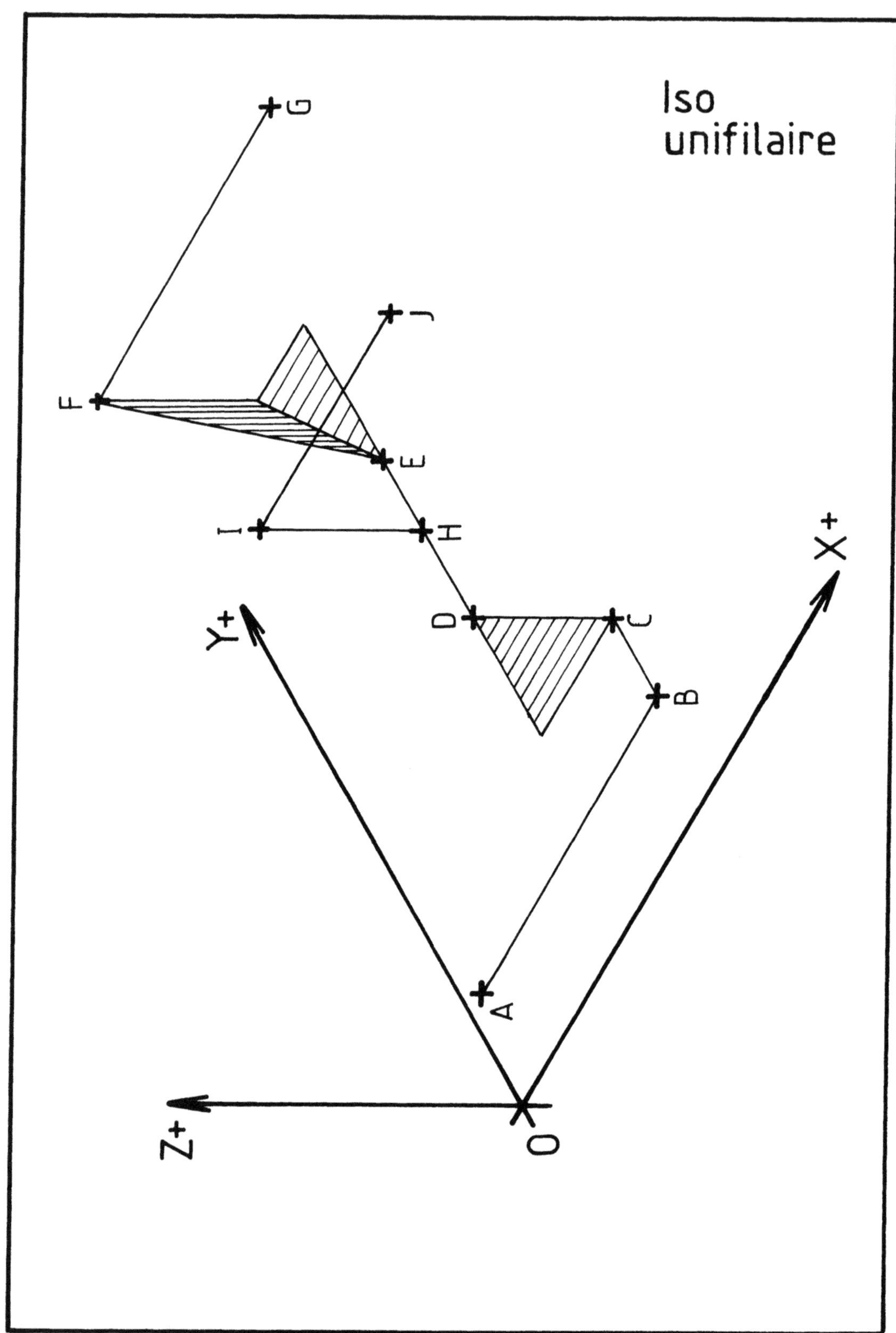

Iso
unifilaire
G
J
F
E
I
H
D
C
B
X+
Y+
A
Z+
O

LIGNES ET APPAREILS — Planche N° 15

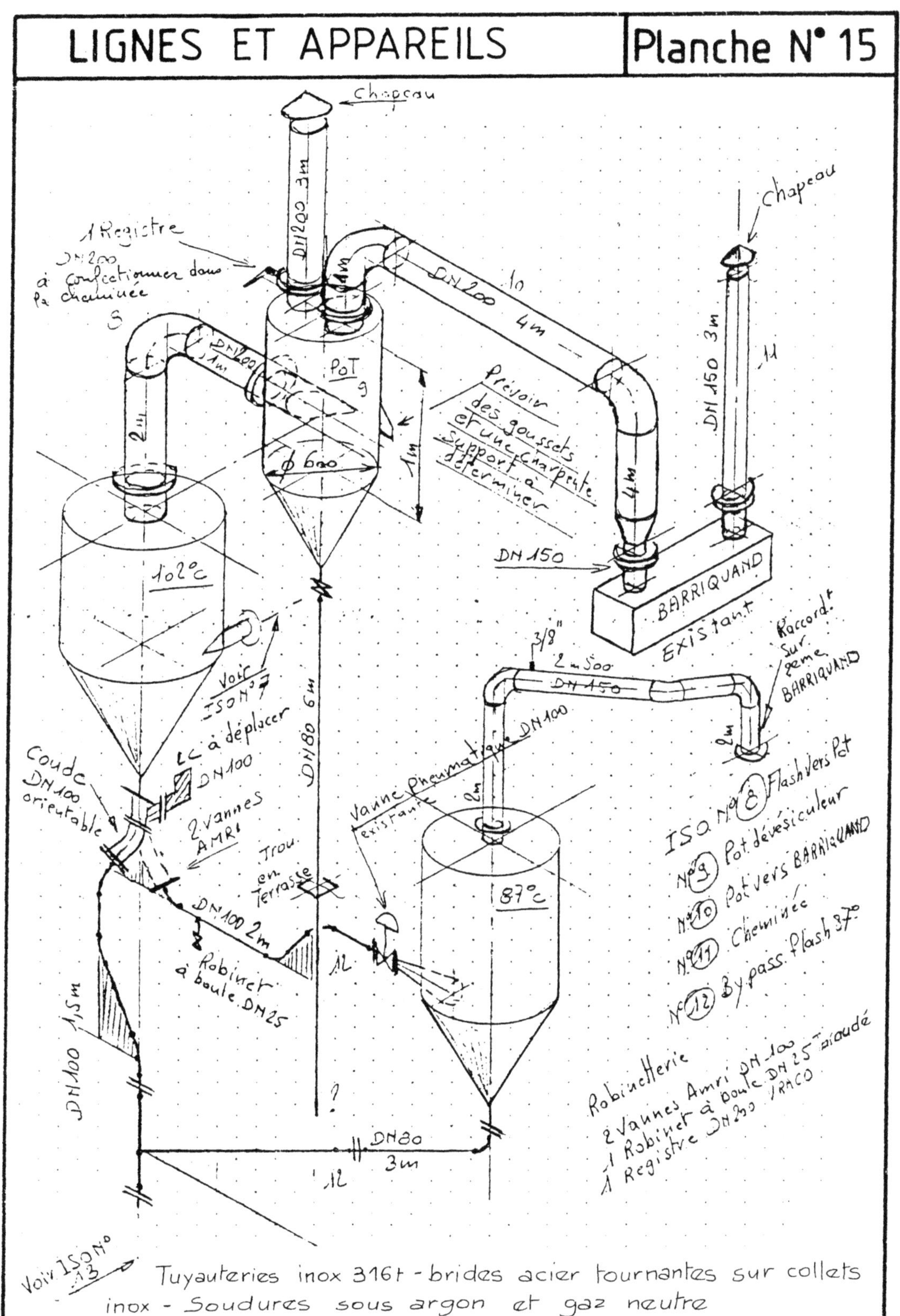

ÉLÉMENTS
DE CONSTRUCTION
POUR LA TUYAUTERIE INDUSTRIELLE

Les dimensions de tous ces éléments normalisés de tuyauterie sont contenus dans l'ouvrage : «Eléments de construction des ouvrages chaudronnés», E. Fahr, Editions Technip.

TUBES EN ACIER AUX NORMES FRANÇAISES

	NF
— Tubes sans soudure à extrémités lisses du commerce pour usages généraux à moyenne pression	A 49-111
— Tubes sans soudure à extrémités lisses laminés à chaud avec conditions particulières de livraison	A 49-112
— Tubes sans soudure filetables, finis à chaud	A 49-115
— Tubes sans soudure à extrémités lisses pour canalisations et usages généraux en aciers inoxydables ferritiques et austénitiques	A 49-117
— Tubes soudés à extrémités lisses du commerce pour usages généraux à moyenne pression	A 49-141
— Tubes soudés longitudinalement de D ⩽ 168,3 mm en aciers non alliés à extrémités lisses avec conditions particulières de livraison	A 49-142
— Tubes soudés filetés, finis à chaud	A 49-145
— Tubes soudés à extrémités lisses non filetables pour canalisations de fluides	A 49-146
— Tubes soudés longitudinalement à extrémités losses pour canalisations et usages généraux. Aciers inoxydables austénitiques	A 49-147
— Tubes soudés longitudinalement à extrémités lisses pour canalisations et usages généraux. Aciers inoxydables ferritiques	A 49-148
— Tubes soudés destinés à être revêtus ou protégés pour canalisations d'eaux	A 49-150
— Tubes sans soudure étirés à froid pour transport de fluides	A 49-210
— Tubes sans soudure à extrémités lisses en aciers non alliés pour canalisations de transport de fluides à température élevée	A 49-211
— Tubes sans soudure en aciers non alliés utilisés aux températures moyennement élevées	A 49-212
— Tubes sans soudure en aciers non alliés et alliés ferritiques utilisés aux températures élevées	A 49-213
— Tubes sans soudure en aciers austénitiques utilisés aux températures élevées	A 49-214

<table>
<tr><td></td><td align="right">NF</td></tr>
<tr><td>— Tubes sans soudure pour fours en aciers inoxydables austénitiques . . . . .</td><td>A 49-218</td></tr>
<tr><td>— Tubes sans soudure à extrémités lisses pour appareils à pression et tuyauteries utilisés aux basses températures . . . .</td><td>A 49-230</td></tr>
<tr><td>— Tubes soudés longitudinalement de diamètres ⩽ 168,3 en aciers non alliés utilisés aux températures moyennement élevées . . . .</td><td>A 49-242</td></tr>
<tr><td>— Tubes soudés longitudinalement de diamètres ⩽ 168,3 en aciers non alliés ou alliés ferritiques utilisés aux températures élevées . . . .</td><td>A 49-243</td></tr>
<tr><td>— Tubes soudés longitudinalement à extrémités lisses pour l'industrie alimentaire. Aciers inoxydables austénitiques . . . .</td><td>A 49-249</td></tr>
<tr><td>— Tubes soudés à extrémités lisses du commerce avec ou sans conditions particulières de livraison . . . .</td><td>A 49-250</td></tr>
<tr><td>— Tubes soudés longitudinalement avec apport de métal pour oléoducs et gazoducs. Diamètres de 406,4 à 1 220 . . . .</td><td>A 49-401</td></tr>
<tr><td>— Tubes sans soudure à extrémités lisses en aciers non alliés pour canalisations de transport de fluides sous pression . . . .</td><td>A 49-410</td></tr>
</table>

ELEMENTS DE RACCORDERIE A SOUDER

Eléments de raccorderie. Série courante

<table>
<tr><td>— Courbes à souder en tube d'acier. Modèle 2 d . . . .</td><td>A 49-180</td></tr>
<tr><td>— Courbes à souder en tube d'acier. Modèle 3 dg . . . .</td><td>A 49-181</td></tr>
<tr><td>— Courbes à souder en tube d'acier. Modèle 3 d . . . .</td><td>A 49-182</td></tr>
<tr><td>— Courbes à souder en tube d'acier. Modèle 5 d . . . .</td><td>A 49-183</td></tr>
<tr><td>— Réductions concentriques à souder en tube d'acier . . . .</td><td>A 49-184</td></tr>
<tr><td>— Fonds à souder pour tubes d'acier . . . .</td><td>A 49-185</td></tr>
</table>

Eléments de raccorderie en aciers non alliés ou alliés

<table>
<tr><td>— Courbes à souder en tube d'acier. Modèle 2 d . . . .</td><td>A 49-280</td></tr>
<tr><td>— Courbes à souder en tube d'acier. Modèle 3 d . . . .</td><td>A 49-282</td></tr>
<tr><td>— Réductions à souder concentriques ou excentriques . . . .</td><td>A 49-284</td></tr>
<tr><td>— Fonds à souder . . . .</td><td>A 49-285</td></tr>
<tr><td>— Tés à souder . . . .</td><td>A 49-286</td></tr>
</table>

Bossages et selles aux normes américaines

- Bossages pour piquage droit réduit sur collecteur. Tube à souder en bout. Série standard
- Bossages pour piquage droit réduit sur collecteur. Tube à souder en bout. Série extra-fort
- Bossages pour piquage droit réduit sur collecteur. Tube à souder en bout. Série schédule 160, double extra-fort
- Bossages pour piquage droit à orifices égaux pour collecteur. Tube à souder en bout. Série standard
- Bossages pour piquage droit à orifices égaux pour collecteur. Tube à souder en bout. Série extra-fort
- Bossages pour piquage droit à orifices égaux pour collecteur. Tube à souder en bout. Série schédule 160, double extra-fort
- Bossages pour piquage droit réduit sur collecteur. Tube fileté. Série standard, 3 000 et 6 000 lbs
- Bossages pour piquage droit à orifices égaux sur collecteur. Tube fileté. Série standard, 3 000 lbs

NF

- Bossages pour piquage droit réduit sur collecteur. Tube à souder avec emboîtement. Série 3 000 et 6 000 lbs. Standard, extra-fort, double extra-fort
- Bossages pour piquage droit à orifices égaux pour collecteur. Tube à souder avec emboîtement. Série 3 000 lbs. Standard, extra-fort
- Bossages pour branchement sur courbe. Tube à souder en bout, à emboîtement ou fileté. Série 3 000 lbs. Standard, extra-fort, 6 000 lbs
- Bossages pour branchement à 45° sur tube. Tube à souder en bout, fileté ou emboîté. Série 3 000 lbs. Standard, extra-fort, 6 000 lbs
- Selles

Raccords en acier forgé, à souder

- Coudes à 45°. PN 250 . . . . E 29-604
- Coudes à 45°. PN 400 . . . . E 29-605
- Coudes à 90°. Croix. Tés. PN 250 . . . . E 29-608
- Coudes à 90°. Croix. Tés. PN 400 . . . . E 29-609
- Manchons. Demi-manchons. PN 250 . . . . E 29-612
- Manchons. Demi-manchons. PN 400 . . . . E 29-613
- Raccords «union» femelle-femelle. PN 250 . . . . E 29-617

ELEMENTS DE RACCORDERIE FILETES

Eléments de raccorderie, filetage gaz

- Filetage gaz avec étanchéité dans le filet . . . . E 03-004
- Filetage gaz sans étanchéité dans le filet . . . . E 03-005
- Raccords en fonte malléable filetés au pas du gaz . . . . E 29-801
- Détermination des longueurs droites de tubes assemblés par raccords filetés en fonte malléable. Cotes Z

Raccords en acier forgé avec filetage NPT

- Filetage conique NPT . . . . E 03-601
- Coudes à 45°. PN 160 . . . . E 29-623
- Coudes à 45°. PN 250 . . . . E 29-624
- Coudes à 45°. PN 400 . . . . E 29-625
- Coudes à 90°. Croix. Tés. PN 160 . . . . E 29-627
- Coudes à 90°. Croix. Tés. PN 250 . . . . E 29-628
- Coudes à 90°. Croix. Tés. PN 400 . . . . E 29-629
- Raccords «union» femelle-femelle. PN 250 . . . . E 29-619
- Manchons. Demi-manchons. PN 250 et 400 . . . . E 29-632
- Chapeaux. PN 250 et 400 . . . . E 29-635
- Bouchons. PN 160, 250 et 400 . . . . E 29-636

BRIDES, COLLETS ET JOINTS
POUR TUYAUTERIE INDUSTRIELLE

- Sens des emboîtements des brides rondes . . . . E 29-004
- Gabarits de raccordement des brides rondes . . . . E 29-201
- Matières des brides en acier pour tuyauterie industrielle . . . . E 29-204
- Extrémités à souder bout à bout . . . . E 29-032

NF

NF

BRIDES ET JOINTS POUR INDUSTRIE DU PETROLE

SUPPORTS DE TUYAUTERIE INDUSTRIELLE